兵以詐立

北大名師教你真正看懂《孫子》的智慧

李零——著

【目錄】

第七講 （兵）勢第五

【目錄】

自序

一

西諺云，戰爭是死亡的筵席（War is death feast）。還有什麼動物，比人更殘忍，飢餐渴飲，自相殘殺，至今想不出辦法，可以制止它。以暴易暴，冤冤相報何時了？可是，我們還要活下去——別被我們的同類吃掉。兵法是生存哲學，我這麼想。

葛兆光常開玩笑說，李零有兵法。他請我到清華演講，特意向學生這麼講。司馬遷說，孫臏、吳起不會保護自己，就像商鞅和韓非，做法自斃，下場很慘。中國，玩兵法於生活者太多，我是雖講而不會用。

《孫子》是一部兵書。但《孫子》不僅是一部兵書，還是一部講中國智慧的書。

智慧是個中性辭彙，可以做各種解釋，學以致用不是學以致庸。如果我們把它當作一部生意經，或傳授陰謀詭計的書，那就錯了。有人說，華人最滑。其實，聰明過頭，就是傻。譚嗣同說：「眾生絕頂聰明處，只在虛無縹緲間。」（七律〈題江標修書圖〉）

最近，「尊孔讀經」又成熱門話題。這對中國的形象是幫倒忙。我認為，中國的經典不是沒人讀（五四以來，一直有人讀），而是經典的概念發生變化，讀法和以前不一樣，用不著哭天抹淚，說不讀經典，就天塌地陷、亡國滅種，更不必瞎扯人家的文明走進死胡同，非得求咱們拉一把，看在孔子的面上。

五四以來，孔子走下聖壇，重歸諸子，提高了諸子的地位，五經也各得其所。

這是好事。

如《詩經》，現在多放在文學專業，與集部的書擱在一塊兒講；《尚書》、《左傳》，也放在歷史專業，和史部的書擱在一塊兒講；《易經》、《論語》和《孟子》，則放在哲學專業講，和《老子》、《莊子》擱在一塊兒講。三禮，王文錦先生講課，是在我們的考古系。

經典當一般古書讀，本來就五味雜陳。近代，大卸八塊，解構重組，這很正常。不是不讀，而是換個方法讀。

另外，自利瑪竇來中國，四百多年了，咱們的書不光中國人讀，外國人也讀，國外漢籍中譯本要數《老子》、《周易》和《孫子》最多。《論語》是咱們的看家寶，翻譯最早，但廣大外國老百姓讀者寥寥，反而排在這三本書的後面。

道理何在，值得思考。

近代，有個毫無道理的說法：西洋科技好，中國道德高。中國的道德，哪點比人高？現在的道德，更是糟之又糟。貪官豪奪，奸商巧取，老百姓也無心學好（光靠勤勞，只能當「楊白勞」），良心都揣在褲襠裡。

當年，西方初遇中國，他們對我們的看法和我們的感受不一樣。比如黑格爾講中國哲學，第一是孔子，第二是《周易》，第三是道家。他最看不上《論語》，說這本書一點哲學味道都沒有，讀過原書，只有一個印象，就是為他老人家的名譽著想，要是他的書從來沒人翻譯，就好了[1]。

西化後的中國，我們有了「哲學」概念，當然是西方的哲學概念。

一九三〇——一九三四年，馮友蘭寫《中國哲學史》，首先講取材標準，什麼是哲學[2]。日人高瀨武次《支那哲學史》為兵書做提要，特別推重《孫子》，馮先生以為大謬。他說，兵家著述是哲學以外的東西，本書不能收，書中沒有《孫子》。一九六二年，他寫《中國哲學史新編》，才把《孫子》收進來[3]。

兵法裡面有哲學嗎？

北魏，魏太祖不懂中國書，他問李先：「天下何書最善，可以益人神智？」李先說：「唯有經書。三皇五帝治化之典，可以補王者神智。」（《魏書．李先傳》）。這是歷代尊孔讀經風氣下的傳統說法。

然而，一九八四年，李澤厚先生寫了篇文章〈孫老韓合說〉。他說，從孫子到老子到韓非子，「無論由兵家到道家到法家到道法家，是一根很有意思的思想線索」，中國思想，從《孫子》的軍事辯證法發展為《老子》的哲學思想，從《老子》的哲學思想發展為《韓非子》的帝王術，最後到《韓非子》才「益人神智」，一字一句，「多麼犀利、冷靜和『清醒』，然而又都是不可辯駁的事實」。漢以來的儒家，外面是儒術，裡面是這類東西，《易傳》代表的儒家世界觀是繼老，漢儒的統治術是承韓。

在他看來，中國智慧是孫子的遺產。近來，何炳棣先生再申此說，也強調《孫子》的重要性。

李先生說，《老子》受《孫子》影響，《易傳》受《老子》影響，只是假說，未必被普遍接受，也很難證明，但在以往的研究中，這是最高屋建瓴、洞察隱微，啟發我們做深入思考的卓見，難怪屢被引用。

今天，讀經典，有兩本書不能沒有，一本是《孫子》，如前所述，最有智慧，百代談兵之祖；一本是《老子》，教我們放下「人」的架子，別跟人逞能，要談宇宙人生，老子天下第一。

這兩本書都在五、六千字左右，連讀帶講，一學期正好。還有一本，也很短，是儒經中的《周易》，但《易經》本身，離開《易傳》，也就沒意思，加上《易傳》，字數也不少。數術無經典，《易傳》很重要，研究中國的自然哲學必讀。《論語》我也很重視，沒有理由不重視，但不是學哲學，也不是學道德（我有《論語》講義，另外討論）。這書的篇幅大了點。《孫子》、《老子》和《周易》全都加起來，才頂得上一部《論語》。其他子書，多是皇皇巨著，不選沒法講。

1 北京大學哲學系外國哲學史教研室譯《哲學史講演錄》，北京三聯書店，一九五六年，第一卷，頁一一九—一二〇。
2 馮友蘭《中國哲學史》，北京中華書局，一九六一年，頁二五—二七。
3 馮友蘭《中國哲學史新編》，北京人民出版社，一九六二年，頁一九七—二〇一。

《孫子》不是經典，什麼是經典？

二

說起講授《孫子》，我想向讀者做點介紹，介紹自己的講課經驗。

自一九八五年從中國社會科學院調入北京大學，早先沒有講課的經驗，頭一回在北大講課，就是講《孫子》。北大，我是外來戶。古文獻，我是外行（原來是學商周考古和古文字的）。人太嫩，名太小，地位一點沒有。

一九八六年，備課一年，我開始試講，講授對象是古文獻專業的研究生，人很少，大概只有十人左右。當時，出於對北大的敬畏，我想學術一點。我給他們講銀雀山漢簡、講《孫子》中的疑難點，但效果不理想。第二堂課，課堂裡只剩兩個學生。一個是中文系的學生，叫韓振宇，後來在某家報社當記者。他來，是代表其他學生跟我宣布他們的決定。韓說，同學們反映，您的課太深，聽不懂，他們不打算再來聽課，委託我跟您講一聲，我們都很忙，以後就不來了。

這是我頭一回上課，頭一回就給我來了個下馬威。

我能說什麼呢？人家不愛聽，總不能拉著別人聽。

走就走吧！

還有一個學生，叫魏立德（François Wildt），歲數跟我差不多，法國來的，留在教室裡，不肯走。他說，老師，他們不聽，我想聽。我說，就兩人，還占這麼大教室，太沒意思了。你要聽，就到家裡來吧！那陣子，我還住人大林園六樓父母家裡。沒房，學校不分，我也不要。除上課，不去學校。現在正好，徹底不去了。每次上課，魏立德都很守時，總是提前一點到，不到正點不上樓。我從窗子往外瞧，他在樹下抽菸。

後來，他成了專家，真正的專家。他翻譯過《三十六計》，在法國賣得很好。在我認識的西方學者中，他最懂法國理論，也最通中國兵法。特別是他講奇正的文章，是理解最深刻的一篇（參看本書第七講）。

一九八九年以前，學生經常不聽課，在宿舍睡大覺，想來就來，想走就走，課堂裡稀稀拉拉。他們還喝酒，我帶的那個班，他們就拉我到宿舍喝酒。後來，發生了柴慶豐事件，學校規定酒不能喝了。但畢業是例外。做為紀念，他們照例要和老師吃一頓。我記得，有一個班，他們拿啤酒一杯一杯灌我，碰杯時，總是說，謝謝您教我們兵法。我頭有點重，但不及於亂，回家還能騎自行車，天不旋，地不轉。

我覺得，他們只是客氣。

這是往事，走麥城的事。

賣個破綻給你聽。

凡是上我的課，我的態度一貫是，愛聽就聽，不愛聽就不聽，人來人去兩由之。

有個學期，我做過試驗，把《孫子》課擴講，不光講《孫子》，還講其他兵書，學生不多。

那學期，有兩個外國學生聽課，一個是美國人，叫郭錦（Laura A. Skosey）；一個是加拿大人，叫江憶恩（Alastair I. Johnson）。郭錦曾帶安樂哲（Roger Ames）教授到我家談話，看我和老魏一起用英文翻譯《孫子兵法》的討論稿。後來，他做了一個新的《孫子兵法》譯本，參考銀雀山漢簡的譯本。在〈申謝〉中，他說他曾受益於我。江憶恩，後來在哈佛大學教書，我在美國和他通過電話。一九九五年，他寫過一本講明代戰略文化的書。他說，西方人一直有個印象，中國傳統，重視戰略防禦，崇尚有限戰爭，低估「純暴力」，其實，它還有另一面，這個印象，不完全對。我對這個問題的看法是，中國傳統，確實不夠凶蠻，但也不是和平鴿。

再往後，現在在康乃爾大學執教的羅斌（Robin McNeal）也聽我的課，他在美國也講兵書。

中國學生，我只輔導過顧青，研究《尉繚子》；還有張大超和田天，研究《六韜》。日本來的石井真美子，寫過不少研究《孫子》的文章，最近也來聽我的課。

一九八九、一九九〇和一九九二年，我參加過三次《孫子兵法》研究會舉辦的國際研討會。最初的三屆我都參加了。在會上，我認識了不少軍隊學者，如軍事科學院的吳如嵩、于汝波、黃朴民、劉慶等先生。地方學者，如河南省社會科學院的楊炳安先生、北京的穆志超先生、齊魯書社的李興斌先生等，也是在會上認識的。還有吳九龍先生，以前就認識。軍事科學院組織的《孫子兵法》研究會要我擔任理事，但我尸位素餐，以後的會議，全都沒參加。

我喜歡業餘身分。除極個別有東西可看、有消息可聽（而不是光為了應酬）的會，我已不參加。陸達節以後，許寶林、楊炳安、穆志超、于汝波先生，他們對文獻資料的考證源流，對後學貢獻較大，可惜不在了。

國外，對兵書感興趣，有幾位學者，我比較熟悉，如葉山（Robin D. S. Yates）教授和石施道（Krzystor Gawlikowski）教授。他們都是李約瑟《中國科學技術史》第五卷第六分冊（講軍事技術）的作者。這本書的作者有三位，還有一位，我不認識。魯威儀（Mark Edward Lewis）教授的書，《早期中國的合法暴力》也很有意思。我從這些學者處學到很多東西。特別是葉山教授的書，我在這部講義的第五講引用了他的成果。

二十年過去，我講過多少回《孫子》，已經記不清了。

隨著時間的推移，我的感覺一天一天好起來。

一是手中有書，心裡不慌。我出了兩本書：《〈孫子〉古本研究》（北京大學出版社，一九九五）和《吳孫子發微》（北京中華書局，一九九七）。這兩本書對有關研究做了全面清理，基礎是有了。最近，中華書局把這兩本書合在一起，稍加修訂，取名為《〈孫子〉十三篇綜合研究》，進行再版，是本書的研究基礎和輔助讀物。

二是對時間的掌握、對語速的控制，比以前好一點。《孫子》只有五、六千字，一堂課只有四、五百字，稍微發揮一下，時間就滿了。不能講太多，也不能講太少。有書，用不著滿黑板抄。

三是我愛離開書本，東拉西扯。故事會，學生喜歡。北大老師，有經驗之談，千萬不能編教材，教材出版之時就是課程結束之日，有書，學生不愛聽，老師沒法講。我的理解不一樣。我不怕出書。沒書，一定要講出本書；有書，正好神遊物外，可以離開書本，講很多有關的話題。課下讀書，課上吹風，各有各的用。

我也是學生。

我是我最好的學生。

現在，學生很多，教室裝不下，即使湊熱鬧的人走了，也還是很多。每次講完，他們都給我鼓掌。但我對自己還很不滿意，原來的書，是基礎和毛坯，文獻學的基礎是有了，思想文化的東西還展不開，上課全憑一張嘴。

我不相信自己的嘴。

寫作新書，我也考慮過，但不是眼前這本書，而是九九年許的願，我要寫本叫《兵不厭詐》的書。我想，同一主題談兩遍，是精力的浪費，時間已經不多了。但中華書局的領導徐俊先生說，沒關係，我們可以幫你整理。上個學期，他幾次來北大，安排樊玉蘭女士（本書的責任編輯）來我校聽課，隨堂錄音，進行整理，讓我非常感動。我只好自己安慰自己，就算練手，朝目標再挪一步吧！

我這本小書，重點是講兵法中的哲學：一是兵法本身，二是兵法中的思想。為此，我在書中加進了有關的軍事知識，還有思想史的討論，內容比以前豐富，結構比以前清晰，講法也輕鬆愉快。

希望讀者喜歡它。

二〇〇六年十二月十五日寫於北京藍旗營寓所

第一講　《孫子》是一部什麼樣的書

孫子其人，我不講。因為史料太少，沒什麼可講，講也不出司馬遷那幾句話。社會上，爭故里，瞎編胡說太多，一寫一大本，都是騙人。

我只講書。

在第一講裡，先介紹《孫子》的歷史，特別是其經典化的背景。這種歷史，稍微有點枯燥，但請耐心閱讀。它是一扇關閉的門，打開這扇門，你會發現，裡面的院子很大，房間很多。

（一）《孫子》是一部兵學經典

中國的古書很多，如何閱讀、讀哪些，是個大問題。過去，因為西化的壓力太大，啟蒙的呼聲太高，魯迅曾故意說，青年要少看或不看中國書[1]。他勸伏案功夫未深的朋友，根本不必讀線裝書，若非讀不可，與其讀經，不如讀史、尤其是野史和雜說，知道中國歷史有多麼爛[2]。最近，風水倒轉，有另一派人提倡讀經，而且是少兒讀經、少兒背經，從娃娃抓起，連蒙學課本都搬回來了，目的是藉中國文化，重揚大漢天聲。兩種態度，互相爭持。

我認為，古書還是可以讀，但不能代替今書。古典就是古典，就像博物館中的文物，是隔著玻璃櫃欣賞。現在，我們置身其中的文化結構、經典的概念已發生變化。即便讀經，也不必是原來的讀法。首先，中國經典，不止儒經，不能光讀這些。其次，經書，五經、九經、十三經，有早有晚，諸子百家熟知的六藝之書，早在戰國時代，就已經典化。經典化就是古董化。如《詩》、《書》、《易》三種，早就是古董，漢代，大人都讀不懂，何況少兒乎？漢代小學，主要讀蒙學課本（識字課本），即《倉頡》、《急就》，和《三字經》、《百家姓》差不多。再讀點德育課本，《論語》、《孝經》。《論語》、《孝經》，本來是子書，漢代不算經，只算傳記。傳記和子書同類，也叫諸子傳記。五經太深，小孩不讀。如果讀，不妨由《史》、《漢》進讀子書，由子書進讀更難的書。讓小孩背誦，還不如背點詩詞。

西方人讀中國書會挑選。書店裡，名氣最大的是代表中國智慧的《老子》、《易經》和《孫子》。孔子眾人皆知，但不一定讀過，主要還是漢學家研讀。四百多年了解中國特色的主要讀物。漢學家一直想了解，《論語》的格言，淡流寡水，玄機何在，卻不得其解：論道德，未見高明；講哲學，無從下手。《論語》翻譯雖早，不如這三本有名。《易經》，他們覺得神祕（東方神祕主義），但離開《易傳》，沒有可讀性。

參考近代中國的知識背景，及西方漢學界的閱讀趣味，我為大學生和研究生選擇先秦經典：《孫子》、《老子》、《易傳》、《論語》或《諸子選萃》。前三本書，內容精采而篇幅有限。《孫子》約六千字，《老子》約五千字，各用一學期，足以畢之。《論語》，篇幅多一點，約一萬五千字，恰好講兩個學期。《孟子》、《荀子》、《墨子》、《管子》、《莊子》、《韓非子》、《呂氏春秋》，也有很多好東西，但篇幅太多，只能選讀。

兵書是中國古代遺產，數量極多，粗略統計，先秦到清代有四千多種。兵書有兵書的經典。宋元豐年間，立武學，刻武經，《武經七書》是當時的武學經典。包括《孫子》、《吳子》、《司馬法》、《唐太宗李衛公問對》、《尉繚子》、《黃石公三略》、《六韜》。宋以來，凡是應武舉者，都是拿這七本書當軍事教科書，而《孫子》是第一。

《孫子》並非一般兵書，而是有戰略高度，帶哲學色彩，側重於運用之妙的兵書，在兵書中地位最高，是經典中的經典。《四庫全書總目》說，它是「百代談兵之祖」，一點不錯，放眼世界亦然。下一講我還會提到。

1 魯迅〈青年必讀書〉，收入《華蓋集》，《魯迅全集》第三卷，北京人民文學出版社，一九五七年，頁九。
2 魯迅〈這個與那個〉，收入《華蓋集》，《魯迅全集》第三卷，頁一〇二—一〇九。

（二）《孫子》的經典化

《孫子》經典化有其過程，很早便從眾多兵書中脫穎而出。我想用最簡單的方式解釋這個過程，讓大家知道《孫子》的歷史地位。

為了幫助大家記憶，我以七個數字串連要講的內容。

一：兵法源於軍法（先秦）

兵法的源頭為何？過去，我有一個說法，「兵法源於軍法」[3]。軍法就是這個源頭，這個源頭就是「一」。軍法，是軍中的一切制度和規定，不光指殺人，「推出轅門斬首，軍法從事」的那個「軍法」；兵法，也不是泛指一切兵書，而是專指講謀略的書。

西人所謂謀略（stratagem），分戰略（strategy）和戰術（tactics）。戰術是講戰鬥的指揮藝術，戰略是講戰爭的指揮藝術，用下棋打比方，前者是每一著、每一步怎麼下，後者是全局怎麼下。克勞塞維茲說，軍事藝術分廣狹兩種，廣義的軍事藝術是指組建軍隊的全部工作：徵募兵員、裝備軍隊和訓練軍隊；狹義的軍事藝術，則是作戰方法，即部署和實施戰鬥的方法[4]。

為什麼我要講這個源頭？因為大家老是忘本：一切我們稱為玄妙的東西，其實都來自最普通的東西。現在我們稱作兵書的書，主要是講謀略，即狹義的軍事藝術，但它的來源卻是廣義的軍事藝術。廣義的軍事藝術在哪裡？在軍法裡。

我們不要忘記這一點。

中國早期的書寫在竹簡上。竹簡上的文字，很多都是官文書、都是檔案，即和政府的管理活動有關。軍事文書也不例外。這些書，記錄很具體。比如打仗，總離不開人和武器。武器要登記，有兵器簿。人也要登記，有伍籍類的花名冊。這些瑣瑣碎碎的事情，就是軍法關心所在。敦煌漢簡、居延漢簡，都有這類東西。上孫家寨漢簡，就是講軍法軍令。早期文書，商周時期寫在竹簡上的東西，我們還沒發現，但從漢代文書推想，早期的情況應該差不多。有人猜，商周時期，就已經有兵書，如果他指的是軍法類的官文書，那還說得過去，但要說當時就有專講謀略，專講用兵方法，像《孫子》這樣的兵書，我不相信。我相信，軍法和兵法，一定是軍法在前、兵法在後，就像詩書在諸子之前。

戰國以來，軍法和兵法並行，但要分清源流。打仗，總是有兵在手，才談得上用。軍法就是講如何「有兵在手」。軍事的第一要素是人，軍隊由人組成。軍隊如何徵集？首先，怎麼按一定的編制組織？各級編制有多少人？配備什麼樣的軍官？其次，有了人，還要把他們武裝起來，配備戰車、盔甲和各種武器，人要吃飯，馬要吃草，給養怎麼解決。最後，什麼都有，還要訓練他們上下協同，熟悉武器、號令、陣法、軍中的各項規定，賞罰分明。這是用兵之前的「開門三件事」，古代和現在一模一樣。軍隊的組建，軍隊的管理，軍隊的後勤保障，軍隊的技術訓練，這些規定統統屬於軍法。其他臨時性的規定、補充性的規定，則稱為軍令。

早期軍法是什麼樣？《司馬法》是唯一的標本。這部書，今本是選本，只有五篇，都是講和用兵有關的大道理，比較接近後世兵書的概念，但西漢晚期，《漢書·藝文志·兵書略》著錄的《司馬法》有一百五十五篇[5]，從佚文看，主要是講軍事制度。前述大道理都是從制度中抽出來的，內容側重於治兵。我估計，早期兵法，主要就是講治兵，用兵是從治兵發展而來，這是兵法和軍法的中間環節。《司馬法》的「法」，漢代《軍法》的

---

3 李零《吳孫子發微》，北京中華書局，一九九七年，頁一—四。

4 克勞塞維茲（Karl von Clausewitz）《戰爭論》（*Vom Kriege*），中國人民解放軍軍事科學院譯，北京商務印書館，一九七八年，第一卷，頁一〇二—一〇三。

5 案：《漢書·藝文志·兵書略》，下簡稱《漢志》；《隋書·經籍志》的子部兵書類，下簡稱《隋志》，《舊唐書·經籍志》和《新唐書·藝文志》的子部兵書類，下簡稱兩《唐志》。

「法」，都是軍法。《尉繚子》的「令」，都是軍令。古書中的法令，有些還是設計出來，並未實施的東西，但它們的性質擺在哪裡，明顯不同於一般的兵書，專講謀略的兵書。

現在的古書容易造成錯覺，早期軍法亡佚，無從知曉制度，如何兵法脫離制度而獨立。講兵法，我們有《孫子》、《吳子》，但早期怎麼打仗，是一筆糊塗帳。從事影視的人很苦惱，想拍部電影、電視劇，不知道當時人怎麼打扮，穿什麼，戴什麼，手裡拿什麼傢伙；也不知道怎麼營兵布陣、野戰攻城，相關文獻，宋以前很少，全靠想像。有點文物可參考，也不夠用。我們的古代成天打仗，什麼玩意兒沒有？但東西就是保不住，不像歐洲或日本的武士，專愛在家裡掛這些、擺這些，傳世的東西極少，即便有點出土發現，也破破爛爛，不像歐美、日本的博物館。中國軍事博物館，古代文物太貧乏。我們只能看宋《武經總要》、明《武備志》，知識全是晚期的。現在研究科技史，比如火砲，就是看這兩本書。

軍法的存在提醒我們，千萬不要以為光憑兵法就能打仗。

宋以來，兵器、制度、陣法，全是當時的，但兵法是古典，時代有斷層。但我相信，戰爭的基礎，晚期戰爭必備的要素，早期戰爭也不能少。缺了這些，就沒法打仗。

兵法不是無源之水、不是無根之木，如果把軍法抽掉，編制不知道，兵器不知道，陣法不知道，什麼具體東西都沒有，兵法就成了遊戲。

古代軍法，《司馬法》已殘剩無幾；漢軍法，也只有佚文，很可憐[6]。我們只能拿晚期軍事制度往上推，從考古發現找一點線索。但道理擺在那裡，這樣的東西是基礎。

西方軍事傳統，沒有像樣的兵法，但推崇實力。他們重財力、重兵器、重技術、重制度、重訓練，看重的正是最基礎的東西。

任何兵法都離不開這些扎扎實實的東西。

二：軍法生兵法，兵法是運用之妙（春秋戰國）

「二」是兵法，包括治兵和用兵。兵法，英文叫 art of war，直譯是戰爭藝術。他們的 art 是方法、技巧和技術，「美術」（fine art）、「武術」（martial art）和「房中術」（art of bedchamber）的「術」，全是這種東西。「兵法」的「法」和「軍法」的「法」，咱們中文都叫「法」，但性質完全不一樣。軍法，英文叫 military law，law 是法規。這些法規，都是硬性規定，一條條寫下來，叫人照章辦事，軍令如山，不能想改就改。可是兵法的法不一樣。它是指揮藝術，運籌帷幄之中，決勝千里之外，要的就是不循常規、不依常法。很多奧妙，只是關鍵時刻一閃念。空城計，城門大開，進或不進，只在一念之間。諸葛亮和司馬懿，玩的全是心跳（當然，這是文學想像）。

李小龍，截拳道，下手特別狠，出腳特別快。他在香港拍電影，不幸短命夭殤，死葬西雅圖，我曾兩次憑弔。他的墓碑上面有兩行字，「以無限為有限，以無法為有法」。中國兵法，靠的是「兵不厭詐」。「兵不厭詐」，就是無法之法。如果照字面直譯，說「用兵最講用詐，詭詐愈多愈好」，似乎不能曲盡其妙。我以為最好的翻譯是「沒有規則，就是唯一的規則」。

軍法和兵法正好相反。軍法講的是法度，兵法講的是兵無常法。現在稱為兵法和兵書的東西，名稱很模糊，其實，它是以謀略類的兵法為主，軍法軍令類的東西，有一點，但保留下來的很少。

用兵的前提是治兵，治兵的結果是用兵，治兵和用兵不一樣，但誰也離不開誰。

《宋史．岳飛傳》，宗澤讚賞岳飛，說他「勇智才藝，古良將不能過」，但怕他太愛「野戰」（這裡的「野戰」是指亂打），打起來沒有章法，「非萬全計」，「因授以陣圖」。你猜岳飛怎麼說？他說，陣法當然要有，「陣而後戰，兵法之常」，但「運用之妙，存乎一心」，怎麼用，是另一回事。

---

6 沈家本《歷代刑法考》，北京中華書局，一九八五年，第四冊，頁一七五三—一七六六。

兵法的特點就是「運用之妙，存乎一心」，它是一定基礎上的胡來。沒有基礎不行，沒有胡來也不行，和藝術的道理一樣。

三：先秦兵書的三大經典和三大類型（春秋戰國）

我要講的「三」是先秦兵書的三大經典和三大類型。

春秋戰國，國家很多，各國有各國的兵書。北方有秦、晉（韓、趙、魏）、齊、燕，南方有楚、吳、越。但成就最突出的是北方的齊、魏、秦三國。三國之中，又以齊國的兵法最發達。我有一篇文章[7]，即專門討論這一問題，《漢志》著錄的兵書，差不多都談到了，大家可以找來看。本節我只著重先秦兵書經歷史淘汰，還剩哪幾種，咱們的家底是什麼。

先說齊。齊是周天子的舅氏，外姓中與王室經常通婚的一支。齊的開國之君是有名的太公。周文王、周武王克殷取天下，有不少外族謀士，太公最有名。傳說，他在渭水邊上釣魚，「姜太公釣魚，願者上鉤」，文王思賢若渴，總算找到他，他有一肚子陰謀詭計。戰國和漢代，凡講陰謀詭計的，都拿他當祖師爺。《太公兵法》即託名於他。這是西周時期齊國的大名人。

春秋時期和軍事有關者，齊國還有兩大名人，一是春秋中期，齊桓公的名臣管仲。今《管子》中的〈七法〉、〈兵法〉、〈地圖〉、〈參患〉、〈制分〉、〈九變〉，原來單行，《七略》收為兵書；二是春秋晚期，齊景公手下管軍事的司馬穰苴，他的兵法在古本《司馬法》裡。

還有，就是被稱為孫子的孫武和孫臏，孫武有《孫子兵法》，孫臏也有《孫子兵法》，都叫《孫子兵法》。孫武的活動時間是春秋末期，早一點。孫臏是戰國中期齊威王時的人。

戰國中期，齊威王在位時，齊國國力最盛，學術最發達。齊威王下令整理齊國的軍法，把司馬穰苴的兵法放在後面，號稱《司馬兵法》或《司馬法》。我懷疑，《太公兵法》、《管子》中的兵法，還有《孫子兵法》和《司馬法》，都是這一時期整理出來的東西。

齊國的兵法為什麼發達？可能和山東人的某些特點有關。中國的文藝作品，語言是地區符號。知識分子、小白臉、娘娘腔，說上海話；做買賣的說廣東話；油嘴滑舌、流氓氣，說北京話；老農民，說山東話、山西話、陝西話。今天的山東人，影視、相聲和小品，形象是老實巴交，特別憨厚。但古人，說法不一樣，「齊人多詐而無情實」（《史記·平津侯主父列傳》），「舒緩闊達而足智」，「言與行謬，虛詐不情」（《漢書·地理志下》）。齊人鬼大，原因有二，一是齊擅魚鹽之利，商業發達，做買賣的心眼活；二是齊為東方大國，歷史悠久，文化發達，戰國中期，齊都臨淄是國際性大都市，稷下學宮是國際性的學術中心，知識分子群集，他們的腦袋特別靈。兵法，是事後諸葛亮，往往是打了敗仗才一個勁兒的琢磨，光會打仗寫不出，沒有智慧也不行。

齊國的兵法最發達，保留最多，對後世影響最大。

齊國的鄰居，燕國也有一部兵書，叫《蘇秦》。余嘉錫考證，今《鬼谷子》是漢代《蘇秦》三十二篇中的一部分[8]。《蘇秦》是傳太公術，可以歸入《太公》一系。

另外，應該說明為何我要把《孫子兵法》歸入齊系統。孫武的兵法，不是應該歸入吳系統嗎？我將自己的考慮簡單說明。

我有兩個考慮。第一，孫武入吳，在吳做事，可以稱為吳孫子，但他本是齊人，學術淵源是齊國；第二，先秦的《孫子兵法》本來是孫武兵法和孫臏兵法的合稱，《漢志》把這本書一分為二，《吳孫子》是《吳孫子》，《齊孫子》是《齊孫子》，把他們區別開來，但他們倆是一家之人，兩本書是一家之學。早期的「孫、吳之術」，「孫」是兩個孫子，孫武和孫臏。

7 李零《齊國兵法甲天下》，《中華文史論叢》第五十輯，上海古籍出版社，一九九二年，頁一九三—二一二。

8 余嘉錫《古書通例》，上海古籍出版社，一九八五年，頁四三—四六。

銀雀山漢簡《孫臏兵法・田忌問壘》篇有一條殘簡，說「明之吳越，言之於齊，曰智（知）孫氏之道者，必合於天地」。這句話的意思是說，老孫家的學問固然是在吳越出的名（「明」有顯赫之義，這裡是出名的意思），但寫出來是在齊國。我一直懷疑，老孫子的東西很可能就是出於小孫子的整理，並且和小孫子的東西一起傳世，就像《司馬穰苴兵法》是附《古司馬兵法》而傳，廣義的《孫子兵法》，還是成書於齊國，帶有齊特點，屬於齊系統。

下再說魏。魏是三晉之一。晉也是周成王時就已立國。東周，周天子從陝西搬到河南洛陽來，是靠晉、鄭保護。鄭是執政大臣，在畿內有封地，春秋早期，活躍過一段，後來衰落。長期拱衛京師，是晉國。春秋晚期，晉是北方的超級大國，楚是南方的超級大國，戰車最多，軍隊最龐大。

嶽麓書院，門口有對聯，「惟楚有材，於斯為盛」。曾國藩以來，湖南人材濟濟。當地特產是革命家，國民黨，共產黨，兩邊都有。但春秋時期的楚主要是湖北一帶。楚國出賢大夫，但經常叛逃，主要是上晉國。晉國是當時的美國。這叫「雖楚有材，晉實用之」（《左傳》襄公二十六年）。春秋晚期，晉、吳與楚、秦分別南北對抗，主要是晉、楚之爭。

晉國很重要。晉國的兵書有《孫軫》（先軫的兵法）、《師曠》、《萇弘》，都已失傳。

戰國時期是兵書的黃金時代，三晉仍很重要。早期，三家分晉，魏國最強大；中期，齊國最強大；晚期，秦國最強大。魏國曾顯赫一時。

魏國的兵書，有《吳起》、《李子》（李悝的兵法）、《尉繚》、《魏公子》（信陵君無忌的兵法）。流傳後世的有《吳起》和《尉繚》。

同屬三晉的韓、趙，也順便說明。

韓國沒有兵書傳世。

趙國在戰國晚期也是軍事大國，它有兩種兵書：一是今《荀子》中的〈議兵〉篇，原來也是單行，《七略》

收為兵書；二是《龐煖》，龐煖是趙孝成王的將軍，號稱臨武君。他的老師是楚國的鶡冠子。《龐煖》只有三篇，今《鶡冠子》有〈近迭〉、〈度萬〉、〈王鈇〉、〈兵政〉、〈學問〉、〈世賢〉、〈武靈王〉六篇，內容是記龐子問兵於鶡冠子。龐子即龐煖[9]。這六篇東西，或與《龐煖》有關。

三晉之外，北方軍事大國還有秦國。秦有《公孫鞅》（商鞅的兵法）、《繇敘》（由余的兵法），沒有留下來。楚國兵法有《楚兵法》、《景子》、《蒲苴子兵法》，也都亡佚。但《鶡冠子》，中有談兵的內容，如上言龐、鶡問對，還有〈世兵〉篇，都是談兵，《七略》也列為兵書。

吳有《五子胥》（伍子胥的兵法）、越有《范蠡》、《大夫種》（文種的兵法），都是託名吳、越兩國的名人。南方的兵書大多亡佚。只有《五子胥》，兩《唐志》還有《伍子胥兵法》，嚴可均《全上古三代秦漢三國六朝文》卷六有〈伍子胥水戰法〉的佚文。

另外，考古發現也有一些兵書，如《吳孫子兵法》佚篇、《齊孫子兵法》（即《孫臏兵法》）、《地典》、《守法》、《守令》、《王兵》、《奇正》、《蓋廬》、《曹沫之陳》等，我在《簡帛古書與學術源流》中做過介紹，可參看[10]。

前述《議兵》，記載趙孝成王時荀卿和臨武君的辯論。等於是一篇軍事評論，它對戰國的軍隊做了比較和總結，值得一讀。

荀子是趙國人。三晉地區，儒學發達，刑名法術之學也發達。他是制度派的儒家，講帝王術的儒家。韓非、李斯都出自他的門下。荀子老壽，活了九十多歲，整個戰國晚期，他都見過。他是當時的國際學者，在臨淄的稷下學宮留過學、講過學，三為祭酒，是學宮的主持人，等於齊國科學院的院長，他還遊歷過秦國和楚國，東西南

---

9 《武靈王》作龐煥，陸佃注，說煖「或作煥」，但又說「龐煥蓋煖之兄」。

10 李零《簡帛古書與學術源流》，北京三聯書店，二〇〇四年，頁三六一—三七四。

北，全都轉過，見多而識廣。

荀子的辯論對手是臨武君，他和荀子辯論「兵要」。臨武君推崇孫、吳之術，荀子不同意。他把古今的用兵分為三等，上等是三代的王者之兵，中等是春秋的霸者之兵，下等是戰國的盜兵。他罵盜兵，但給我們介紹了這些虎狼之兵。盜兵分三等，誰最厲害？荀子的說法是，齊國的軍隊不如魏國的軍隊，魏國的軍隊不如秦國的軍隊。總之是東不如西。語云「關西出將，關東出相」（《後漢書·虞詡傳》），東邊的人文化高，西邊的人能打仗。

戰國的兵法情況正相反，西不如東。孫子比吳起出名，吳起比商鞅出名。有學問才有好兵法。

前述提到，齊國兵法甲天下。齊國兵法是以《孫子兵法》、《司馬法》和《太公兵法》為代表。這三本書，又以《孫子兵法》最著名。

《孫子兵法》是講謀略的代表，《司馬法》是講軍法的代表，《太公兵法》是依託文武陰謀取天下的故事，有點像老農民聽說書，把《三國演義》當陰謀詭計的教材，是更通俗也更神祕的兵法。它們是先秦兵書的三大經典，同時，也代表了早期兵書的三大類型。兵書的經典化，這三本書是核心。

魏國的兵法，《吳起》屬謀略類，與《孫子兵法》齊名，《尉繚》講制度，則和《司馬法》類似，只有兩個類型。陰謀類的兵書，是齊、燕的特產。先秦兵書，主要是這三個類型。

四：兵書四種（西漢）

四是指「兵書四種」。

我們講先秦兵書，有很多種。這些兵書往下傳，秦代的情況不清楚。但西漢的情況，我們知道一點。

《漢志·兵書略》指出西漢時期，官方對兵書有三次整理。

第一次，由漢初的張良、韓信整理。據說，一共有一百八十二種書，最後選留下三十五種。

張良是韓國貴族，熱血青年，搏浪一擊，天下震動，是全國通緝的要犯。他跟劉邦起事，當畫策臣，經常在劉邦身邊，躲在中軍大帳裡，拿幾根筭籌為劉邦擘畫，運籌帷幄之中，決勝千里之外，類似諸葛亮，是個軍師謀士型，專為劉邦出大主意的人。

韓信，淮陰人，出身卑賤，是親自在前方帶兵打仗，百戰百勝的布衣將軍。

李靖說，前述提到的三大經典，正是兩人所學，張良是學《太公兵法》，韓信是學《孫子兵法》和《司馬法》（《唐太宗李衛公問對》卷上）。

張良學《太公兵法》，據說是由一位號稱黃石公的白鬍子老頭祕密傳授。陰謀詭計，還是老頭子會講。《太公兵法》是《太公》三書的一部分。《太公》三書：一種叫〈謀〉，一種叫〈言〉，一種叫〈兵〉，《太公兵法》就是其中的〈兵〉[11]。《太公》三書是陰謀大全，治國用兵，馬上馬下，全都涉及。他在劉邦身邊當畫策臣，這種兵書最有用。

韓信學《孫子兵法》和《司馬法》，和他的身分也很合適。他讀《孫子兵法》是用來帶兵打仗。我們讀《史記》不難發現，他對此書很熟悉。《司馬法》講制度。漢初的制度建設靠四個人，《史記．太史公自序》提到「蕭何次律令，韓信申軍法，張蒼為章程，叔孫通定禮儀」，軍法是由韓信定。他讀《司馬法》，和制定軍法有很大關係。漢《軍法》尚有佚文保留，有些內容，如軍制，不是講漢代制度，而是講先秦制度，就是抄《司馬法》。司馬遷所謂「申軍法」的「申」，含有承繼沿用之義。

總之，他們看重的還是三大經典。漢代影響最大的其實是這三種書，特別是《孫子兵法》和《太公兵法》。

第二次，由漢武帝時的楊僕整理。整理的起因是呂后當政時，國家收藏的兵書被呂家人偷走，殘缺不全。漢武帝即位後，命軍政楊僕清查，看看還剩多少，該補什麼。楊僕整理後，寫了一本目錄，叫《兵錄》。此書已經亡佚，書中到底有多少種，班固沒有講，只說「猶未能備」。

---

11 司馬遷稱為《太公兵法》，見《史記．留侯世家》。

楊僕，《兵書略》說他的職務是軍政。軍政，即軍正，是古代軍中負責執法的官員。此人即《史記·酷吏列傳》中的楊僕。漢代的酷吏是法家的嫡脈。楊僕，宜陽人，買千夫爵為吏，當過御史，當過主爵都尉。漢武帝征南越、東越，拜樓船將軍，有功，封將梁侯（《史記》的〈南越列傳〉、〈東越列傳〉）；征朝鮮，和左將軍荀彘爭功，被荀彘綁起來。他們回國後，都被查辦，荀彘棄市，他也是死罪，花錢贖身，免為庶人（《史記·朝鮮列傳》）。楊僕何時當軍政，《史》、《漢》二書都沒講，可能在西元前一一二年秋漢武帝征南越之前。

第三次，由漢成帝時的任宏整理。這次整理由光祿大夫劉向負責，他把古書分成六類，六藝、諸子、詩賦，他自己校，兵書、數術、方技，找專家整。兵書，找的是步兵校尉任宏。步兵校尉，是北軍八校尉之一，負責戍衛京師，把守上林苑門。《漢書·哀帝紀》說綏和元年（前八）他還升官，當執金吾，相當衛戍部隊的總司令。這次整理的結果寫進劉向《別錄》和劉歆《七略》，我們已經看不到。我們能夠看到的是《兵書略》經過改編的目錄。今本《兵書略》，有五十六種，原來有六十六種。

這次整理最值得注意的，是任宏把兵書分成四種，即權謀、形勢、陰陽、技巧。李靖說的「三門四種」，「四種」就是這四種（《唐太宗李衛公問對》卷上）。

任宏說的兵書，說是四種，其實是兩大類。權謀、形勢，講指揮藝術，戰略戰術，這是一類。陰陽、技巧，講天文、地理、兵器、武術，屬軍事技術，是又一類。它們的區別是什麼？以後再談。以下各講，我把《孫子》十三篇分成四組，第一組的三篇和權謀有關；第二組的三篇和形勢有關，第三、第四組的七篇，因為涉及陰陽、技巧，陰陽、技巧的概念，也會插著講。這裡先簡單解釋。

權謀，是講計謀。計謀有大小，權謀是大計。大計是戰略，處理的是戰爭全局。戰爭全局，和政治有關，和戰前的計算和實力準備有關。戰爭全局，無所不包。這類兵書，帶綜合性，戰術和技術，也有所涉及，就像醫經可以包括經方、房中和神仙家說。我們說的三大經典，都屬這一類，《吳起》也是。

形勢，概念很複雜，暫時不詳談。我想用最簡單的一句話，來描述形勢。形勢是什麼？就是兵力的配方，這裡多一點，那裡少一點，有虛就有實，有眾就有寡，怎麼分配，奧妙無窮。大計和小計，權謀是大計，它是小計。形勢是因敵制宜、因地制宜的各種對策，好像醫生對症下藥開藥方。它的特點是遇什麼問題講什麼對策，解決戰鬥中的實際問題。權謀講戰略，它講戰術。戰術的要求，是機動、靈活、快速、多變，一是運動，路線和速度怎麼樣，二是打擊，是不是意外和突然。詭詐，絕對不可少。先秦的形勢書，多已散亡。《漢志．兵書略》的形勢類有《尉繚》（三十一篇），《諸子略》雜家也有《尉繚》（二十九篇）。今本《尉繚子》，好像不是這種書，而是講制度的書。後世《尉繚子》，《七志》還是兩種，兵書有《尉繚子兵書》（一卷），雜家有《尉繚子》（六卷），但《隋志》只有雜家《尉繚子》（五卷），兩《唐志》也只有雜家《尉繚子》（六卷）。今本《尉繚子》是哪一種《尉繚》，一直有爭論。其實，我們看原書，它很明顯是兵書。兩種《尉繚子》只剩一種，應該放在哪一類？只能是兵家。《隋志》和兩《唐志》放在雜家，恐怕不對。今本《尉繚子》，特點是講制度，講軍令。但即使這本書和兵家《尉繚》是一回事，放在形勢類，也很勉強。我懷疑，古代兵書，講軍法軍令的書比較特殊，在兵書中很難歸類，講謀略，它不是；講技術，它也不是。原來的分類，可能另有考慮。《司馬法》，本來在權謀類，班固覺得彆扭，把它搬走了。《尉繚》原地不動，可能是無法轉移，其他各類都不合適。我認為，任宏的考慮是以軍法擬權謀，軍令擬形勢，分別如大小計，所以把《司馬法》歸入權謀，《尉繚》歸入形勢。其實，它並不是一般的形勢家言。真正的形勢家言，《漢志》中的書一本也沒留下來。我們要研究形勢的概念，只能看《孫子》的有關論述。

陰陽，是數術之學和陰陽五行說在軍事上的應用。上知天文、下知地理，就是靠這種學問。陰陽是講人以外的東西。比如，古代軍人要學式法、風角、鳥情、五音、占星候氣、推算曆日、選擇地形等等，不是與天有關，就是與地有關，裡面既有科學，也有迷信，是個大雜燴。現在的軍事氣象學、軍事地理學有關知識，屬於這一類。它和一般的數術書，其實沒有截然的界限，特別是講式法、風角、鳥情、五音的書。《兵書略》中此類多已散亡，幾乎全靠出土發現。只有《地典》，銀雀山漢簡有，屬於亡而復出。

技巧，和人有關，和武器的使用和軍事訓練有關。比如城守、水攻、火攻、武術和軍事體育，全都和人有關。古代武術，原來叫技擊。徒手，拳擊叫手搏，摔跤叫角牴。器械，有劍道和射法。軍事體育，則包括射箭、投壺、蹴鞠、博弈等遊戲。蹴鞠是踢足球，博是六博棋，弈是圍棋。這類古書年代早一點，多已散亡，但《墨子》城守各篇還在，是古技巧家說的經典之作，受國外人士重視。

任宏的分類，《別錄》、《七略》的分類，《漢志》有些改動，一是把權謀類的《司馬法》歸入《六藝略》的禮類，改叫《軍禮司馬法》，不再當兵書；二是把《伊尹》、《太公》、《管子》、《孫卿子》（即《荀子》）、《鶡冠子》、《蘇子》（即《鬼谷子》）、《蒯通》、《陸賈》、《淮南王》、《墨子》中有單行本的兵書，加以省併，只保留《諸子略》中的全書；三是在技巧類加了《蹴鞠》一書。

西漢兵書，有《廣武君》（李左車的兵法）、《韓信》、《李良》、《丁子》、《項王》（項羽的兵法）。李左車、韓信、張良、項羽，都是楚漢戰爭中的風雲人物。這幾種兵法都沒有保留下來。唯一保留下來，反而是和張良有關的《黃石公三略》。張良是著名軍事家，他是太公術的漢代傳人。漢以來，《太公》續寫，黃石公的書也續寫。很多書都託名太公和黃石公。除《黃石公三略》和張良有關，《七錄》和兩《唐志》有〈張良經〉（一卷），《隋志》說「與〈三略〉往往同，亡」。可見〈張良經〉就是別本〈三略〉。又兩《唐志》有《張氏七篇》（七卷），也題為張良撰。可見太公術和張良在漢代影響極大。

任宏為我們劃出了後世兵書的基本範圍，也排出了四類兵書的長幼尊卑。權謀最尊，純用古典，愈古愈好，後世保存最多；形勢，也很重要，但不如前者，大多亡佚；陰陽、技巧類的書，很多是隨作隨棄，後世保存最少。我國傳統，尚謀輕技，和這種閱讀結構有關。

五：五大經典和曹公五書（東漢、三國和魏晉南北朝）

「五」是什麼？是先秦留下的五部兵書和曹操整理的五部兵書。

西漢兵書，留傳後世，主要是五部，即三大經典，《孫子兵法》、《太公》三書和《司馬法》，外加《吳子》和《尉繚子》。

這一時期，諸子中的兵書，已不算兵書。

曹操整理的兵書也有五部。

東漢時期，中國社會比較亂。三國時期，魏晉南北朝，更是天下大亂。這種亂，絕不是一般的亂，而是人心思亂，大家一塊兒作亂。俗話說，亂世英雄起四方。這個時代的特點就是群雄並起，好像街頭流氓火拚，一定要掐出幾個最大的頭。《三國演義》說破英雄驚殺人。天下英雄，使君與操，當然還有孫仲謀（第二十一回）。「英雄」這個詞，出自《六韜》，《三略》反覆說，《三國志》和該書裴松之注頻頻引用的《英雄記》，更是不絕於耳，很有時代特徵。《三略》流行於東漢、三國，「英雄」是流行術語。曹操，文韜武略，都是一流，難怪蘇東坡說，「固一世之雄也」（〈前赤壁賦〉），魯迅也說，「其實，曹操是一個很有本事的人，至少是一個英雄，我雖不是曹操一黨，但無論如何，總是非常佩服他」[12]。大眾心理不同，大多同情弱者，他們受《三國演義》誤導，替劉備著急，又為諸葛亮落淚，恰好中了正統史觀的奸計。王莽是外戚，不是東西；曹操是宦官的兒子，也好不了，這是偏見。他們只承認許劭許子將的評語，曹操是「治世之能臣，亂世之奸雄」（《三國志・魏志・武帝紀》裴注引孫盛《異同雜語》），英雄也是個奸的，京劇扮相是白臉。

曹操是大軍事家，不但善於用兵，還讀過不少兵書，寫過不少兵書。《三國演義》講張松獻地圖，有一段故事，根據《太平御覽》卷三八九引《益部耆舊傳》。《益部耆舊傳》只說楊修拿曹操的兵書給張松看，張松過目成誦，沒說曹操剽竊《孫子》。小說添油加醋，有歪曲。張松說，你這本《孟德新書》，是曹丞相剽竊《孫子》十三篇，《孫子》原書，我蜀中三尺小兒都會背，只能瞞足下（第六十回）。這是作者瞎編。實際上，曹操不但

[12] 魯迅《魏晉風度及文章與藥及酒之關係》，收入《而已集》，《魯迅全集》第三卷，頁三七九—三九五。

沒剽竊《孫子》，還對整理《孫子》有大功。

我們現在看到的《孫子》，其實就是靠曹操傳下來的本子，為《孫子》作注的第一人，也是曹操。他的書叫《孫子略解》，原書有序，保存在《太平御覽》卷六〇六中。曹操說，「吾觀兵書戰策多矣，孫武所著深矣。……審計重舉，明畫深圖，不可相誣」，認為《孫子》是所有兵書中寫得最好的一部，但原書無注，讀不懂，篇幅太大，讓讀者不得要領。所以，他只給《孫子》十三篇作注，其他東西剔除。曹操如果真想偷《孫子》，何必多此一舉，一邊偷還一邊注，說原書怎麼怎麼好，這不是太愚蠢了嗎？可見這都是小說的編造。

曹操對整理古代兵書貢獻極大。東漢、三國時期，他的整理最關鍵。大眾喜歡諸葛亮，拿他當中國智慧的象徵。其實，在軍事史上，他比諸葛亮重要得多。

曹操整理兵書，有如董仲舒罷黜百家，獨尊儒術。董仲舒獨尊儒術，不是廢棄百家，而是把百家擺在儒家之下，起陪襯作用。曹操也是這樣，他獨尊《孫子》，也是把其他兵書擺在《孫子》的下邊。

曹操整理過的兵書，我叫「曹公五書」。它們是：

（一）《孫子略解》（兩卷）。即前述《孫子》十三篇的注本，今存，它的注文很簡短。

（二）《太公陰謀解》（三卷）。可能是注《太公》三書中的《謀》，已佚。

（三）《司馬法注》（卷數不詳）。是《司馬法》的注本，有佚文。

（四）《續孫子兵法》（兩卷）。可能是《孫子》十三篇以外，其他《孫子》書的選編，既包括《吳孫子兵法》的佚篇，也包括《齊孫子兵法》。杜牧說，《孫子兵法》原來有「數十萬言」，曹操「削其繁剩，筆其精切，凡十三篇，成為一編」（《孫子》序），剩下的《孫子》書怎麼辦？看來不是扔掉，而是另編一書。《續孫子兵法》就是這樣的書。

（五）《兵書接要》（有一卷、二卷、三卷、五卷、七卷、九卷、十卷等不同的本子）。此書有許多不同名稱，如《兵法接要》、《兵書捷要》、《兵書略要》（或《兵書要略》）、《兵書論要》（或《兵書要論》）。孫盛

《異同雜語》說，「（太祖）博覽群書，特好兵法，抄集諸家兵法，名曰《接要》，又注孫武十三篇，皆傳於世」（《三國志‧魏志‧武帝紀》裴注引）。此書是古代兵書的選本。我們從佚文看，它也包括《孫子兵法》的佚文。

除整理古代兵書，曹操還有自己的兵法，叫《魏武帝兵法》或《魏武帝兵書》，俗稱《曹公新書》（有一卷和十三卷兩種）。上面說，《孫子略解》太簡略，杜牧說，他是十句話注不了一句，因為他根本就不想全面注《孫子》，「惜其所得，自為《新書》」，好東西是放在自己的書裡（《孫子》序）。這本書，就是曹操自己的著作。《孫子‧作戰》張預注引過它。

曹公五書，後世散亡，只有《孫子略解》保存下來，但曹操的整理，有重要意義。

第一，是獨尊《孫子》。

第二，他只為三大經典作注，說明這三本書最重要。

第三，他把漢以來很龐大的《孫子》書做了區分，只為十三篇作注，不為其他《孫子》書作注，但也不把它們廢掉，而是另編一書，可能既包括《吳孫子兵法》的佚篇，也包括《齊孫子兵法》，他獨尊《孫子》，其實是獨尊《孫子》十三篇，無形中，已經降低了其他的《孫子》書。

第四，除去三大經典，其他兵書，他做了刪選。他為兵書排座次，在所有兵書中突出三大經典；三大經典中，突出《孫子》；《孫子》中，突出十三篇。這個「三突出」，對兵書存廢起了很大作用。

另外，應該指出的是，《黃石公三略》在這一時期很流行。當時，《三略》是新典，不是古典。我說的五大經典，還沒包括這一種。

六：六大經典和《孫子》六家注（南北朝和隋唐）

「六」是六大經典和《孫子》六家注。

六大經典是《孫子兵法》、《太公》三書、《司馬法》、《吳子》、《尉繚子》和《黃石公三略》，五大經典，加上《三略》。

（一）《孫子兵法》。不管一卷本、兩卷本，還是三卷本，都是十三篇本，同於《孫子略解》，而有別於曹操編的《續孫子兵法》和其他掛孫子之名的單行本，如《孫子八陣圖》、《孫子戰鬥六甲兵法》、《吳孫子牝牡八變陣圖》、《孫子兵法雜占》、《吳孫子三十二壘經》。前者是走上坡路，愈來愈突出，成為經典，後者是走下坡路，逐漸歸於散亡。

（二）《太公》三書。是單本流行，《謀》變為《太公陰謀》（《七錄》是六卷本，《隋志》是一卷本，曹注是三卷本），《言》變為《太公金匱》（《隋志》是兩卷本），《兵》變為《太公兵法》（《七錄》是三卷本和六卷本，《隋志》是兩卷本和六卷本）。還有《太公六韜》（《七錄》是六卷本）和其他託名太公的書。《六韜》，《莊子·徐無鬼》已有此書名，只不過是作《六弢》。《隋志》的《太公》三書是《太公陰謀》、《太公金匱》、《太公兵法》，兩《唐志》的《太公》三書是《太公陰謀》、《太公金匱》、《太公六韜》。《隋志》的《太公兵法》和《太公六韜》都有六卷本。我很懷疑，《太公六韜》是《太公兵法》的另一版本。這是《太公》三書中專門講兵事的一種。後來的《太公》書，只剩這一種。今本《六韜》也是六卷。

（三）《司馬法》。《隋志》和兩《唐志》只有三卷，和今本卷數一樣，顯然是刪節本。以上三種是齊系統的三大經典。

（四）《吳起兵法》。地位不如前三種。《隋志》有賈詡注《吳起兵法》，只有一卷，肯定是刪節本。兩《唐志》沒有吳起的兵法。

（五）《尉繚子》。地位也不如前三種。這本書，性質很複雜，學者有爭論。《漢志》有兩部《尉繚》，兵書《尉繚》（二十九篇）和雜家《尉繚》（三十一篇），這兩種《尉繚》，篇幅差不多，大概都是五、六卷，什麼關係，不清楚。《七錄》，兵書有《尉繚子兵書》（一卷），雜家有《尉繚子》（六卷）。《隋志》，只有雜家《尉繚子》（五卷）。兩《唐志》，也只有雜家《尉繚子》（六卷）。今本《尉繚子》是五卷，只有二十四篇，比《漢志》

的兩種《尉繚》都要小一點。它的前十二篇是泛論兵事、後十二篇是講軍令，很明顯是兵書。（四）（五）兩種是魏系統的兵書。

（六）《黃石公三略》。今天讀起來好像沒什麼意思，但東漢時期，借太公、黃石公和張良的大名，《三略》是時髦書（《七錄》、《隋志》、兩《唐志》都是三卷）。《七錄》有《張良經》（一卷），「與《三略》往往同」，大概是《三略》的另一版本。南北朝和隋唐，託名黃石公的書很多，這是太公書的餘脈。

另外，值得注意的是，漢以後，諸子中的兵書已不再單行，但《隋志》有《老子兵書》一卷。唐人王真說《老子》的每一章都是談兵（《道德經論兵要義述》），毛澤東很欣賞。看來，這種讀法早就有，並不始於王真。

曹操整理的五部書，加上他的《曹公新書》，也是六部書。它們的命運如何？也值得注意：

（一）《孫子略解》。《武經七書》本的《孫子》和《十一家注孫子》中的曹注，都來自此書。

（二）《太公陰謀解》。南北朝和隋唐的《太公陰謀》，有一卷本、三卷本和六卷本，三卷本就是他的《太公陰謀解》，兩《唐志》的《太公陰謀》就是三卷本，當時還在。

（三）《司馬法注》。見《文選》引用，可見南北朝還有。

（四）《續孫子兵法》。見《隋志》和《新唐志》著錄。

（五）《兵書接要》。見《七錄》、《隋志》和兩《唐志》著錄。

（六）《曹公新書》。見《隋志》著錄（一卷），兩《唐志》不載，但《日本國見在書目》仍有（十三卷）。

這六種書，隋唐時期還在。

三國以來，注釋《孫子》者，有魏曹操，梁孟氏，吳沈友，隋張子尚、蕭吉，唐李筌、杜牧、陳皞、賈林。但沈友、張子尚、蕭吉的注均已失傳，其他都在《十一家注孫子》內，我稱為「六家注」。

曹操注，有一卷本、兩卷本和三卷本。特點是簡明。此書有影宋本《孫武司馬法》（可能是元豐初刻本的殘本）中的曹注本，和《十一家注孫子》不同，我在《〈孫子〉古本研究》中利用古書引文做過集校，可參看。

孟氏注，兩卷。孟氏，生平不詳，舊題「梁孟氏」，只因為他的書見於《七錄》，《隋志》便題為「梁有」。他的注見於《十一家注孫子》，比曹注更簡，話很少。

李筌注，三卷。李筌著有《太白陰經》，精通兵學，包括兵陰陽，晁公武說，他「以魏武所解多誤，約歷代史，依遁甲，注成三卷」（《郡齋讀書志》卷三下）。《孫子》中，凡是涉及兵陰陽的部分，可參看他的注。

杜牧注，三卷。杜牧是有名的詩人，他的書是屬於文人談兵。他嫌曹注太簡，注釋比較詳細。晁公武說：「世謂牧慨然最喜論兵，欲試而不得。」其特點是引戰例，「其學能道春秋戰國時事，甚博而詳，知兵者將有取焉。」（《郡齋讀書志》卷三下）

陳皥注，三卷。陳皥，生平不詳。他對曹注和杜注都不太滿意，晁公武說：「皥以曹公注隱微，杜牧注闊疏，重為之注云。」（《郡齋讀書志》卷三下）

賈林注，三卷。賈林，生平不詳。

另外，《通典．兵典》大量引《孫子》，附有杜佑注。佑書抄撮群書，為之注，並非專門注《孫子》，可以不算。如果加上杜佑注，唐代的注家就有五家。杜佑注，我在《〈孫子〉古本研究》中也做過集校，可參看。

舊注，只有曹注和杜佑注可以校。

關於《通典》，我想就中華書局校點本[13]說兩句話。第一，此版本是以浙江書局本為底本，校以宋明善本，這是倒著校，如果是以宋本做底本，當更存原貌，更有條理，還可簡化校語；第二，《孫子》杜佑注，《十一家注孫子》是抄《通典》的《兵典》，因為該書是集注本，位置和詞句都有所變動，但中華版以《十一家注孫子》中的杜佑注為準，反過來改《通典》，此亦欠妥。

剩下的注，大家只能看《十一家注孫子》。

曹操、孟氏的注，我稱為「前唐注」，李筌、杜牧、陳皥、賈林的注，我稱「唐四家注」。

七：《武經七書》（宋元明清）

現在，我們能夠看到的典型《孫子》版本，其實只有三種：一種是影宋本《魏武帝注》本[14]，一種是宋本《武經七書》本，一種是宋本《十一家注孫子》本。三種也可以說是兩種。《魏武帝注》本，是《武經七書》元豐初刻本的殘本，與白文本的《武經七書》同一系統。

宋朝，是兵書經典化的終結，《武經七書》的出現是其標誌。我說的「七」，就是指《武經七書》。它包括《孫子》、《吳子》、《司馬法》、《唐太宗李衛公問對》、《尉繚子》、《黃石公三略》、《六韜》。這七本書由先秦齊系統的三大經典，加先秦魏系統的《吳子》、《尉繚子》，加西漢的《黃石公三略》，加唐代的《唐太宗李衛公問對》構成。

《武經七書》，是國子司業朱服和武學教授何去非奉宋神宗詔校訂。他們訂下來的《武經七書》，基本面貌是：

（一）《孫子》。三卷，十三篇，是曹操傳下來的本子，面貌與銀雀山漢簡本相似，可見是最早經典化的本子。

（二）《吳子》，二卷，六篇，隋代已是節本。宋晁公武說，當時的《吳子》是「唐陸希聲類次，為之說」，即唐代的改編本（《郡齋讀書志》卷三下）。

（三）《司馬法》。三卷，五篇，隋唐以來流行的本子都是三卷本，估計早就是節本，大量講制度的文字都被刪掉。此書。三國，魏有賈詡注；宋代，也有吳章注，均佚。

13 北京中華書局，一九八八年，王文錦等校點。

14 上海圖書館藏明初刻本《武經七書》二十五卷，也是這一類型的版本。其第一種《魏武帝注孫子》，見謝祥皓、劉申寧輯《孫子集成》（濟南：齊魯書社，一九九三年）第一冊。王重民先生提到的前北京圖書館藏《武經七書》二十五卷，應即此本。他說，此本「為元為明，殆難確定」（《中國善本書提要》，上海：上海古籍出版社，一九八三年，頁二四二），但此書前有朱服奏刻《武經七書》序目，可見也是從元豐初刻本而來，比靜嘉堂文庫本更原始。

（四）《唐太宗李衛公問對》。是宋代新編的古書，其材料來源是個謎。李靖是唐代的大軍事家，他的兵書，兩《唐志》只有《六軍鏡》一種，《宋志》則增加《陰符機》、《韜鈐祕術》、《韜鈐總要》、《衛國公手記》、《兵鈐新書》、《弓訣》六種。這些書均已亡佚，無從判斷它的取材。大家都知道，元豐三年（一〇八〇）刻武經，《武經七書》中的這一種其實是新書。熙寧初年，神宗已下詔校定李靖兵法，說「唐李靖兵法，世無完書，雜見《通典》，離析訛舛」，嫌《通典》中的官名、物名已經過時，軍人讀不懂。所以，甩開《通典》，另外編書。過去，學者都說《問對》是阮逸偽造，真李靖兵法是《通典》的引文。如清汪宗沂的《衛公兵法輯本》，就是以《通典》的引文為主。其實，《問對》恰好不收《通典》中的內容。阮逸偽造說，出陳師道，來源是蘇洵、蘇軾和蘇軾的學生何去非，他們只是懷疑猜測。衛公之書當時很多，只不過沒有一個是彙集各書的全本。此書可能是選本或改編本，但不一定是偽書。皇帝下令編的書，怎麼好隨便造假。此事和政治鬥爭有關，背景很複雜，下一講還會說到。

（五）《尉繚子》。五卷，二十四篇。

（六）《黃石公三略》。三卷，分上略、中略、下略。

（七）《六韜》。六卷，每一韜是一卷。銀雀山漢簡、八角廊漢簡有《太公》古本，其中與今《六韜》有關的文字，內容差距很大，《群書治要》引《六韜》和敦煌本《六韜》也不同於今本《六韜》。《六韜》也是一個改編本。

《武經七書》刻於宋神宗元豐三到六年（一〇八〇—一〇八三）。但《太平御覽．引書目》有《兵法七書》，可能是其前身。《兵法七書》和《武經七書》可能不完全一樣。比如《問對》，可能就是重新整理。

宋代的注家，主要有四家：梅堯臣、王皙、何延錫、張預。

梅堯臣的注，三卷，原有歐陽修的序。

王皙的注，三卷，對原文有校正。

何延錫的注，三卷。何延錫，生平不詳。

張預的注，三卷。張預，字公立，北宋東光人（今河北東光縣人），生平不詳，除《孫子》注，還有《百將傳》，在名將傳類古書中，它是第一部。

這四家注，我稱為「宋四家注」，單行本均已亡佚，只能看《十一家注孫子》。《十一家注孫子》，後面還附有鄭友賢《十家注孫子遺說並序》。鄭友賢，生平不詳。《遺說》也不是專門的注。

《十一家注孫子》，也叫《十家注孫子》，「十家」是前唐三家注，加唐四家注，加宋四家注。「十一家注」是再加杜佑注。元明以前的舊注，凡是留下來的，都收進了此書。

（三）基礎參考書

研究《孫子》，書很多。我讀過的書，絕大多數不值得讀。過去，我寫《〈孫子〉古本研究》和《吳孫子發微》，是替大家看書。神農嘗百草，一日七十毒，中毒不可免，但沒有必要再重複。書，總是愈讀愈少，而不是愈讀愈多。少則得，多則惑。

（一）著錄。過去的參考書，主要是《孫子兵法書目彙編》[15]和《孫子考》[16]。現在可以看《孫子學文獻提要》[17]和《著述提要》[18]。

15　陸達節《孫子兵法書目彙編》，重慶軍訓部軍學編繹處，一九三九。
16　陸達節《孫子考》，重慶重慶軍用圖書社，一九四〇。
17　于汝波主編《孫子學文獻提要》，北京軍事科學出版社，一九九四。
18　穆志超、蘇桂亮主編《著述提要》，收錄至邱復興主編《孫子兵法大典》，北京大學出版社，二〇〇四。

（二）文本。從前，善本是公私密藏，不易見，清孫星衍刻本就是最好的本子。三大版本他刻過兩種，一是刻影宋本《魏武帝注孫子》，一是校刻《孫子十家注》。此人對《孫子》情有獨鍾。他姓孫，自稱「孫武之後」，有光宗耀祖的巨大動力。研究《孫子》的清代學者，他功勞最大。前書，我們要感謝他。因為該書原已失傳，他的本子有不可替代的價值。後書，早先，宋本（《十一家注孫子》）不易見，明本（一般叫《孫子集注》，有談愷本和黃邦彥本）也不易見，孫星衍發現明華陰《道藏》本，趕緊印，是最普及的本子，現在有宋本，可以代替它。《武經七書》本，有《續古逸叢書》影印的日本靜嘉堂文庫本。這個本子和《魏武帝注》本出於一系，有《魏武帝注》本，可以不讀它。現在，研究文本，可看我的《〈孫子〉古本研究》。宋以前，簡本和古書引文，我做了全面搜集和分期排隊，極便參考。宋以來，典型版本，我也做過橫向比較。相比之下，《魏武帝注》本最好。宋以後，都是重複，不必校，不必讀。

（三）注本。過去讀《孫子》者主要是軍人。他們讀的都是《武經七書》。學者盛稱的金施子美《武經七書講義》，明劉寅《武經七書直解》和趙本學《孫子校解引類》，清朱墉《武經七書匯解》，均屬這個系統。這些書除了研究學術史沒有太大價值。清代考據學發達，但《孫子》無人理會，沒有一流學者做深入研究。孫星衍也沒有注《孫子》。他們的注也多半不必讀。文義理解，還是離不開明清以前的舊注。舊注都在宋本《十一家注孫子》中。大家要看，還是看這本書。另外，我的《吳孫子發微》，全面研究《孫子》的文本演變，針對所有疑難詞語做深入考證，並附有白話翻譯，也是便於參考的注本。《〈孫子〉古本研究》的下編還彙集我歷年考證《孫子》文本和詞語的有關文章，是寫作《吳孫子發微》的素材和研究基礎，請參看。

（四）校勘。清代學者無人理會，國家圖書館有王念孫校本，只是過錄本，我看過，沒什麼價值。清代，貢獻最大者還是孫星衍。孫氏校勘《孫子》，方法很對，主要是據類書引文，研究早期面貌。宋以後，楊炳安《孫子集校》[19]做過全面調查。他的工作有兩方面的意義，一是為我們理出兩大版本系統，二是在客觀上證明宋以下的版本其實不值得校勘。

讀《孫子》，基礎的基礎有五件事：第一是細讀原典；第二是精研舊注，第三是考證源流，第四是分析結構，第五是解決詞語上的難點，讀不懂的詞語，別輕易放過。

除在《吳孫子發微》中提供的書目，大型參考書還有兩種，可供查用，但價格比較貴。分別是《孫子集成》[20]和《孫子兵學大典》[21]。

以上，是就《孫子》談《孫子》。

如果大家對《孫子》比較熟了，我建議可以讀《武經七書》的其他幾種，還有前述其他兵書，包括出土的兵書。明茅元儀說，《孫子》寫得最好，其他兵書，不過是《孫子》的注疏（《武備志》卷一《兵訣評》序）。明李贄的《孫子參同》就是把其他兵書，還有史書中的戰例，分門別類摘出來，用來注《孫子》。這個讀法很好。

另外，我們真想從《孫子》學點什麼，特別是學它的兵術和思想，還要把它放進軍事文化史和思想史來讀。這是下一講的內容。

19 楊炳安《孫子集校》，北京中華書局，一九五九。
20 謝祥皓、劉申寧編輯《孫子集成》，濟南齊魯書社，一九九三。
21 邱復興主編《孫子兵法大典》，北京大學出版社，二〇〇四。

第二講　如何讀《孫子》

《孫子》的讀者很多，各種各樣。讀者不同，興趣不同，讀法也自然不同。軍人有軍人的讀法，文人有文人的讀法，其他人有其他人的讀法，古今中外不一樣。我自己也有我自己的讀法。這裡做一點簡單的介紹。

（一）傳統軍人的讀法

《孫子》是一部兵書。兵書主要是軍人寫的，也是寫給軍人看的。歷史上，《孫子》的讀者主要是軍人。如宋代武舉，既考馬上馬下，武功如何；也考《武經七書》，文章如何。《七書》第一部就是《孫子》。

兵書本來是寫給軍人看的，但很多軍人都不讀書，更不用說讀兵書。軍人讀兵書，重實用。他們的讀法，一是喜歡直接讀原文，讀書不求甚解，比如宋以來的《武經七書》，就是這麼讀，白文無注；二是有注，也力求簡明扼要，比如元豐初刻本的《武經七書》，原來有曹注，曹注非常簡短；三是不尚空言，注重實例，老師教學，喜歡援引戰例，講解歷史上的成敗得失。戰史是用流血的經驗寫成，戰例對軍人最有用。讀兵書，從戰例入手，是對頭的。

漢朝讀《孫子》最出名者，莫過韓信。他行師用兵，常活用《孫子》（《史記・淮陰侯列傳》）。但當時的軍人不一定讀。如驃騎將軍霍去病，漢武帝教他讀「孫、吳兵法」，他就不讀，說「顧方略何如耳，不至學古兵法」（《史記・衛將軍驃騎列傳》）。當時讀兵書，很重史書中的戰例，和歐洲的傳統差不多。如光武中興立大功的馮異，這位征西大將軍原來是讀書人，就以精通《左氏春秋》和《孫子兵法》而出名（《後漢書・馮異傳》）。三國，吳將呂蒙，本來不讀書，孫權勸他讀書，他說軍務太忙沒時間，不讀。孫權說，我又沒叫你死讀書當博士，從前，光武帝也忙軍務，卻手不釋卷，人家曹操，年紀一大把也老而好學，你還不趕緊去讀《孫子》、《六韜》、《左傳》、《國語》，還有三史（即《史記》、《漢書》和《東觀漢記》）。他叫呂蒙讀的，也是兵書和戰例。呂蒙讀了，簡直像換了個人，魯肅誇他學問大，不再是以前的「吳下阿蒙」，他自己也說，士隔三日，當刮目相看（《三國志·吳志·呂蒙傳》注引〈江表傳〉）。孫權的家族是富春孫氏，號稱孫武之後（《三國志·吳書·孫破虜討逆傳》）。他喜歡讀兵書，要部下也讀。

兵書有用，但怎麼用是大問題。用得不好，還不如不讀。

（二）傳統文人的讀法

兵書是什麼人寫的？主要是軍人。但古代也有其他人寫兵書，不一定全是職業軍人。比如，《墨子》講城守的各篇，還有《荀子》中的〈議兵〉，漢以來都認為是兵書，就不是軍人寫的。宋代的文人也經常參與軍事，有些作品即出自文人筆下。文武有分工，其來尚矣，但自古軍中就有文職，搖羽毛扇的軍師謀士和帶兵打仗的人不一樣，張良、諸葛亮型的人，古人叫「畫策臣」，現在叫參謀，他們都是很有知識、會動腦筋的人。現代指揮人員也是從軍校畢業。兵書的作者還是要有點文化。它的讀者也有一些是文人，特別是關心軍事的文人。

文人讀《孫子》，特點是咬文嚼字，一字一句，讀得細，講解詞義，分析內容，比軍人強。他們喜歡讀有注的《孫子》。比如，宋代的《十一家注孫子》，搜集歷代注解，就是文人的讀物。其中很多注都是文人寫的，或很有文化的人寫的。舊注，唐四家的杜牧，宋四家的梅堯臣，都是著名文人。

文人談兵，大家喜歡說「書生之見，紙上談兵」，明清小說經常這麼講，意思是，文人不懂軍事，只會說，不會做。這種說法很明顯是貶義，但它出現比較晚，明清以前好像沒有這種說法。什麼叫「紙上談兵」？大家總是拿趙括為例。司馬遷說，趙括的父親趙奢是趙國的名將，秦國怕他。趙括從小讀兵書，談起軍事，以為天下沒人比得上他。他和父親辯論，他父親都辯不過他。但趙奢看得很清楚，兵事凶險，這小子太狂，把它看輕了，並不認為他真懂兵法。趙奢死後，秦國散布謠言，說我們最怕趙括子承父業繼續當將軍，使趙國上當。他媽媽勸趙王千萬不要讓他當將軍，趙國的另一位大將廉頗也說，他是「徒能讀其父書傳，不知合變」，都不同意讓他當將軍，但趙王不聽，結果就發生了秦軍敗趙於長平，四十萬人被活埋的慘劇（《史記．白起王翦列傳》）。

趙括光會讀書，沒有帶兵和實戰的經驗，隨便換人，隨便改規矩，又不知道怎麼應付戰場上的千變萬化，誤不在書而在用。文人好讀書，但照搬書本，未必是文人。早期制度，肯定不是文人。趙括是世將，不是書生。文人，只要不心血來潮，投筆從戎，是插不上手也負不起責的。魏源說：「今日動笑紙上譚兵，不知紙上之功，即有深淺，有一二分之見，有六七分之見，有十分之見。」（《聖武記》卷十二）兵書都是「紙上談兵」（但趙括的時代還沒有紙），有的寫得好一點，有的寫得差一點，關鍵是怎麼用。

文人談兵，害國誤國的也有。但作用一般是間接的，主要問題出在政治，出在政治上的胡亂指揮。這種問題，宋以來最突出。

宋代有意思。宋太祖出身軍人，赳赳武夫馬上得天下，反而提倡偃武修文。他是有感於唐末五代藩鎮割據、兵連禍結，對國家危害太大，才痛下決心，讓筆桿子管槍桿子。以文制武，以文代武，就是當時的政治掛帥和黨指揮槍。明代，太監當政委，也是宋代就有的制度。文人不懂軍事，但比軍人懂政治。亂世靠軍人，承平靠文人。承平之世，軍隊的作用是員警，分散各地，用於剿匪，維持治安，這是雙刃劍，內戰內行，外戰外行。岳飛冤死風波亭，就是「杯酒釋兵權」的歷史遺產。宋代的安定團結是獲福於此，屢戰屢敗也是埋禍於此。問題最大是中御之患。宋代猜忌武人，監視武人，什麼都不放心，臨陣才授錦囊妙計和陣圖，能不打敗仗？

宋代朝廷重視軍事是被逼無奈。

宋仁宗寶元元年（一〇三八），元昊稱帝，從此邊患無窮，才出現「士大夫人人言兵」的局面，宋代注解《孫子》者很多都是那時的文臣（《郡齋讀書志》卷十四）。慶曆三年（一〇四三），立武學，刻《武經總要》，也是針對邊患。立武學屬於范仲淹的慶曆新政，當時，文臣搗亂，說學學古名將就得了，何必讀兵書。故三個月就被撤銷[1]。《武經總要》是曾公亮和丁度編的，他們也是文臣。

宋神宗於熙寧五年（一〇七二）再立武學，是第二遍。《武經七書》就是武學的教本。宋神宗元豐三年到六年（一〇八〇—一〇八三），朱服、何去非奉命校刻《武經七書》，他們也是文臣。當時，武學歸國子監管。朱服是國子司業，相當於今教育部副部長。何去非是武學博士，相當於今軍事科學院的教授。何去非寫《何博士備論》，講當時的政治掛帥，深得蘇軾賞識，但他並不安於本職工作，兩次請蘇軾上書，推薦他轉文職。宋以來，文人在武人之上，武舉和文舉沒法比。文人談兵，注重治兵，講來講去，無非是士兵要聽將領的話，將領要聽天子的話，一切命令聽指揮。當時，刻《武經》，立武舉，是模仿讀書人。但罵《孫子》無用、兵書無用的也是讀書人。軍人不讀書行不通了，但兵書和打仗脫節是大問題。打仗是一回事，武器、制度、訓練，是新一套；讀書是又一回事，完全是古典。真的打起來，大主意是皇上和皇上身邊的人拿，沒人管兵書怎麼講。當時打敗仗，責任在皇上和文臣，不在軍人。蘇洵講治兵，說帶兵打仗有什麼難，不過如「賤丈夫」管下人、丫環、小老婆（《嘉祐集》），蘇軾譏評孫武，也說「天子之兵，天下之勢，武未及也」（《蘇軾集》卷四二〈孫武論下〉），都說丘八不懂政治。但政治是文人敗壞的。

文人批評武人，喜歡拿三代王者之兵、春秋霸者之兵壓戰國兵家，拿《司馬法》壓《孫子兵法》。其言出於《周禮》、孟、荀，這是典型的宋代偏見。後世懷疑《孫子》，這類批評是源頭。

宋神宗時，王安石變法，有所謂熙寧新政，立武學，刻武經，都在這一時期。蘇洵、蘇軾和何去非都屬於反對派。他們的議論，他們的懷疑，可能和政治鬥爭有關。背景複雜，值得研究。

這是歷史上的情況。

下面再講一下現在的風氣，看看現在是怎麼讀《孫子》。

1 吳九龍、王菡《宋代武學與兵書》，收入《〈孫子〉新論集粹》，北京長征出版社，一九九二，頁四五四—四六〇。

（三）《孫子》和應用研究

什麼叫「應用研究」？大家可以看一下最近出版的《孫子兵法大典》第七冊，裡面的第一部分是楊善群主編的《拓展借鑑》。其中政治統御、商業競爭、企業管理、金融投資、外交藝術、教育教學、科技創新、衛生醫療、體育競技、積極人生應有盡有。但當今所謂「應用」，主要還是賺錢。兵法可以賺錢，以前想不到。現在是主流。

現在的讀者，圈子比以前大，軍人以外的讀者數量激增。現在不打仗，但他們比軍人還講用。特別是商人、一般民眾。《孫子》普及，當然是好事，但糟糕的是它被濫用。大家不讀原書，光講應用，什麼股市搏擊大全，情場決勝指南，簡直成了狗皮膏藥、萬金油。大家都是帶著問題學，急用先學，活學活用，立竿見影，就像古人說的用《春秋》斷獄，以《河渠書》打井。我不喜歡這一套。這是軍人讀《孫子》的現代變形。不是變好了，而是變壞了。

商場如戰場，用《孫子兵法》做買賣、管員工，很時髦。一九八四年，李世俊、楊先舉、覃家瑞合編了《〈孫子兵法〉與企業管理》，以《孫子兵法》講企業管理。在日本，這類學問在五〇年代就有。我記得，十五年前，有位日本企業家服部千春，來中國的學術研討會宣傳他的研究。據說，他的員工每天上班先要背《孫子兵法》。會上，主持人說，我們聽說您是靠《孫子兵法》賺錢，您能說明您是怎樣用《孫子兵法》賺錢的嗎？他說，對不起，這是商業祕密，不能講。

日本尚武。二次大戰，日本戰敗，英雄無用武之地，他們把武士精神用在商業上，再自然不過。中國改革開放，也是全民經商，做買賣的風氣極盛。老闆辦班，《孫子兵法》是熱門話題。有人起鬨，說什麼全世界都在學《孫子》，這是潮流，但日本已經搶在前頭了，歐美也在跟著學，咱們不學，那可就晚了……

《孫子》熱，除經商本身，還有個熱點是陰謀詭計。這個熱點和前者也有關。很多人把《孫子兵法》和《三十六計》一起讀。有一次為老闆們開課，我講半天，他們坐不住，問我為什麼還不進入正題。我說，什麼是正題？他們說，《孫子兵法》和《三十六計》是什麼關係。我說，一個兩千年前，一個兩千年後，沒什麼關係，「借刀殺人」、「趁火打劫」、「無中生有」、「笑裡藏刀」、「順手牽羊」、「渾水摸魚」、「偷梁換柱」、「指桑罵槐」，這些還要我教嗎，滿地的奸商都會。

這是現在的風氣。

大家說，《孫子》有用，有大用，背景是什麼？我看，主要是受兩大神話啟發。

一大神話是，美國是靠《孫子兵法》打勝仗。美國打勝仗，不是韓戰，不是越戰，而是兩次伊拉克戰爭。我在《讀〈劍橋戰爭史〉》中講過[2]，這是自我欺騙、自我麻醉。人手一本讀《孫子》，乃子虛烏有，全是自欺欺人。

還有一大神話，日本是靠《孫子兵法》發財。這也是胡說八道。戰後的日本，做為戰敗國，無仗可打，美國也不讓它打，英雄無用武之地，武士精神，只能用來做買賣，他們群策群力的團隊精神、咬牙跺腳的奮鬥精神，還有模仿家長制，把老闆當爸爸的管理學，都是來自日本文化，而非《孫子兵法》。

電視上，做買賣的喜歡說，我是儒商。我是山西人。晉商，錢莊、票號，國際貿易，很有名。大家說這就是儒商。宋以來，有泛儒主義，什麼都愛掛個儒字，將有儒將、醫有儒醫。所謂儒將、儒醫，毫無標準，儒只是包裝。中國傳統，萬般皆下品，唯有讀書高，看不起從事技術的、做買賣的，貼上個儒字，馬上顯得很有文化，很有道德。前述應用研究，打《孫子》旗號，頗有類似性。

它讓我想起了關老爺（圖一）。

---

2 李零《花間一壺酒》，北京同心出版社，二〇〇五，頁四三—七六。

圖一　關羽像

中國的文聖人是孔子，武聖人該誰當，本來有很多人選，太公、孫子、諸葛亮，哪個都比他合適，但宋以來，特別是明末清初，不知為何，大家非把文武皆非一流的關老爺拖出來，前面擱本書，後面戳把刀，讓周倉替他拄著，「赤面秉赤心，青燈觀青史」，煙熏火燎，受大家朝拜。北宋宣和年間，他還只是配祀太公，靠邊站。明萬曆年間才當關聖帝君，讓三大忠臣陸秀夫、張世傑、岳飛陪著，坐中間。清朝，更有意思，本來是忠臣死對頭的敵人，反比忠臣還尊崇他，滿族滅明就是求他保祐。說書的一張嘴，體現人民的力量。皇上也拗不過民意，居然讓他當了武聖人。孔廟是文廟，關廟是武廟。

宋以來，中國最缺的就是文官不貪財、武官不怕死。關老爺恰好彌補了這個空白（想像的空白），因而成了道德化身。他老人家真是什麼都管，特別是升官發財和江湖義氣。解州的關帝廟隋代就有，天下第一關廟。有人說，關公文化是山西人的發明，他們在全國各地做買賣，到處有會館，各地的關廟就是他們的連鎖店。但南方也不含糊。清末民初，東南沿海，既是西方奴化教育影響最深的地方，也是庸俗國粹的保留地和集散地。南方出去的老華僑，特好此道（包括武俠文化和其他拜拜），發財的衝動也是後來居上。港臺、唐人街是中國糟粕的視窗，託他們的福，關老爺竟走向全世界。關公崇拜，商人、幫會、老百姓是基本群眾。對老百姓來說，孔親、老親，不如關老爺親。

迷信的本質是自欺欺人。《孫子》的應用研究，就是要把《孫子》變成關公文化，有求必應，心想事成。我勸大家，別捨書不讀，拿它當狗皮膏藥、萬金油。

（四）《孫子》和哲學研究

《孫子》為什麼會變成狗皮膏藥、萬金油，我一直在琢磨這是怎麼一回事。除前述原因，急於求用的各種理由，還有一點恐怕不容忽略。

打仗，不光是體力活，還得靠腦子。我們不要以為只有哲學家才懂哲學。兵法裡面也有哲學，很深奧的哲學。哲學是什麼？是從所有知識中概括提煉出來的東西，《孫子》比其他兵法更有哲理，特別是在行為學上有很深的理解。但任何哲理，離開它所依託的各種實際知識，講濫了，講玄了，就是狗皮膏藥、萬金油。

歷史上，文人讀《孫子》，尋章摘句，多停留於字面，思想深度不夠。近代不一樣，文人改攻思想史。研究思想史的，很多人都注意到，它很有哲理。從前，馮友蘭寫《中國哲學史》，不收《孫子》[3]，現在大家都承認，兵法和哲學有很大關係。其實，《戰爭論》也和哲學有很大關係。這方面，可以開掘的東西很多。以後各講會提到，這裡不再贅述。

文史哲和應用科學不一樣，特點就是沒用。不但沒用，還經常抹殺可行性，像老子說的，「無之以為用」，要的就是沒用，或拿沒用當用（《老子》第十一章）。《紅樓夢》有什麼用？指導談戀愛嗎？《儒林外史》有什麼用？推行教育改革嗎？史學家講「以史為鑑」，但天下沒有後悔藥，即便引為教訓的東西，也未必可以照搬照用。哲學更是不中用的東西。

我的看法是，《孫子》是高屋建瓴，層次高，很有哲學味道。但愈是層次高的東西愈不能亂用。登高要一步一腳印往上爬，下樓要一個臺階一個臺階朝下走。要把理論付諸實用，就得從理論的百尺高樓慢慢走下來。著急，嫌累，沒電梯，千萬別打開窗戶，一頭掉下來。任何哲學，從形而上到形而下，都不能一竿子插到底，中間

[3] 馮友蘭《中國哲學史》，北京中華書局，一九六一，上冊，頁二五—二七。

要有層次轉換。兵書雖講實用，也不能從最抽象的謀略一下子就跳到具體的實戰，中間要有實力、制度和技術的支撐，沒有這些環節，一環扣一環，非常危險。現在的拓廣也一樣，必須有層次轉換。沒有層次轉換，什麼都玩兵法，太危險。

中國的軍事傳統是重謀輕技，照搬兵書危害很大。

趙括的錯誤是教條主義。

教條主義者不一定都是讀書人，而只是誤用書本的人。讀書人可能誤用書本，不讀書的人也會誤用書本。教條主義和經驗主義，經常相互配合。讀書人帶著不讀書的什麼都扯上一個用字，藉這個用字，心往一處想，逕往一處使，能胡說的和能胡幹的結合起來，危害最大。

古人說，能言之者未必能行，能行之者未必能言（《史記．孫子吳起列傳》）。好兵書不一定是最能打仗的人寫出來的，最能打仗的人也未必寫兵書，寫出來也不一定精采。很多人都分不清書和用的關係。

我的基本想法是，讀書就要老老實實讀書，先把書原原本本讀好，再談用。如果急得不行，也可以不讀書。不一定什麼都得「拿書來」，什麼都得安上幾句書本上的話。

（五）用世界眼光讀《孫子》

現在研究《孫子》，眼界很重要。對我來說，這點最重要。

前面講《孫子》的經典化，重點是書本身。書是中國書，要按古文獻的方法原原本本讀書，沒問題。我的《吳孫子發微》和《〈孫子〉古本研究》，就是講這種讀法，這裡不再重複。現在，我要說的是，《孫子》是兵書，人家外國也有兵書。中國人讀《孫子》，外國人也讀。他們是兩隻眼，我們是一隻眼。我們唯讀中國的兵書，不讀人家的兵書，等於瞎了一隻眼。我們是現代人，現在的《孫子》是世界軍事文化的一部分。我們應在世界軍事文化的背景下讀《孫子》，要多少注意一下其他文化的想法，有一點古今中外的比較。

和這個問題有關，我想講一下《孫子》在海外的傳播。

我們先說日本。

《孫子》外傳最早是日本。流行說法，七三四或七五二年，也就是唐開元、天寶年間，有個日本留學生吉備真備，他把《孫子》傳到了日本。另一種說法，比吉備真備還早，六六三年，有四個百濟人，也就是今天的韓國人，他們把《孫子》傳到了日本。甚至還有一種說法，五一六年，是中國人把《孫子》傳到了日本[4]。不管誰傳，反正最晚到唐代，《孫子》就傳到了日本。九世紀，藤原佐世的《日本國見在書目》，其中著錄了六種《孫子》書（圖二）。

雖然，《孫子》很早就傳到日本，但《孫子》祕藏很長一段時間，並非廣泛學習的讀物。日本武士的傳統是來將通名的捉對廝打，比我們

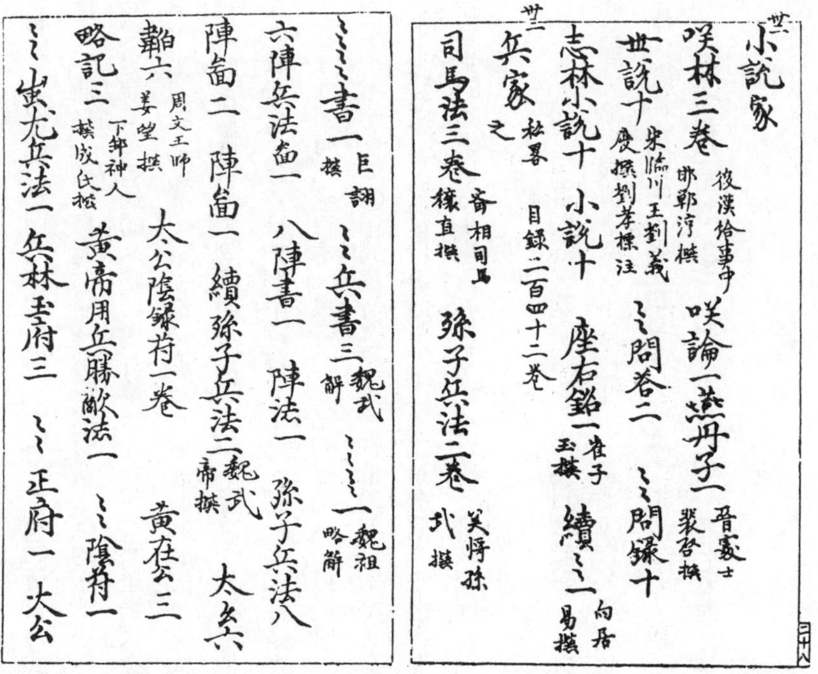

圖二　《日本國見在書目》的著錄

4　華西主編《世界影響》，頁一—四一，收入邱復興主編《孫子兵法大典》，北京大學出版社，二〇〇四，第七冊。

蠻橫。中國的兵法是萬人敵，比他們陰柔。他們真正學《孫子》是明清之後。

我們要知道，蒙元之後世界有大變化。五百年前歐洲崛起。四百年前，日本開始打中國的主意。利瑪竇來中國，他就說過倭寇對中國震動很大，日本雖小但很凶悍，中國怕日本。中國抗倭，有兩位名將，一位是福建晉江人俞大猷，一位是山東蓬萊人戚繼光，都是海邊上的人。俞大猷有個老鄉趙本學，字虛舟，是個黃石公式的隱士。他拜趙氏為師，深得祕傳。趙本學的兵書有兩種：一種是《孫子校解引類》，後面有俞大猷的序；一種講陣法，叫《續武經總要》。《續武經總要》共八卷，卷一至卷七是趙氏的《韜鈐內外篇》，最後一卷是俞大猷的《韜鈐續篇》，主要是傳趙氏法。兩本書都是俞氏所刻，用以「平島夷」。軍人都知道敵人是最好的老師，文人沒這個雅量。俞大猷打日本人，據說是用趙氏法。日本對趙注十分推崇，中國反而沒人讀。日本是誰把他打了他佩服誰。比如美國，它就佩服；中國，它就不佩服。二次大戰，它不認為是咱們中國打敗了它。趙氏的《孫子》注在日本影響很大，特別是德川幕府時代，原因也是打了它。此書有明隆慶本，以及晚一點的翻刻本，但一般人看不到，坊間的刻本反而是從日本回傳。比如，我手頭的本子，一九二〇年的益新書局本，就是翻刻日本文久癸亥（一八六三）本，即亦西齋刻本。還有，日本的櫻田古本，服部千春極力推崇這個本子[5]。他說這個本子很古老。但這個本子是什麼時候才有，實在很有問題。我們現在看到的本子是日本嘉永五年（一八五二）刻，裡面有趙氏的改動，可見並不古老。

日本在近代崛起，靠兩場硬仗。一場是甲午戰爭（一八九四），占朝鮮，割臺灣；一場是日俄戰爭（一九〇四—一九〇五），奪遼東和庫頁島。兩次戰爭都是奇恥大辱，給中國留下深刻印象。近代中國學西方，經常從日本學。比如科學術語，就多半是經日本轉譯。同盟會學，北洋軍閥學，就連殺身成仁的武士道，也有人學。秋瑾，「詩思一帆海空闊，夢魂三島月玲瓏」（七律〈日人石井索和即用原韻〉），照片上拿把刀，詩詞歌詠，也是刀刀刀，滿紙鐵血主義。這是日本作風。

《孫子》傳入歐洲年代比較晚，是十八世紀，拿破崙戰爭前。

《孫子》的第一個譯本是法文本。由一位法國耶穌會傳教士，受法國國王路易十五的國務大臣委託，替法國調查中國的詭詐之術，帶有情報性質。這位傳教士漢名錢德明（P. Josephus Maria Amiot）。他生於一七一八年，一七五〇年來華，一七九三年在北京去世。外國傳教士，利瑪竇、湯若望、南懷仁葬在車公莊的柵欄墓地，法國耶穌會傳教士則葬於正福寺。正福寺的墓地現已蕩然無存，我去原址尋訪，只看到一塊半截的殘碑，扔在一戶人家的門口。其他都移到五塔寺，現在的北京石刻藝術博物館。錢德明的墓碑也在那裡（圖三）。

錢德明的譯本（圖四），是《武經七書》全翻，不光是翻《孫子兵法》。一七七二年，錢德明的譯本在巴黎出版。這一年，拿破崙四歲。錢德明死時，拿破崙二十四歲。他在錢德明的家鄉土倫打了一仗，以戰功晉升準將。

一八〇四年，拿破崙在法國稱帝。從此，是拿破崙戰爭的時代。一八〇六年十月十三日，法軍攻

圖三　錢德明的墓碑及碑文拓本

5 服部千春《孫子兵法校解》，北京軍事科學出版社，一九八七。

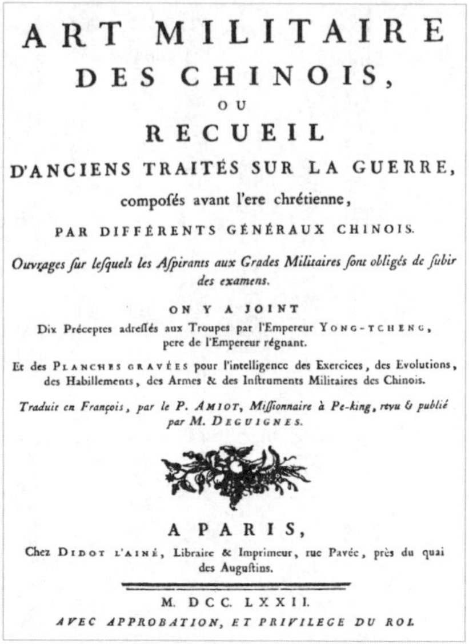

ART MILITAIRE
DES CHINOIS,
OU
RECUEIL
D'ANCIENS TRAITÉS SUR LA GUERRE,
composés avant l'ere chrétienne,
PAR DIFFÉRENTS GÉNÉRAUX CHINOIS.
Ouvrages sur lesquels les Aspirants aux Grades Militaires sont obligés de subir des examens.
ON Y A JOINT
Dix Préceptes adressés aux Troupes par l'Empereur YONG-TCHENG, pere de l'Empereur régnant.
Et des PLANCHES GRAVÉES pour l'intelligence des Exercices, des Evolutions, des Habillements, des Armes & des Instruments Militaires des Chinois.
Traduit en François, par le P. AMIOT, Missionnaire à Pe-king, revu & publié par M. DEGUIGNES.
A PARIS,
Chez DIDOT L'AINÉ, Libraire & Imprimeur, rue Pavée, près du quai des Augustins.
M. DCC. LXXII.
AVEC APPROBATION, ET PRIVILEGE DU ROI.

圖四　錢德明翻譯的《武經七書》

入普魯士的耶拿。當天，黑格爾（Georg Wilhelm Friedrich Hegel）正在城裡，剛好寫完他的名山之作《精神現象學》。法國兵不停闖進他家，他拿好酒好菜招待他們，最後不得已，他只好拿手稿躲到耶拿大學副校長家裡。他寫信給朋友說，我看見了「馬背上的世界精神」。「馬背上的世界精神」就是拿破崙[6]。拿破崙是當時的英雄。

當時，另一個重要人物《戰爭論》的作者、歐洲最著名的軍事理論家克勞塞維茲（圖五），隨奧古斯特親王（Ernst August）參加奧爾施塔特會戰（Batcle of Auerstedt），成為拿破崙的俘虜。在柏林的普魯士王宮，拿破崙居高臨下接見他們。他說，我始終渴望和平，不知道普魯士為什麼要向我宣戰。這句話，讓克勞塞維茲刻骨銘心。後來，他說：「征服者總是愛好和平的（如拿破崙一再聲稱的那樣），他非常願意和和平平地進入我國。」[7]我們都知道，列寧特別欣賞這句話[8]。拿破崙是「革命的皇帝」，他風捲殘雲，征服歐洲，除全民皆兵，採用新軍制，戰法也完全不同。如：用輕裝步兵，快速挺進，露營，就地補充，因糧於敵；用縱隊突前，散兵殿後，避開對方火力，而以機動性能更好、火力更強的大炮，轟擊對方的密集橫隊；擅長使用預備隊，特別是他的近衛軍。

克勞塞維茲日後之所以成為大理論家，和他做為敗軍之將受了很大刺激有關。這個刺激就是拿破崙的「兵不厭詐」。還有一點我們千萬不要忘記，他雖十二歲從軍，卻非一般武夫。他喜歡席勒和歌德，與康德主義者基瑟韋特學過哲學，文史哲有很高修養。有人說他的風格更像黑格爾。他不是身經百戰的名將（參加過一些實戰，但沒有親自指揮過重大戰役），但好學深思，喜歡隨軍觀察，喜歡事後總結，喜歡和最傑出的軍人交換看法，認真分析過一百三十多個戰例，有點類似電視上的評論人，講起來頭頭是道。真正的武人，用兵如神的軍事家，很多

圖五 克勞塞維茲

人一輩子都不寫兵書，寫出來也未必精采。寫兵書，像他這樣的人最合適。

西方戰略文化不發達，「古代作戰藝術的基礎是戰術和戰役」，他們是拿史書和戰例當兵書，很長時間裡，一直沒有捨事言理的兵書，希臘、羅馬沒有，中世紀也沒有，「十九世紀的早期，產生了職業軍隊和拿破崙式戰役，才形成現代戰略的原則」；克勞塞維茲把拿破崙戰爭時代的戰例加以總結，寫了《戰爭論》，歐洲才有了具備戰略水準的兵法[9]。《戰爭論》是西方最著名的兵法、最有哲理的兵法，和《孫子》相似。產生背景也差不多：兵不厭詐加哲學氣氛。

還有一部兵法也值得一提，即瑞士人若米尼（Antoine-Henri Jomini）（圖六）的《戰爭藝術概論》。若米尼也參加過耶拿戰役，不過，他不是與拿破崙為敵，而是拿破崙的手下，後來還服務於俄國的亞歷山大一世。

克勞塞維茲和若米尼的書對西方影響很大。恩格斯和列寧對他們的評價也極高，特別是克勞塞維茲，特別是他的整體戰略，還有他的名言「戰爭是政治的繼續」。有本書《超限戰》[10]，很轟動。此書一出，讓美國和日本大驚小怪，說它鼓吹恐怖主義，不擇手段。其實，「對敵人的全部疆域、財富和民眾實施打擊」，不受任何限

6 黑格爾致尼塔麥的信（一八〇六年十月十三日）：「我看見拿破崙，這個世界精神，在巡視全城。當我看見這樣一個偉大人物時，真令我發生一種奇異的感覺。他騎在馬背上，他在那裡，集中在這一點上他要達到全世界、統治全世界。」見黑格爾《精神現象學》，賀麟、王玖興譯，北京商務印書館，一九七九，上冊，頁三。又阿爾森·古留加《黑格爾小傳》，劉半九、伯幼譯，北京商務印書館，一九八〇，頁四六—四七。

7 克勞塞維茲《戰爭論》，第二卷，頁四九六。

8 列寧《克勞塞維茲〈戰爭論〉一書摘錄和批註》，北京人民出版社，一九六〇。

9 《不列顛百科全書》，國際中文版，北京中國大百科全書出版社，二〇〇二，第十六卷，頁二四六。

10 喬良、王湘穗《超限戰》，北京中國社會出版社，二〇〇五。

圖六　若米尼

制，這正是克勞塞維茲主張的總體戰[11]。當然，後來的德國軍事家，他們對他的強調，恰恰是其追求暴力無限的傾向[12]。利德爾・哈特（Liddell Hart）認為，他們讀偏了[13]。

他倆是歐洲的孫、吳。

中國的孫、吳之術，背景是貴族傳統大崩潰，兵不厭詐。齊人多詐，適合鑽研兵法。他們的學術也發達。戰國中期，齊國是國際學術中心。《孫子》長於思辯不是偶然的。兩千年前的中國和兩千年後的歐洲，時空遙隔，仍有一比。

拿破崙是失敗的英雄。前些年，我在巴黎街頭看海報，海報上的「大眾英雄」，有切・格瓦拉，也有拿破崙。他是一代名將，但沒有讀過《孫子》。拿破崙讀《孫子》是我們自欺欺人的神話。《孫子》問世於歐洲是拿破崙戰爭前，《戰爭論》問世於歐洲是拿破崙戰爭後，《孫子》不但沒和拿破崙見過面，也沒和《戰爭論》的作者見過面。克勞塞維茲的書是經老毛奇（Helmuth Karl Bernhard von Moltke）的宣傳才出名，一九〇〇年後才廣為人知[14]。《孫子》的情況也差不多。

一九〇〇年後，兩次世界大戰，德國和俄國是對手，但很多德國人都不讀《戰爭論》，真正重視克勞塞維茲的反而是蘇聯。第二次世界大戰，德軍攻入蘇聯，在蘇聯的圖書館裡到處都能看到克勞塞維茲的書。德國軍人為此憾恨不已[15]。

克勞塞維茲和若米尼，都曾為俄國效力。托爾斯泰的《戰爭與和平》提到過當時在俄國的克勞塞維茲。翻譯《孫子》，俄國也比較早，僅次於法國。

他們的兵書都是拿破崙戰爭的產物。拿破崙本人不寫，有人替他寫，德、法、俄三大戰國，他們都有經驗。

我這樣講是想提醒。我們有兵法，人家也有兵法，彼此彼此。我們千萬不要以為自己有部好兵法，人家就是我們的徒弟。

（六）向西方學習

戰爭，老師和學生換著當。老師打學生，學生打老師，是常有的事。列強的道理，挨打的就是學生，打人的就是老師。魯迅說，我們應放棄華夏傳統的小巧玩意兒，屈尊學學槍擊我們的洋鬼子[16]，就是講這個道理。中國近代是一部挨打的歷史，打我們的都是老師。八國聯軍是八個老師，我們誰都學，不是一點一滴學，而是從武器、裝備到制度、訓練，全面學，徹底學。全盤西化，軍事最明顯。

《劍橋戰爭史》（*Cambridge Illustrated History of Warfare*）說，西方戰爭方式是支配全球的軍事傳統[17]：

> 不管是進步還是災難，戰爭的西方模式已經主導了整個世界。在十九、二十世紀，包括中國在內，以悠久文化著稱的幾個國家，長期以來一直在堅持不懈地抵抗西方的武裝，而像日本那樣的少數國家，通過謹慎的模仿和適應，取得了通常的成功。到二十世紀最後十年，無論是向好的還是壞的方面發展，自西元前五世紀以來已經融入西方社會的戰爭藝術，使所有的競爭者都相形見絀。這種主導傳統的形成和發展，加上其成功的祕密，看來是值得認真地考察和分析的。

---

11 《不列顛百科全書》，第四卷，頁二五八。
12 埃里希．魯登道夫《總體戰》，戴耀先譯，北京：解放軍出版社，二〇〇五年第二版。
13 見利德爾．哈特為格里菲斯《孫子兵法》英譯本寫的序言，我把它翻成中文，以《回到孫子》為題，發表在《孫子學刊》上（一九九二年四期，頁十二—十三）。
14 威廉．馮．施拉姆《克勞塞維茲傳》，王慶餘等譯，北京商務印書館，一九八四，頁四七九—四八四。
15 同前，頁三。
16 魯迅《忽然想到》（十至十一），收入《華蓋集》，《魯迅全集》第三卷，頁六七—七五。
17 傑佛瑞．派克等《劍橋戰爭史》，傅景川等譯，長春吉林人民出版社，一九九九，頁三—四。

作者講得很清楚，日本是好學生，我們不夠格。

日本是先下手者為強，我們是後下手者遭殃。

打人的是好學生，被打的不夠格。近代中國和近代日本不同，主要在這裡。但中國從未拒絕學西方。別的不學，也得先學這個。為什麼？因為中國的大問題，第一是挨打，第二是挨餓。挨打比挨餓還要緊。典型表達，是「勒緊褲腰帶，也要有根打狗棍」。問題嚴重到什麼地步，大家到中國軍事博物館看一下就一清二楚。我國的軍隊從軍裝到武器，時代特徵很明顯，所有列強，我們是轉著圈地學。學得不好，只是還沒學到足以打別人的地步，列強也絕不讓你學到這一步。戰前，日本軍校老師打學生，高年級學生打低年級學生，是家常便飯。我們就是低年級學生，老師打完，還得挨高班同學的揍。

日本也是我們的老師，至少是半個老師。

日本打中國一直說是救我們，把我們從白鬼子的統治下解放出來，他們是我們的大救星。這種又打又救，我們聽不懂，但西方聽得懂。

日本的選擇，是先打誰，後打誰。蘇、美、中國，首先該打的當然是中國。打蘇聯，打美國，他們倒了楣。但中國是軟柿子，日本扶同盟會、扶張作霖、扶滿洲國，甚至宣傳魯迅的國民性批判，全是為了打中國。兩次世界大戰我們都是戰勝國，但勝得不硬氣，列強（包括日本）還是不把我們當回事。

我們的選擇是挨誰打，而不是不挨打。孫中山的聯俄容共，蔣介石的伐交，派人遊說德國、遊說義大利、遊說美國，都是為了不挨打或少挨打。

加入先進才能不挨打、才能打別人，是日本的國際主義。

我先進，你落後，先進該打落後，是日本的民族主義。

兩者並不矛盾，完全符合國際標準。

西方的戰爭方式，第一是到外國打仗，以武力為商業開道，傳播文化，傳播宗教；第二是重實力，重武器，依賴金錢和技術；第三是重視制度和訓練。

日本比我們學得好。

我們的傳統是戰略守勢，尚謀輕技，尚謀輕力，花拳繡腿的東西比較多。西方的傳統是解毒劑。

（七）《孫子》和全盤西化

我們學西方，首先是學洋槍洋砲。槍砲本來是我們的發明，但我們反過來向他們學。佛郎機砲是葡萄牙砲，紅夷大砲是荷蘭砲，都是明代就學。克虜伯大砲是德國砲，清代也早就引進。袁世凱，北洋軍閥，都是歐洲打扮。北洋新軍、北洋海軍，還有後來的國民黨、共產黨，都是學西方。中國近現代，有三大陸軍軍校，武備學堂、保定軍校和黃埔軍校。武備學堂，李鴻章奏設；保定軍校，蔣方震是校長；黃埔學校，蔣介石是校長，哪個不學外國？

十年內戰時期，紅軍的顧問是第三國際派來的德國人，李德。李德只是個工人。國民黨請的也是德國人，前後五個顧問都是德國將軍。第一位是德國退休的陸軍總長，最後一位是亞歷山大・馮・法肯豪森。蔣介石喜歡德國，佩服希特勒。德國需要中國的鎢，也重視中德關係。中德斷交是沒辦法。當年，孔祥熙遊說希特勒無功而返；宋美齡遊說美國灑淚而還。蔣介石以為只要上海打起來，列強就會來幫中國，他打錯了算盤，誰都不肯伸出援手，美國還向日本賣武器。他們都認為，日本最有資格代表亞洲，還能抑制蘇俄。當時，法肯豪森將軍想留下來幫中國抗戰，德國不同意；他說，那我就加入中國國籍，以個人身分留下來，德國也不答應，只好回國。我的好朋友羅泰教授即出自同一家族。

北伐，南北軍人都是大簷帽；十年內戰，紅軍八角帽（列寧帽），模仿蘇聯；白軍，戴德國鋼盔（淞滬抗戰也是戴德國鋼盔）。抗戰，國民黨也好，共產黨也好，帽子都是「好兵帥克」式，滇緬抗戰，先戴英式鋼盔，後戴美式鋼盔。二次大戰後，國民黨軍是美式裝備。解放後，我們換俄式裝備。

光是一頂帽子、一個鋼盔，就能反映歷史變化。這是中國的西化。

（八）《孫子》與現代中國

中國玩命學西方，《孫子兵法》往哪兒擺？這是大問題。我們看到的是，西化大潮洶湧澎湃，大家顧不上。西化常見中國的寶貝先擱一邊，權當點綴。保古復古，只能緩圖之。

有人說，傳統文化保存得好，現代化才能做得好，比如日本就是榜樣。這是說反了。事實上，他們是擺脫西化壓力早，故能保古復古。西方也是如此。我們的毛病是體用老理不順。

民元以來，研究《孫子》有幾本書，比如蔣方震、陸達節。蔣方震，字百里，浙江海寧人，錢學森的老丈人。他是清朝派往日本學軍事的留學生，曾獲日本士官學校步兵科第一名，還在德國當過見習軍官。清末，他在盛京（瀋陽）當禁衛軍管帶和東三省督練公所總參議，在趙爾巽手下做事。民國，當過保定軍校首任校長，去世前還出掌陸軍大學，在北洋系軍界很有名，在國民黨軍界也很有名，死後追贈為上將，是三朝元老。他的書原名為《孫子新釋》，曾刊載於梁啟超辦的《庸言》雜誌第五號（一九一四），後與劉邦驥合作，參合舊注，合編為《孫子淺說》（一九一五）。此書是民國新作的第一部。

陸達節，海南文昌人，抗戰期間在重慶軍訓部軍學編譯處供事。他對中國古代的兵書做過調查研究，寫出《孫子兵法書目彙編》和《孫子考》。這兩本書對文獻整理有貢獻，我讀《孫子》最初就是利用他的書。解放後，陸達節編過《毛澤東選集》索引。還有一本書，錢基博的《（增訂新戰史例）孫子章句訓義》（上海商務印書館，一九四七）。八〇年代，我在中國社會科學院考古所時也讀過。這本書很厚，旁徵博引，借兩次世界大戰的「新戰史例」講中國舊典，很有意思。錢基博就是錢鍾書的父親。他和蔣方震的書，都拿《戰爭論》和《孫子》做比較，可以代表新風氣。這類書有一批，但《孫子》的地位不能同從前比，不能同西洋兵學比。

（九）毛澤東與《孫子》

《孫子》很重要，放在世界軍事文化中地位很突出。但在兩次世界大戰中，它的聲音太小，引起重視是在冷戰時期。

格里菲斯（Samuel B. Griffith）翻譯《孫子兵法》，前面有篇序，是英國戰略家利德爾·哈特（Basil Henry Liddell Hart）寫的。這篇序言我把它翻譯成中文，譯文的題目是我加上去的，名為〈回到孫子〉[18]。哈特說《孫子》寫得好，在西方，只有克勞塞維茲的《戰爭論》可以與之相比，但《孫子》更聰明、更深刻。《孫子》比《戰爭論》早兩千多年，但比《戰爭論》更年輕，不像後者，強調暴力無限，顯得更有節制。如果早讀《孫子》，兩次大戰不會那麼慘。他說，他是一九二七年從鄧肯將軍的信知道《孫子》。一九四二年，有個蔣介石的學生多次登門。這位軍官說，您的書、福勒將軍的書，在中國的軍事院校是必讀書。他就問，那《孫子》呢？這位軍官說，雖然《孫子》仍是經典，但多數軍官認為，在機械武器的時代根本不值一讀。哈特告訴他，不，正是現在，我們才應「回到孫子」。這篇譯文的題目即由此而來。

在哈特的序文中，我們注意到，他說「回到《孫子》」，和毛澤東有關。格里菲斯翻譯《孫子》，之前是編譯毛澤東論游擊戰的文章。哈特說，正是在核武器時代，在毛澤東領導的中國正做為軍事大國崛起的時代，我們才更需要《孫子》，需要他的「不戰而屈人之兵」。

18 利德爾·哈特《回到孫子》，李零譯，《孫子學刊》一九九二年四期，頁十二—十三。

哈特的話，我愛聽，但不至忘乎所以。我們要知道，《孫子》大出其名，還是乘時而起、乘勢而起，和毛澤東的軍事成就分不開。《孫子》是沾毛澤東的光，但毛澤東重實踐，他並沒把《孫子》當回事。

西方重視《孫子》是因為毛澤東。

還是那句話，敵人是最好的老師。

美國幫助蔣介石，蔣介石敗了，兵敗如山倒。韓戰、越戰，美國吃了虧，後面也是毛澤東。毛澤東出名，《孫子》也出名。

軍人最虛心、最佩服對手，不像文人，白衣秀士王倫。誰厲害，他就學誰。

毛澤東，本來是湖南第一師範學校的學生，一介書生，沒受過專門的軍事訓練，但用兵如神，沒得說。過去在美國，我讀過一本《毛澤東兵法》[19]，作者說，不管政治觀點如何，海峽兩岸都承認毛澤東是大軍事家。他特別提到毛的一句名言：「一上戰場，兵法就全都忘了。」

毛澤東重實踐、輕書本、反對本本主義，說殺豬都比讀書難，但他不是不讀書，也不是不寫書，像很多古代名將那樣。

毛澤東的軍事著作主要有六篇：〈中國革命戰爭的戰略問題〉、〈抗日游擊戰爭的戰略問題〉、〈論持久戰〉、〈戰爭和戰略問題〉、〈集中優勢兵力，各個殲滅敵人〉、〈目前形勢和我們的任務〉[20]。合編單行本有十七國譯文[21]。

毛澤東兵法和《孫子兵法》是什麼關係？學者做過考證。井岡山時期，五次反圍剿，前四次都贏了，讓毛澤東大出其名，但王明這些從莫斯科回來的人，非常看不起這個「土包子」，說「山溝裡出不了馬克思主義」，對他關押批鬥，罪名是他思想陳舊，滿腦子封建思想，靠《孫子兵法》、《曾胡治兵語錄》和《三國演義》打仗。毛是湖南人，曾國藩、胡林翼，他當然熟悉。《三國演義》他也愛讀。但《孫子兵法》他不承認。

十年內戰時期，毛澤東是不是讀過《孫子兵法》？有人查證，他早年還是接觸過一點。證據是，第一，他讀過鄭觀應的《盛世危言》，鄭觀應說：「孫子曰：『知己知己，百戰百勝。』此言雖小，可以喻大。」第二，他在湖南一師聽袁仲謙講魏源的《孫子集注》，記過筆記，筆記中說：「孫武子以兵為不得已。」

毛澤東只不過沒有仔細讀《孫子兵法》，印象不深，他說沒讀，也不算大錯。但一九三六年，他在延安寫《中國革命戰爭的戰略問題》，情況不一樣。當時，他急需參考書，曾派葉劍英到白區買書，裡面就有《孫子兵法》。這本書多次提到《孫子兵法》[22]。他最欣賞，還是年輕時從鄭觀應那裡聽來的話，即「知彼知己，百戰不殆」。解放後，他給人題字，也愛寫這兩句話。毛澤東讀《孫子》，讀的是哪個本子，哪一家注，不清楚，但我從他的詩分析，他讀的可能是趙注《孫子》。毛澤東有一首詩，〈人民解放軍占領南京〉（七律）[23]，其中有兩句，「宜將剩勇追窮寇，不可沽名學霸王」。「追窮寇」，來自《孫子．軍爭》，各家的本子都是作「窮寇勿迫」，只有趙注本作「窮寇勿追」。

毛澤東兵法，除了戰法，還有心法。他的詩裡面就有心法。我讀中學時，香港出過一本書。作者的名字我忘了。他從大陸逃港，專罵共產黨。他說，毛澤東最喜歡杜牧的〈題烏江亭〉。我記得，章士釗說，他的「友人」能成大事，就是符合這首詩[24]。杜牧說：「勝敗兵家事不期，包羞忍恥是男兒。江東子弟多才俊，捲土重來未可知。」「包羞忍恥」是忍，「捲土重來」是狠。俗話說，大丈夫能屈能伸，好漢不吃眼前虧；大丈夫報仇，十年不晚；量小非君子，無毒不丈夫。這是老百姓的兵法。該忍時忍，不能氣短；該狠時狠，不能手軟。

---

19 劉濟昆《毛澤東兵法》，台北海風出版社，一九九二。

20 《毛澤東選集》一卷本（字典紙四卷合訂本），北京人民出版社，一九六六，頁一六三—二三六、三九五—四二八、四二九—五二六、五二九—五四四、一一九五—一一九八、一二四三—一二六二。

21 《毛澤東的六篇軍事著作》（外文版），北京外文出版社，一九六七—一九七二年。

22 《毛澤東選集》，頁一七五、三〇一、四八〇。

23 《毛主席詩詞》，北京人民文學出版社，一九七六，頁十七—十八。

24 一九六五年七月二十六日，毛澤東接見李宗仁，說他送給郭沫若一首詩，就是杜牧的〈題烏江亭〉，見高建中《毛澤東與李宗仁》，北京華文出版社，頁三三三。

毛澤東並不迷信《孫子》，但他讓《孫子》大出其名。

延安時期，郭化若是《戰爭論》研究會一員。寫過《孫子兵法之初步研究》、《今譯新編〈孫子兵法〉》。他的今譯對普及《孫子兵法》起了很大作用。這種改編好玩，我也學他玩過，但和原書無關。後來，郭氏把它放棄了。

（十）郭化若與《孫子》

我在前面講過，《孫子》有兩種本子，《武經七書》本和《十一家注》本。宋以來，前一種更流行。《十一家注》清朝還有，但只有少數幾本，在皇宮和藏書家的手裡，一般人看不到。孫星衍從明華陰《道藏》中發現一個這種類型的本子，如獲至寶，趕緊刻印。但他沒有見過宋本。一九六一年，中華書局上海編輯所把上海圖書館收藏的宋本影印出版，前面有郭化若將軍的代序，後面有他的今譯（包括原文、注釋和譯文）。從此，《十一家注》才大為流行，以至今天，世知有《十一家注》，反而不知有《武經七書》。這和郭化若分不開。他附於影印本的代序和今譯，「文革」後有單行本，對普及《孫子》起了很大作用。

今天，《孫子》已經是一部世界性經典。我在外國的書店看書，軍事類的書很多，特別是講兵器，講兩次世界大戰的書很多。《孫子》的書多半放在漢學書籍類。兩者仍有距離，時間上的距離，空間上的距離。如何把中國的經驗和世界的經驗結合起來，如何把哲理的東西和實用的東西結合起來，還是一個很大的難題。

第三講　（始）計第一

首先，要講的是今本《孫子》的結構。《孫子》的特點是言簡意賅，道理深刻，章與章的劃分、篇與篇的排列井井有條。魏武帝曹操說，他看過的「兵書戰策」很多，但要說道理深刻，還得屬《孫子》（魏曹操《孫子略解》序）。宋歐陽修也說：「其言甚有次序。」（《孫子後序》）但大家要知道，先秦古書和後世古書不同，很多都是由片言隻語、零章碎句拼湊而成，記錄漫無頭緒，不經整理讀不下去，不像我們現在這樣，按啟承轉合，一口氣寫出來的文章。

《孫子》古本，內容接近今本十三篇的本子，形成時間可能很早。銀雀山漢簡本和今本大同小異，司馬遷也提到《孫子》十三篇（《史記·孫子吳起列傳》）。但銀雀山漢墓出土的竹簡本和宋以來的本子，篇與篇順序不一樣。今本排列這麼好，肯定是後人進一步調整的結果，我猜正是曹操整理的結果。因為今本的最早來源就是曹注本。曹注本就已如此。當然這話也不能講死。說不定，曹注以前就有好幾種排列，今本這樣的排列已經存在。

今本《孫子》和簡本《孫子》，篇次排列不同，哪個更早？當然是簡本，但要說哪個更有條理，還是今本。過去，研究校勘學的人經常說，好的本子，應該是匯集眾本、校其異同、擇善而從。這種看法並不對。因為很多人講得好不好，主要是指文章的條理。其實好不好和早不早，完全是兩回事。要講條理，今本多比古本強。

我們這門課重點是講今本，當然是按今本的順序。我覺得這個順序比銀雀山漢簡本要好得多，更有條理。

銀雀山漢簡本分上下兩部分，從篇題木牘看，似乎前六篇為一組，後七篇為一組，其排列情況，我分析，可能是以〈計〉、〈作戰〉、〈勢〉、〈形〉、〈謀攻〉、〈行軍〉為一組，〈軍爭〉、〈實虛〉、〈九變〉、〈地形〉、〈九地〉、〈用間〉、〈火攻〉為一組。古書著錄，《孫子兵法》的傳世本，曹注本有一卷本、兩卷本和三卷本，一卷本不分卷，兩卷本分兩半，三卷本分三部分。其他各家注本也分屬於這三種。銀雀山漢簡本，可能是兩卷本。今本，三大版本，都是三卷本。

古人編書，常把道理最深、內容最重要的部分編為內篇，其他編為外雜篇。我也把《孫子》分成內、外篇，參考上面的兩卷本，把它分為兩部分，每一部分再各分為兩組：

一、內篇

（一）權謀組。包括〈計〉、〈作戰〉、〈謀攻〉三篇。

（二）形勢組。包括〈形〉、〈勢〉、〈虛實〉三篇。

二、外篇

（一）軍爭組。包括〈軍爭〉、〈九變〉、〈行軍〉、〈地形〉、〈九地〉五篇。

（二）其他。包括〈火攻〉、〈用間〉兩篇。

這是從內容上劃分，不是按篇幅大小，一切四份。要說篇幅，軍爭組最大。

前面四組，內篇兩組，側重軍事理論，權謀組以戰略為主，形勢組以戰術為主；外篇兩組，側重應用和技術，軍爭組是講如何帶領軍隊開進敵國的各種具體問題，如協同、地形等問題；其他組是不好歸類的兩篇，也可視為雜篇。

先講第一組。

這一組講權謀，即兵書四種中的第一種。權謀是從戰略角度統觀全局，講軍旅之事中最大的道理。這些大道理放在第一組的三篇，不是從概念到概念，而是選擇比較直觀的描述，即「戰爭三部曲」，先講廟算，再講野戰，再講攻城，用過程描述展開其想法。廟算是出兵前的事，野戰、攻城是出兵後的事。軍隊開進敵國，先野戰，再攻城。這是全過程。

第一組和權謀有關，我先講一下權謀的概念。

班固《漢書·藝文志·兵書略》的解釋是：

（一）「以正治國，以奇用兵」。這段話語出《老子》第五十七章。意思是說，治國要用正常手段，不能用陰謀詭計。什麼事才用非常手段？那是用兵。這是老子的話。它抓住的是戰爭中最本質的東西，即克勞塞維茲給戰爭下的定義：戰爭是政治的繼續[1]。戰爭是以政治為前提。政治是「正」，戰爭是「奇」。「奇」以「正」為前提，「正不獲意」，才用「權」（《司馬法·仁本》），「權」就是「奇」。戰爭後面的政治，它的意圖都是要把自己的意志強加於人。戰而屈人之兵，不戰而屈人之兵，都是要讓你受委屈。屈，當然不可能心甘情願。你費盡口舌，好話壞話都不聽，軟硬不吃，只好動粗，先禮後兵、以劍代筆。這是第一點。

（二）「先計而後戰」。這是概括自《孫子》。《孫子》第一組講「戰爭三部曲」，就是廟算先於野戰、攻城。《兵書略》以權謀為第一，權謀類以《吳孫子》為第一，《吳孫子》以〈計〉篇為第一。〈計〉篇之後，繼之以〈作戰〉、〈謀攻〉，就是這樣安排。這是第二點。

（三）「兼形勢，包陰陽，用技巧者也」。即權謀類還有綜合性，這也是《孫子》的特點。兵書四種，權謀第一，不光講大戰略，還講戰術應用和軍事技術，有理論性，也有綜合性。其他三類，形勢、陰陽、技巧，《孫子》都有。《孫子》十三篇，〈計〉、〈作戰〉、〈謀攻〉講權謀，〈形〉、〈勢〉、〈虛實〉講形勢。〈軍爭〉等五篇講地形，〈火攻〉講時日，則與陰陽有關。《孫子》佚篇和孫臏的兵法，也是四種內容都有。

《漢志》的兵書四種，權謀類書最多；其他三類大多亡佚。《孫子》是權謀類的代表。要學權謀，得讀《孫子》，要學形勢，也得讀《孫子》。陰陽、技巧，《孫子》也涉及。

這三條，計的概念是關鍵的關鍵。計，本身就是權謀，就是「以正治國，以奇用兵」的體現，就是囊括兵書四種的概念。

計是總體，也是局部；計是開端，也是結束；計是理論，也是應用。

計貫穿於戰爭全過程。《孫子》的每一篇都貫穿著計算。

權謀和形勢不同。兩者同屬兵略，都講計謀，但計有大計，有小計。權謀是大計，形勢是小計。前者是戰略，後者是戰術。用醫書打比方，權謀是醫經，形勢是經方。醫經有理論體系，不是頭疼醫頭、腳疼醫腳，對症下藥，開藥方，而是從血脈、經絡、骨髓，陰陽、表裡、虛實，講「百病之本，死生之分」，側重生理和病理，但也包括各種治療手段（《漢書．藝文志．方技略》）。

講過這段開場白，下面具體講述〈計〉篇各章的內容。現在先解釋一下〈計〉篇的篇題。

古書題篇分兩種，一種是拈篇首語，用文章開頭的一兩個字做篇題。篇題只是符號，和內容無關；一種是從內容概括出來的，以主題命名。《孫子》的篇題是後一種。

前面已講過，今本《孫子》分兩大系統，三種版本：影宋本《魏武帝注孫子》、宋本《武經七書》是一個系統，宋本《十一家注孫子》是一個系統。下面，我以第一種本子為底本，改動只限於明顯的錯字，而且用（）號括注原來的錯字，小一號，而把改正的字或補出的字，括在〔〕號內，放在後面。前面的題目，我也是這麼標。這是中華書局《二十四史》標點本採用的體例。《孫子》各篇的題目，〈計〉、〈形〉、〈勢〉，前述三個本子，有點不一樣。宋本《十一家注》作一個字，其實是古本原貌。影宋本《魏武帝注》、宋本《武經七書》，〈計〉作〈始計〉，〈形〉作〈兵形〉，〈勢〉作〈兵勢〉，它們的第一個字都是後人加上去的。

「計」，從字面上講，就是我們今天說的「計算」。它既可以指計算的行為本身，當動詞用；也可以指計算的結果，即謀略，當名詞用。更準確地說，它指的是此篇結束時說的「廟筭」。「廟」是廟堂，〈九地〉篇叫「廊廟」，是國君議事的地方。「筭」則是指在廟堂上進行的計算。古代廟筭是用一種稱為「筭」的工具進行計算。筭是一種專門為計算製造的竹木或骨製的小棍。這種小棍也稱為籌或策。《漢書．律曆志》說算籌長六寸，徑一分，約合十三．八釐米長，〇．二三釐米寬。戰國、西漢的算籌（圖七（一）），出土發現一般比較短，只有十二—十三釐米，合漢尺五寸多，即大約半根筷子那麼長，但沒有筷子那麼粗。司馬遷說，張良是劉邦的「畫策臣」，他就是用這種小棍為劉邦計算，有時沒帶正式的算籌，就拿筷子擺（《史記．留侯世家》）。

另外，出土實物還有一種專門算日子的籌，學者叫干支籌，也是戰國、西漢都有。這種算籌，出自河北柏鄉

1 克勞塞維茲《戰爭論》，第一卷，頁四十三，原文為「戰爭無非是政治通過另一種手段的繼續」。

縣東小京戰國墓，形狀是扁片形，長十二・八釐米，寬二釐米，厚〇・五釐米，上面有數字和干支（圖七（二））[2]。籌算是中國最原始的計算方法，算盤即在籌算的基礎上發展而來。中國古代數字很多都是積畫成字，在字形上還保留著算籌的意味（圖七（三））；後世商人用的蘇州碼子也是如此。許慎把「筭」、「算」當兩個字，「筭」當算籌講，「算」當計算講（《說文解字・竹部》），但古書經常通用，並沒有這種分別，一般都是寫成「算」字。下文，除原文，無論計算的算，還是算籌的算，我們都用算字。今語所謂的「定計」、「決策」、「運籌」，均來自古書，原來就是指這種計算活動。

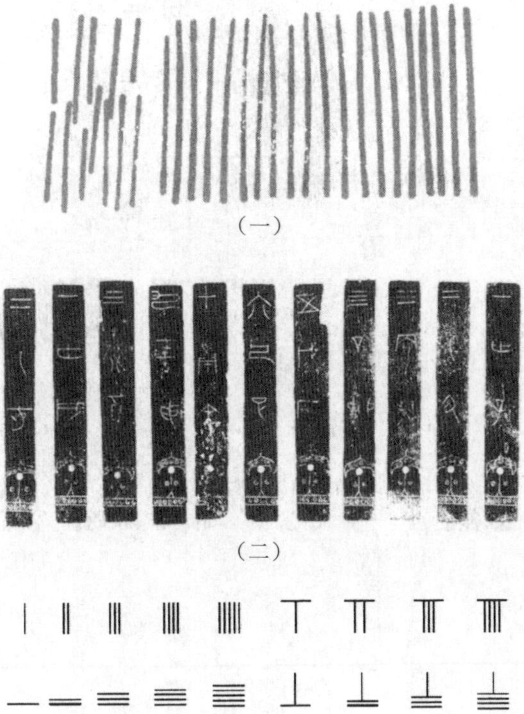

圖七（一）陝西千陽西漢墓出土的筭籌
（二）河北柏鄉縣東小京戰國墓出土的干支籌
（三）商周時期的數字

把〈計〉篇分為四章：

第一章，講兵事重大，關係民之死生，國之存亡，不可不仔細比較，不可不仔細計算。

第二章，講定計，即出兵之前如何比較敵我（五事七計），計算雙方的實力優劣，看結果是否有利於我，計算有利於我的計是否被貫徹執行。計利於我，被貫徹執行，才兵出於境。

第三章，講用計，即出兵之後，如何發揮計算的優勢，在戰場上隨機應變。

第四章，講何以知勝負，答案是計算定勝負。

這四章，很有條理，一頭一尾短，中間兩段長。開頭講兵事重大，不可不察，結尾講計算定勝負，先勝於廟算，頭尾相應。中間兩段是主要內容，先講定計，後講用計，也是前後相應。

大家可以對比一下後面四篇，先比一下〈作戰〉、〈謀攻〉，再比一下〈形〉、〈勢〉。定計是講野戰、攻城之前的廟算，用計是講野戰、攻城本身，定計是對應於〈形〉，用計是對應於〈勢〉。此篇是講廟算，但也講廟算後的執行過程，實際上是全過程的描述。

【一·一】

孫子曰：

兵者，國之大事，死生之地，存亡之道，不可不察也。

《孫子》每篇，開頭都有「孫子曰」三字。這點不容忽視。先秦子書，大部分都是記言式的作品，老師怎麼講，學生怎麼記。前面這三個字可以說明，它是由學生整理，而不是老師直接寫的。同樣的例子，還有《墨子》裡的「子墨子曰」，即「我的老師這麼說」。

下面的話強調軍事的重要性，開宗明義就讓讀者知道，打仗可不是兒戲，而是人命關天。

「兵」，本義是兵器，引申為兵士，[3]翻譯英語的 military affairs。戰爭是什麼？是有組織有目的的殺人。兵法

[2] 柏鄉縣文物保管所〈河北柏鄉縣東小京戰國墓〉，《文物》一九九〇年六期，頁六七—七一。案：中國國家博物館藏戰國干支儀，是一件罕見的文物，它把天干、地支分別寫在可以轉動的上下兩個小輪上，可以像箱子上的密碼鎖那樣排干支，也是計算曆日的工具。

[3] 如《左傳》隱公五年和僖公二十八年的「徒兵」）和戎事。戎事，也叫「軍旅之事」或「軍事」。現代漢語的「軍事」是日語借用中國古語（《左傳》、《周禮》都有這個詞）。

是什麼？是殺人藝術。軍人是什麼？是職業殺手。戰爭這件事，是「面對面的殺戮」，有人要殺人，有人要保命，保命的，反過來又把殺人的人殺掉，當然是人命關天。

「國之大事」，古人說「國之大事，在祀與戎」（《左傳》成公十三年），其中的「戎」就是「兵」。國之大事有兩件，一件是祭祀，一件是軍事。祭祀，是為了延續血脈，和生命有關。軍事是為了國家安全，也和生命有關。孔子說，軍旅之事，他沒學過（《論語·衛靈公》），但子貢問政，他講三條：足食、足兵、取信於民（《論語·顏淵》），其中仍有兵。曹操寫《孫子略解》序，引經據典，特別提到孔子的「足兵」。但孔子有孔子的理解，在他看來，這三條信最重要，食次之，兵又次之。三者之中，如果讓他挑選，捨什麼留什麼，他先捨的是兵，其次是食。沒有武裝要死人，不吃飯也要死人。但去食去兵，頂多是個死，自古以來，死人的事常有，沒有信卻不行。他是這麼講。他更強調信。中國現代化，大家都說首先是富國強兵，富國是解決吃飯問題，強兵是解決挨打問題。我們是先解決挨打，再解決挨餓。但足兵擺在足食之前，還是當時的硬道理。春秋戰國時期，戰爭頻仍，手中沒有殺人刀，怎麼行？戰國末年更殘酷，上百萬人被殺，《鶡冠子·近迭》說，天地人，天地遠，人道近，三者之中，人最重要，人道又以兵最重要，叫「人道先兵」。

「死生之地，存亡之道」，這段話很清楚，兵是關係士兵生死、國家存亡的大事。「死生之地」，過去有不同解釋，我的理解，就是「死地」和「生地」的合稱。《孫子》，〈行軍〉有四地，〈地形〉有六地，〈九地〉有九地，有很多類別。人地相應，最大的分類就是「死地」和「生地」（參看〈九地〉）。「死生之地」就是戰場、戰地。戰場上的死生關係到國家的存亡，軍事的背後是政治。這是生死存亡的大事，當然要重視，「不可不察也」。《孫子》兩次提到，三軍將帥是天上定人生死的神，即「司命」。他不但是己方的「司命」（〈作戰〉），也是敵方的「司命」（〈虛實〉）。《孫子》第一篇，開宗明義就這麼講，是對用兵者的警告。

【一・二】

故經之以五事，校之以計，而索其情：一曰道，二曰天，三曰地，四曰將，五曰法。道者，令民與上同意也，可與之死，可與之生，而不（畏）危也；天者，陰陽、寒暑、時制也；地者，遠近、險易、廣狹、死生也；將者，智、信、仁、勇、嚴也；法者，曲制、官道、主用也。凡此五者，將莫不聞，知之者勝，不知者不勝。故校之以計，而索其情，曰：主孰有道？將孰有能？天地孰得？法令孰行？兵眾孰強？士卒孰練？賞罰孰明？吾以此知勝負矣。將聽吾計，用之必勝，留之；將不聽吾計，用之必敗，去之。

此章是講定計，關鍵概念是所謂「五事七計」。「五事」，簡本無「事」字，是省略，今本加上「事」字，比較清楚。「經之」，是說以此五條做比較的項目。「校之以計」，簡本作「效之以計」。「效」和「校」可以通假。「效」不僅僅是「效果」、「效驗」的「效」，還指檢查、核對。比如睡虎地秦簡中的秦律，有一種法律叫效律，就是檢查合乎不合乎標準。這裡的「校之以計」，是說拿敵我兩方的五條比較。

下面是「五事」和「七計」的關係：

五事（比較事項）	七計（比較結果）
道	主孰有道
天	天地孰得
地	天地孰得
將	將孰有能
法	法令孰行？兵眾孰強？士卒孰練？賞罰孰明？

五條中，「道」最重要。道是民心向背。得人心者得天下，失人心者失天下。得道多助，失道寡助。這就是政治。「畏」是衍文。「不危」，簡本作「不詭」，是不違的意思，可以糾正傳統的解釋。意思是，老百姓和統治者一條心，同生死，共患難，絕不違背。後人讀不懂這段話，以為「危」是疑惑，又添油加醋，加上「畏」字，變成不害怕也不懷疑，意思可通，但不是本來面貌。孔子說「自古皆有死，民無信不立」（《論語．顏淵》），民信就是與上同意。孟子說「天時不如地利，地利不如人和」（《孟子．公孫丑下》），人和就是民不違。我們也可以說，道就是民信，道就是人和。

比「道」次要的兩條，是「天」、「地」。諸葛亮上知天文，下知地理，能掐會算，就是屬於知天知地。天地怎麼知？屬於兵陰陽。兵陰陽，是數術之學在軍事學上的應用。現代的軍事氣象學和軍事地理學，按古代的概念即屬於兵陰陽。《孫子》也講兵陰陽，但講天少、講地多。講天，主要在〈火攻〉；講地，主要在〈行軍〉、〈地形〉、〈九地〉。孫子的時代還沒有空軍，克勞塞維茲的時代也沒有，他們均以講地為主。

「天」，兵陰陽講天，第一重要是式法，即用式盤定吉凶；第二重要是選擇，即用曆書定吉凶。此外，還有觀星、望雲、省氣、風角、五音、鳥情等等。但這裡強調，只是「陰陽、寒暑、時制也」。簡本還多出「順逆、兵勝也」，也屬於兵陰陽。順逆是以陰陽向背為禁忌，兵勝是以五行相勝為禁忌。什麼是陰陽？陰陽不是某種具體的概念，如陰晴、冷暖，而是一種無所不用的抽象概念。陰陽，是一種二元化的表達，中國的數術、方技，各門技術都和陰陽五行理論互為表裡，到處都貫穿著此一概念。但陰陽五行說沒有經典。我們要了解這個理論，可參看隋蕭吉的《五行大義》。中國古代傳統，軍將要學兵陰陽。比如式法，就是軍將必修，從戰國秦漢到宋元明清，一直如此。兵陰陽，裡面既有科學，也有迷信。過去研究哲學史和思想史的，大家喜歡說，孫子是偉大的唯物主義者，肯定不講迷信。這不是事實。那樣講，已超出古代的思想環境，也違背中國的軍事傳統。我們只能說，孫子比較務實，迷信的東西不太多而已。這裡講天，主要是講時令。天有寒熱二氣，陰陽消長，分為四時。四時之制曰時制，也叫時令。時令有兩種，一種是四時時令，春夏秋冬各九十天，配二十四節氣；一種是五行時令，金木水火土各七十二日，配三十節氣。

「地」，有無人之地和有人之地。無人之地是客觀存在的地形地貌，有人之地是以戰勢而劃分。地有三維，遠近是長短，廣狹是寬窄，高下是高低。三條之外，還有險易，險易是坡度。地勢險峻，近於九十度，是險；平坦，近於〇度，是易。今本只有「遠近、險易、廣狹」，沒有「高下」，簡本有之，更全面。戰勢，有多種分類，「死地」、「生地」是最大的兩類。安全地帶叫「生地」，危險地帶叫「死地」。〈九地〉講「死地」，解釋是「疾戰則存，不疾戰則亡」，反過來，是「生地」。

「天」、「地」的後面是「將」、「法」。「將」、「法」是人事。

「將」有五德，第一是智，第二是信，第三才是仁。對於將帥，智、信最重要。兵法是鬥心眼的學問，第一重要是智。信也很重要，不僅是誠信，而且是威信，令行禁止，有權威性。上面對下面說話算數；下面對上面絕對服從，彼此可以信賴。司馬遷講李將軍（李廣），說「彼其忠實心誠信於士大夫也」（《史記·李將軍列傳》），這就叫信。仁和勇，仁在勇上。孔子說「仁者必有勇，勇者不必有仁」（《論語·憲問》）、「勇而無禮則亂」（《論語·泰伯》）、「見義不為，無勇也」（《論語·為政》）。婆婆媽媽、婦人之仁，算不上真正的仁。好勇鬥狠、匹夫之勇，算不上真正的勇。仁是愛兵如子，贏得士兵愛戴。勇是殺敵致果，令敵聞風喪膽。晏嬰說，司馬穰苴「文能附眾，武能威敵」（《史記·司馬穰苴列傳》），就是對這兩個字的最好解釋。嚴，和下面的法有關，主要是管理嚴格，執法嚴格。

「法」，不是一般的法，而是管理軍隊的法，古代叫軍法。中國並非無法，歷代都有法，很多的法，其中也包括軍法。如《司馬法》，就是齊國很古老的軍法。軍法包括的東西很多，俗話說「養兵千日，用兵一時」，凡與組建、供給、裝備、訓練軍隊有關的一切事，都屬於軍法。大家不要以為，軍法就是軍法從事，推出去斬首。當然，各種賞罰規定和紀律規定也是軍法的內容。「曲制」，指軍隊編制。這個詞，又見《管子·七法》，《管子·侈靡》也叫「曲政」，舊注多以部曲為說。漢代軍制有部、曲，曲是兩百人，部是四百人。「部曲」一詞確實可能與「曲制」有關，但「曲制」是先秦固有的軍事術語。我做過一點考證，「曲制」即「曲折」，是按陣法的要求設計，「曲折相從，各有分部」的意思（《尉繚子．兵教下》）。「官道」是與「曲制」相配，設官分職的制度規定。如軍有軍將，旅有旅帥，卒有卒長，伍有伍長。「主用」是用於車馬兵甲、衣裝糧秣的各項花費，屬於軍事裝備、後勤保障。作者舉例，專講這三條。「兵眾孰強」、「士卒孰練」、「賞罰孰明」，不是「五事」以外多出的比較。一支軍隊，士兵是不是有戰鬥力，平時訓練好不好，賞罰是否得當，這些都屬於軍法的範疇。

這裡的「五事七計」，依照克勞塞維茲的說法，就是戰略要素[4]。

經過前述的比較和計算，原文說，「吾以此知勝負矣」。這就是定計。定計只是「知勝」，還不是真正的勝利。真正的勝利，還要到戰場上，投入戰鬥，才見分曉。拿破崙說「首先是投入戰鬥，然後才見分曉」。這是他的名言。

從知勝到制勝，一個好的計畫要得以實現，一切取決於人。第一是自己人，各級官兵，要貫徹意圖，執行計畫。貫徹執行不利，等於白搭。第二是敵人，敵人是否中計、是否上當、是否就範，牽著鼻子乖乖跟你走。這點更重要。剃頭挑子一頭熱，敵人不配合，也是白搭。己方也好，敵方也好，都是「接受美學」。

下面一段話有兩個「聽」字，就是講接受。但這段話主語是誰，兩個「聽」字上面的「將」字怎麼解釋，歷來有爭論。一種解釋是，這段是孫子對吳王講的話，他說，如果你肯接受我的計，我就留下來；不肯接受我的計，我就走人。「將」是虛詞，表示假想中可能發生的事。如果是這樣，就是要脅的口吻。一種解釋是，這段話是國君對將帥或主將對裨將說的話，它說，如果將帥或裨將肯執行我的計，我就留用他；不肯執行我的計，我就撤掉他，「將」可以是實詞，指將帥或裨將。此外，還有一種可能，是說敵人是否中計，中就留下來，與敵周旋；不中，就趕緊撤離。三種解釋，無論哪一種，都是指計的接受和實現。中間一種可能較大。上面我們說，廟算之後要有拜將授命，這個環節就是體現「聽」。

這段話很重要。因為定計和用計怎麼轉換，這是仲介。紙上談兵的東西和實際操作的東西，前後如何銜接，光有「利」不行，還要有「聽」。上面說過，計的實現，不光取決於自己這一邊的接受，還要有敵人的接受。「利」只是計算上的優勢，光有計算的優勢，還不一定有真正的勝利。比如美國，有這彈那彈（過去的彈，不是人工智慧的彈，是笨彈，現在才有聰明彈）。大家都知道，這些武器很厲害。但要發動戰爭，首先要有民意的支持，想打也能打。其次，戰後的美國，因為炸德國、炸廣島，特別迷信大規模報復和核武威懾，但光是嚇唬，沒有靈活反應，還是不靈光。戰爭是活人和活人的較量，不光是鬥力，還是意志的較量，智慧的較量，變數最多。如果對方不怕死，特別頑固，就是不投降？或者有什麼辦法可以應付，戰爭還是無法避免。現代大國，厲害不厲害？就連摧毀地球的能力都有，但還是不能光靠計算。你不能天真地設想，各國用電腦計算完，打個電話，通知對方你不是對手，問題就解決了。克勞塞維茲說，不要以為戰爭是計算的遊戲，只要擺擺數字就能解決問題[5]。自古以來，很多戰爭實力懸殊，仍有一拚。對方是人，「三軍可奪帥也，匹夫不可奪志也」（《論語·子罕》），光是這口氣就不能小視。當然，也有人相信只要打下去，實力可以屈服意志。但即使如此，意志仍不容忽略。心服口服，才能最終解決問題。

【一·三】

計利以聽，乃為之勢，以佐其外。勢者，因利而制權也。兵者，詭道也。故能而示之不能，用而示之不用，近而示之遠，遠而示之近。利而誘之，亂而取之，實而備之，強而避之，怒而撓之，卑而驕之，佚而勞之，親而離之。攻其無備，出其不意。此兵家之勝，不可先傳也。

4 克勞塞維茲《戰爭論》，第一卷，頁一八五—一八六。
5 克勞塞維茲《戰爭論》，第一卷，頁二五—二六。

「計利以聽」是總結前文。承上而言，意思是，不但有計算上的優勢，而且被執行者接受。這是個條件句。後面兩句是說，在這個前提下，才製造「勢」，用來幫助我們在國外的作戰。「外」是對「內」而言，「內」是國內，「外」是國外。廟算在國內，作戰在國外。古人說「計必先定於內，然後兵出乎境」（《管子．七法》）。軍隊一旦越過邊境，投入實際戰鬥，不能光靠計算的優勢，還要靠所謂「勢」。「勢」是什麼？後面的〈勢〉篇有專門討論，這裡簡單說一下。在《孫子》一書中，「形」、「勢」的概念很重要。這兩個字連在一起講，含義比較模糊，可指任何軍事上的態勢。態勢是由兵力的分配和部署而造成。但《孫子》把它分為兩個概念。形是靜態的，勢是動態的。形是可見的，勢是不可見的。不可見，也就是「無形」。它們的關係，用拳術打比方，就是套路和散打。下棋，按行棋路線，有些地方你可以去，但對方設局，形格勢禁，去了就是死。這種形格勢禁，也是「勢」。你看見的是形，看不見的是勢。定計是靠形，用計是靠勢。

關於「勢」，後面還會講。這裡只有一句話，「勢者，因利而制權也」。「利」就是上面講的「計利」，就是計算的優勢。「權」本來是秤鉈，古人說「權衡」，「權」是秤砣，「衡」是秤桿，用作動詞，就是掂量輕重。「權」指權變，就是從加權平衡、調解力量分配一類含義發展而來。它的意思是發揮優勢，製造機變。勢的變化，都是因應敵情，隨時隨地調節，沒有固定內容，這是它與形不同的地方。

然後，作者說了一句話，「兵者，詭道也」。這是很關鍵的一句話。「詭道」不僅是「勢」的特點，也是「兵」的特點。兵不厭詐，是典型的中國智慧。但詭詐並不是中國的專利。克勞塞維茲講戰爭，他也承認，戰略一詞，從語源上講，本來就與詭詐有關[6]。

西方的軍事傳統比我們有貴族氣，但戰爭不是貴族決鬥，扔白手套，魯迅說的費惡潑賴（fair play）。現在，美、英等國的政治家說，恐怖分子是膽小鬼，不敢用堂堂之陣、正正之旗，與他們決鬥。開玩笑。恐怖分子粉身碎骨當肉彈，怎麼還膽小？李敖說，大衛勝哥利亞，就是使用暗器（投石器）。

其實，兵法的產生和兵不厭詐直接有關。弱者不擇手段，用糙招，這是戰術，不是道德。兵法是什麼？是項羽想學的「萬人敵」（《史記·項羽本紀》）。「萬人敵」，不是決鬥，不是打群架，而是政治集團間的殊死搏鬥。這種藝術，其產生的首要前提，就是要打破貴族傳統：什麼招數都能使，什麼道德都管不了。

中國的貴族傳統崩潰特別早，基本上在兩千多年前。中國的兵法就是產生於這一時代。比如《左傳》，有條凡例叫「皆陳曰戰」，即只有雙方都擺好陣勢，這樣的戰鬥才叫「戰」。如果敵人沒有擺好陣勢，只能叫「敗某師」，不配叫「戰」。「戰」都是雙方擺好陣勢，不用「權譎變詐」，「堅而有備，各得其所，成敗決於志力」（《左傳》莊公十一年、僖公二十二年及其注疏）。這就是貴族式的戰法。

貴族戰法，宋襄公是典型。他是商王的後代，老牌貴族。宋、楚在泓水上打仗，楚軍人多，宋軍人少，司馬子魚勸他，何不趁楚軍半渡未陳，發動突然襲擊，他不聽。半渡，他不讓打；沒擺好陣勢，他不讓打；非等楚軍上岸擺好陣勢再打，乾等著挨揍。結果，他的大腿讓對方砍了，傷重不治，身死兵敗為天下笑。當初，他不聽司馬子魚勸，理由是，「君子不重傷，不禽二毛。古之為軍也，不以阻礙也。寡人雖亡國之餘，不鼓不成列」（《左傳》僖公二十二年）。這些道理其實是貴族的老規距，比如《司馬法·仁本》，裡面有「古者司馬兵法」（《史記·司馬穰苴列傳》），它講的「成列而鼓，是以明其信也」，其實就是「不鼓不成列」；「見其老幼，奉歸勿傷；雖遇壯者，不校勿敵；敵若傷之，醫藥歸之」，其實就是「君子不重傷，不禽二毛」。比較文學家稱之為「中國的唐吉訶德」，毛澤東稱之為「蠢豬式的仁義道德」[7]。

宋襄公和司馬子魚的爭論，是時代性的爭論。《荀子·議兵》篇，記荀子和臨武君在趙孝成王面前辯論，還是爭這一問題。荀子最推崇的是三代的王者之兵；比它差一點，是春秋時代，由齊桓、晉文代表的霸者之兵；最差，是戰國的「盜兵」，即臨武君推崇的「攻奪變詐之兵」，如齊國的「技擊」、魏國的「武卒」、秦國的「銳

6 克勞塞維茲《戰爭論》，第一卷，頁二二六。
7 《毛澤東選集》，頁四八二。

士」。但荀子反對的東西正是當時的潮流，也是後世兵法的正宗。道德和兵法正好相反，道德最差，兵法最好。

韓非是荀子的學生，他也接觸到這個話題。他說，成濮之戰前，舅犯（即咎犯）主張用詐，雍季（即公子雍）反對用詐，晉文公用舅犯謀敗楚，歸而論功，雍季在舅犯之上。舅犯說，「繁禮君子，不厭忠信；戰陣之間，不厭詐偽」（《韓非子．難一》）。戰國兵家，大家有共識，廟堂之上我是謙謙君子，戰陣之間卻不厭詐偽。不合規矩，現在反而是規矩。這段話，很可能就是「兵不厭詐」一詞的出典，《史記．田單列傳》索隱、《北齊書．高隆之傳》已經使用這個詞，明清小說更為常見，現在是成語。春秋戰國禮壞樂崩，貴族傳統大崩潰，本來意義上的貴族，秦始皇是最後一人。陳勝喊出「王侯將相，寧有種乎」，是中國歷史新紀元。但項羽是貴族，劉邦是流氓，劉邦在陔下打敗項羽，才是貴族傳統的句號。

《孫子》尚詐，除這一句，還有〈軍爭〉篇的「兵以詐立」。宋襄公反對「半渡而擊」，但後世兵家，說法相反。《孫子．軍爭》說「令半渡而擊之利」，《吳子．料敵》也說「涉水半渡可擊」。「兵不厭詐」，是軍事學上的大革命。

接著，都是講「詭道」。

我說，形是看得見的東西，勢是看不見的東西，但它們並非各自獨立，毫不相干。形擺在前面，勢藏在背後。擺在前面的東西還是有形可睹。比如這裡講的「故能而示之不能，用而示之不用，近而示之遠，遠而示之近」，毛澤東稱為「示形」[8]。「示形」，就是製造假象。它是勢的表現，擺出來的樣子是偽裝。偽裝也是一種形。「利而誘之，亂而取之，實而備之，強而避之，怒而撓之，卑而驕之，佚而勞之，親而離之」，這段話，很容易讓人想起毛澤東的十六字訣：「敵進我退，敵駐我擾，敵疲我打，敵退我追」[9]。春秋晚期，吳國採用類似的戰法，「亟肆以罷之，多方以誤之」（《左傳》昭公三十年），逗楚國玩。「亟肆以罷之」，是趁敵不備，不斷騷擾他。「多方以誤之」，則是千方百計引導敵人犯錯誤。春秋晚期，南方各國，楚為大，伍子胥叛逃，給吳國出主意，派三股部隊輪番騷擾，把楚國折騰得不得安寧，最後破楚入郢。這種戰術，弱者對付強者尤其有效。

「攻其無備，出其不意」也是名言。它的特點就是處處與敵人作對，想方設法讓對方不痛快。專門在敵方預料不到的地方、時間，使勁收拾他。這裡的「無備」和「不意」很重要。因為再好的計，也要取決於對方。比如「空城計」，司馬懿和諸葛亮，玩的就是心跳（雖然這是文學虛構），關鍵是誰上誰的當，對方料到料不到，就像我們送禮物，一定要給對方一個驚喜。

最後，作者說「此兵家之勝，不可先傳也」。這句話是經驗之談。廟算結果，固然是常數，但用計卻無成法，一切全靠臨場發揮，隨機應變。隨機應變的東西當然不可能事先傳授。戰爭是力量、智慧和意志的綜合較量。戰場上的事，瞬息萬變，一念之差結果可能完全改變，就像足球賽很難預測。軍事家講大實話，克勞塞維茲說，戰爭最像賭博[10]。毛澤東說，一上戰場，兵法就全都忘了。軍事，凡是可以講可以學的東西都是紙上談兵；真正管用的東西又沒法講沒法學。一定要放在紙上談，只能講原則的東西。即使談變，也是談變中之常。

前兩段，相映成趣，定計有確定性，用計沒有確定性。我們到底能夠確定什麼，這是最後一章要講的問題。《孫子》一書，特別看中變幻莫測、流動不居的東西，但它講話總是先常後變，先正後奇，所以下面還是回到廟算本身，把最需要確定的東西先確定下來。

【一・四】

夫未戰而廟筭勝者，得筭多也；未戰而廟筭不勝者，得筭少也。多筭勝少筭（不勝），而況於無筭乎！吾以此觀之，勝負見矣。

8 《毛澤東選集》，頁二〇三。
9 《毛澤東選集》，頁一九八—一九九。
10 克勞塞維茲《戰爭論》，第一卷，頁四一。

「廟筭」即廟算，廟算就是計。筭，音「算」。「廟筭」的「筭」是計算，「得筭」和「多筭」、「少筭」、「無筭」的「筭」是算籌。

原文講得很清楚，它是在「戰」之前，此即「先計而後戰」。開戰前，事很多，第一是徵兵，徵兵員，徵車馬，徵糧秣，這種制度古人稱為「軍賦」；第二是建軍，即按營兵布陣的需要，把徵調上來的兵員分為軍旅卒伍等各級編制，設官分職，配備各級軍吏，統於將帥；第三是養兵，讓士兵有衣穿、有飯吃，建立各種後勤保障；第四是治兵，即用金鼓旌旗和徽章，建立指揮聯絡系統，利用農閒，藉助田獵，校閱士卒，教民習戰。這四條屬於長期備戰。臨戰，也有四件事，第一是廟算，即用算籌比較敵我、預測勝負；第二是卜戰，即用龜策占卜吉凶，去猶豫，下決心；第三是拜將，即選擇將帥，授命專征；第四是授甲授兵，即把國家武庫中的車馬兵甲發給軍隊。這四條屬於緊急動員。這裡只講廟算。

廟算是計，也是謀。古代的謀分好幾層。治國、用兵，合起來講，這樣的謀最大。比如《六韜》就是兩者都講，也叫「陰謀」。其次，是廟算。廟算的謀是「權謀」。權謀是用兵的謀，戰略層次的謀。還有一種是用於實際戰鬥的謀，即「形勢」家的謀。《孫子・謀攻》說「上兵伐謀，其次伐交，其次伐兵，其下攻城」，廟算之後，野戰、攻城之前，還有外交戰。今天也是如此。美國發兵伊拉克，五角大樓進行廟算，主意定了之後，也要進行穿梭外交，到各大國和聯合國走動。古人把廟算決勝叫「廟勝」，說「廟勝之論」先於「受命之論」、「逾垠之論」、「深溝高壘之論」、「舉陳加刑之論」（見《尉繚子》的〈戰威〉、〈戰權〉），即先於拜將受命，先於率師越境，先於修築工事，先於列陣交戰。任何戰爭都是為了勝利。任何勝利都是積小勝為大勝。廟勝就是設想中的大勝，這是第一步。廟勝之後才有其他各步。

〈計〉篇的主題是廟算。定計是廟算本身，用計是廟算的延伸。最後一章是總結，還是緊扣這個主題。廟算很簡單，全看實力。一般說，得算多的必定戰勝得算少的，這是顯見的事。

◎專欄

《戰爭論》與《孫子》比較：全書結構和警句名言

克勞塞維茲的《戰爭論》特點是理論性強。前人把它看作一部古典軍事哲學。此書帶有十九世紀德國人的特點。黑格爾生於一七七〇年八月廿七日，卒於一八三一年十一月十四日。克勞塞維茲生於一七八〇年六月一日，卒於一八三一年十一月十六日。他比黑格爾小十歲，但死於同年同月，只比黑格爾晚兩天。當時，很多著名人物都是染霍亂而死，他倆即均死於霍亂。兩個人是同時代的人。二十世紀不同，學術專業化是主流，無所不包的大體系式微，後來的讀者往往不太重視他們的哲學思考。

兵書的讀者是軍人。軍人對哲學不感興趣，感興趣的是他對軍事的具體論述。戰爭是個充滿概然性和偶然性的領域，軍人依靠的是快速反應和判斷力，他們對所有貌似規則的東西都不太相信，認為把不確定的東西講成確定的東西，根本不可能，就算可能，也是條條框框，束縛手腳。因此，很多人都不讀兵書，也不寫兵書。克勞塞維茲想把戰爭現象中多少帶有規律性的東西，用盡量務實的態度和盡量清晰的語句描述出來，但書尚未完成他就去世了。死前，他留下說明，預言此書會不斷遭到誤解和批評。事實上，德國軍人從老毛奇以來，一直看重的是他對絕對戰爭和純軍事因素的推崇，對武器、實力和徹底打垮、暴力無限的強調。

《孫子》和《戰爭論》，背後依託的軍事傳統不一樣，互相都是解毒劑。

內容概述

此書未完成，分八篇。作者指出，只有第一篇第一章是寫定的稿子，其他都有待修改。特別是最後兩篇仍是草稿。作者的苦衷是戰爭充滿不確定性，用清晰的語言講這些不確定的因素，有必要但很難。

（一）前兩篇是一組，帶有緒論的性質，討論比較宏觀、比較抽象

第一篇〈論戰爭的性質〉，講戰爭。頭一章，內容最重要，主要講戰爭和政治的關係。作者為戰爭下定義，戰爭是擴大的搏鬥，暴力是手段，把自己的意志強加於敵人，才是目的。戰爭分兩種，一種是絕對戰爭，一種是現實戰爭。絕對戰爭是理想戰爭，政治努力和外交的努力都無效，國際法也管不了，有如脫韁野馬。但戰爭是政治的繼續，在現實中，追求更有限的目標，使暴力降級。絕對戰爭，目標是徹底消滅敵人。現實戰爭，退而求其次，才是各種有限目標。他不相信紙上的計算可以代替實際的戰鬥，只有徹底消滅敵人才能根本解決問題。

這類看法，背後有西方傳統的影子。《孫子》正好相反，把「不戰而屈人之兵」當理想態，把破國破軍當不得已，放進現實才逐步升級。整個理解過程是反著來。孫子是先禮後兵，不服才打，逐步升級；克勞塞維茲是先兵後禮，打服了才談，逐步降級。前者比後者更政治，後者比前者更軍事。戰爭與政治，是交替出現的變奏曲，「不戰而屈人之兵」是戰爭的一頭一尾，要麼是未戰，用伐謀伐交，「不戰而屈人之兵」；要麼是已經「屈人之兵」，打得差不多，可以坐下談判，研究怎麼收攤，所以「不戰」。其實，一旦開戰，就談不上什麼「不戰而屈人之兵」。孫子是拿未戰和已戰當理想態；克勞塞維茲是掐頭去尾，拿中間一段當理想態。兩者貌似相反，其實只是側重點不同，談話的角度不同。

《孫子》的話，我們也誤讀濫用，有不少人以為，在激烈的戰爭中，真的可以「不戰而屈人之兵」，這是大錯誤。已經打開了，還有什麼「不戰」？作者說，戰爭充滿危險、勞累、不確定性和偶然性，情報難以判斷，各種阻力，難以計算，最像賭博。軍事天才是智勇雙全，經常依靠的不是深思熟慮，而是特殊的智慧和勇氣，即在黑暗中發現微光的眼力和追隨這些微光前進的果斷。《孫子·計》論將，以智為先，勇是放在五德的第四條，此書卻把勇氣放在智慧之先。

第二篇〈論戰爭理論〉，講兵法。兵法是軍事藝術。這種藝術分兩種，廣義的軍事藝術，是組建軍隊、裝備軍隊和訓練軍隊的藝術，類似我國的軍法；狹義的軍事藝術，是使用軍隊、部署兵力和實施戰鬥的藝術，類似我國的兵法。狹義的軍事藝術又分戰略、戰術，戰術是實施戰鬥的藝術，戰略是組織戰鬥的藝術。作者認為，兵法很特殊，不是科學，不是技術，甚至也不是藝術。科學依賴知識，技術依賴能力，藝術不守規則。戰爭理論和它們都有區別，它既靠知識，也靠能力，而且並非不講規則，只能勉強稱為軍事藝術。哲學最該研究的就是這類問題。

（二）下列五篇是一組，討論具體問題。作者的講法很簡單，很實用

第三篇〈戰略概論〉，主要講戰略要素。作者說的戰略要素包括五種：精神要素、物質要素、數學要素、地理要素和統計要素。精神要素是軍隊的武德、統帥的才能和政府的智慧，見於此篇的第三至第七章，作者特別看重的是膽量和堅忍。物質要素是軍隊的兵力配置，見於此篇的第八至第十八章和第五篇的第一至第八章。數學要素，是兵力配置的幾何形式，見於此篇的第十五章。地理要素，包括地形和地區，制高點和戰略要地，見於第五篇的第十七和第十八章，第六篇的第十五至第二十一章和第二十三章，第七篇的第八、第十一和第十四章。統計要素，和給養有關，包括行軍、宿營、作戰基地和交通線，見於第五篇的第九至第十六章。整個論述比較亂，有些見於此篇，有些見於後面的四篇，的確是未完成稿。這些要素大體相當《孫子．計》的「五事七計」。作者講物質要素和幾何要素，和《孫子》的第二組（〈形〉、〈勢〉、〈虛實〉）比較貼近，也是講軍隊的組成、指揮、陣法和兵力配置，也是強調數量優勢、出其不意、詭詐和集中兵力。中國傳統尚謀輕力，《孫子》重詭詐，但作者卻有所保留。他更強調簡單的行動，認為廉價而帶冒險性的詭詐，如假情報、佯動，很少有效。他說，兵力愈少，才愈重詭詐，這個看法很重要。

第四篇〈戰鬥〉，戰鬥是真刀真槍的實戰，以徹底消滅敵人為目的，這是戰術研究的對象。戰鬥之後，還有

追擊或退卻，也很重要。作者強調，進攻有頂點，勝利有頂點，勝敗既分，交戰雙方，傷亡慘重，疲憊不堪，勝而不追，功虧一簣，是最大遺憾。勝方，乘勝追擊比勝利更重要；敗方，組織退卻也是彌補失敗。這個後續過程有時比戰鬥本身更重要。最大勝利或最大失敗，往往取決於此。最大限度地消滅敵人，最大限度地保存自己，比什麼都重要。在危險的環境裡，複雜的計畫不如簡單的行動，有時，勇氣比智慧更重要。《孫子．軍爭》講「窮寇勿迫」，沒有講是不是追。《司馬法．仁本》說「逐奔不過百步，縱綏不過三舍」，追擊逃跑的敵人不超過一三九公尺，跟蹤退卻的敵人不超過四十一．五公里，深怕追猛了自亂陣腳，為敵所乘，遭敵人反擊，其實是反對和限制追擊。

第五篇〈軍隊〉，軍隊是實施戰鬥的主體，也是戰術所關注。作者主要講五個問題，一是軍隊和戰鬥空間、戰鬥態勢的對應關係（即軍區、軍團和戰局的關係），二是兵力的分配和戰鬥隊形，三是行軍、宿營和補充給養，四是與第三條有關的作戰基地和交通線，五是地形和人地關係。兵力分配，包括三大兵種，步兵、騎兵和砲兵的比例。步兵是戰鬥主力，騎兵、砲兵是輔助兵種。騎兵長於「走」，砲兵長於「打」，可增加機動性和打擊的力度。當時的比例，是五名步兵頂一名騎兵，步兵千人配兩門（或更多）火砲。宿營，包括野營（住在野外）和舍營（住在營房裡）。給養，分四種，一種是靠村民供應，一種是靠強迫徵收，一種是靠正規徵收，一種是靠倉庫儲備。速決傾向前兩種，持久傾向後兩種。拿破崙主張掠敵繼食，孫子也是，克勞塞維茲不完全贊同，他更理解守方的立場。

第六篇〈防禦〉。戰鬥分兩種，一種是攻，一種是防。戰略進攻，是由外往裡攻，戰略防禦是由裡往外攻，作者稱為「向心性」和「離心性」，我國兵書叫「主客」（本書〈九地〉也這麼講），攻方是客，守方是主。作者先講防禦，篇幅很長。其中有很多戰史經驗，特別是拿破崙進攻俄國，雙方的成敗得失。作者講絕對戰爭，講戰爭的兩極化和逐步升級，是以均勢、對稱為出發點，現實戰爭，對它的修正，最明顯就是進攻和防禦。雙方攻守異勢，關鍵是力量不對稱。一般看法，守方弱，消極；攻方強，積極，進攻才是戰爭的主流，但作者認為，防禦比進攻更強有力，手段更多，體系更複雜。它可以利用要塞（包括城堡和築壘城市）、陣地、營壘和各種地形，讓攻方付出很大的代價（案：但現代戰爭，弱小的守方，其人員傷亡遠遠大於強大的攻方），時間、國土和民眾，也更利於守方。《孫子》是站在攻方的立場講話，《墨子》是站在守方的立場講話。墨守孫攻，各是一個側面。克勞塞維茲是兩面都講，但篇幅最大的還是講守。

第七篇〈進攻〉，是草稿。克勞塞維茲從守的角度講攻。作者說，攻中有守，守中有攻，很多講進攻的話前面已經講過，但也有一些問題是進攻所獨有。這一部分篇幅很小，各個章節應對著第六篇看。

（三）最後一篇是總結

第八篇〈戰爭計畫〉也是草稿。這是呼應第一篇。作者回到第一篇的話題，絕對戰爭和現實戰爭的關係，戰爭和政治的關係。作者說，戰爭計畫與其說是深思熟慮的結果，不如說是臨危之際的判斷力。他強調，戰爭的目標有兩種，有限目標和終極目標。有限目標很多，比如對敵人國土的占領，但終極目標是打垮敵人，人最重要。

《孫子》是先計而後戰，把計放在最前面，《戰爭論》則放在最後。

第四講　作戰第二

〈作戰〉篇是「戰爭三部曲」的第二步：「先計而後戰」的「戰」。

現先解釋它的題目。「作」，是開始的意思。「戰」，在古書中有廣狹二義。廣義的「戰」是泛指一切戰爭、戰役和戰鬥，狹義的「戰」則專指野戰，特別是列陣對戰的野戰。中國早期有國野制，國是城市，野是鄉村。野戰是攻城之前，在城市以外，在鄉村的田野或荒野裡交戰。戰爭開始，首先進行的，必定是野戰。春秋時期，野戰多在兩國邊境接壤的空曠地帶進行，這種地帶叫「疆埸」。雙方擺好陣勢，然後對決，這叫「皆陳曰戰」。情況往往是，呼啦一衝，戰鬥就結束了，時間很短。短可短到「滅此而朝食」（《左傳》成公二年），打完仗才吃早飯，只有一頓飯的工夫；長也不過一天，天亮開戰，星星還掛在天上，天一黑就撤（《左傳》成公十六年）。即使加上跑路，也很少會超過一個月。

古代中原，黃河流域的國家，野戰，本來是以車戰為主，步兵是附屬於戰車，車、徒混編，列陣而戰。《周禮．夏官．司弓矢》說：「唐（唐弓）、大（大弓）利車戰、野戰。」車戰不等於野戰。但整個春秋時期，車戰卻是野戰的主體。春秋中晚期，步兵崛起。戰國晚期，還出現騎兵。車、騎、徒並用，是後來的野戰方式。藍永蔚寫過一本書，叫《春秋時期的步兵》（北京中華書局，一九七九），內容是講步兵對中國戰爭方式的革命。戰爭和打獵有關，和飼養動物和吃肉有關。中國兵法發達，要感謝周邊民族，他們和動物，關係比我們近。比如馴化馬和馬車，還有青銅劍，就是草原地區的發明。不僅車兵、騎兵；步兵，也要感謝他們。「晉侯作三行」（《左傳》僖公二十八年）、「毀車而為行」（《左傳》昭西元年），出現獨立建制的步兵，是為了對付山地遊擊的戎狄步兵。水師，也是從吳、楚等國學來的。

敵人是最好的老師。中國早期重車戰，優點是戰車速度快，機動性強，衝擊力大。但車戰也有車戰的弱點，馬車疾馳，極易翻車，它對地形，適應性差。山地、溼地不宜，要有平坦寬闊的道路。古代的道路和溝渠，多與畝向相配。畝向就是畝壟（也就是田埂）的方向。齊國的畝向、道路、溝渠是南北向；晉國的畝向、道路、溝渠是東西向。前者叫「南畝」，後者叫「東畝」（《詩．國風．豳風》、《左傳》成公二年）。兵車開進，是順畝向走。鞌之戰，晉敗齊，要求齊國把南畝改成東畝（《左傳》成公二年），就是為了便於兵車的開進。野戰，車、徒編組是靠陣法，車、騎、徒編組也是靠陣法。陣法很重要。這是古代作戰的特點。

野戰和攻城，古書常並敘。辭彙，並列結構，古人的讀音習慣，往往都是先平後仄，故多作「攻城野戰」（《墨子．兼愛》）。其實，從時間順序講，應該是先野戰，後攻城，由遠及近，由外到內。《商君書．境內》說：「今三晉不勝秦四世矣。自魏襄以來，野戰不勝，守城必拔。」本篇也說：「其用戰也，勝久則鈍兵挫銳，攻城則力屈。」野戰，失利的一方會退守城內，勝利的一方會兵臨城下，好像攻克柏林那樣。這是野戰和攻城的關係。

我把〈作戰〉篇分為五章：

第一章，講打仗費錢。

第二章，講打仗耗時。

第三章，講搶，即取敵之利，就地補充自己。

第四章，講快，速戰速決。

第五章，是警告為將者，要他知道，自己肩上的責任有多重。

這五章，前兩章是講「用兵之害」，次兩章講「用兵之利」。「用兵之利」是針對「用兵之害」提出的對策。最後一章是總結。

【二·一】

孫子曰：

凡用兵之法，馳車千駟，革車千乘，帶甲十萬，千里饋糧，（則）內外之費，賓客之用，膠漆之材，車甲之奉，日費千金，然後十萬之師舉矣。

此章是講費錢。這是「用兵之害」的頭一條。

〈作戰〉是從戰爭動員講起。戰爭動員就是「作戰」，它是講怎樣發動一場戰爭。發動起來的戰爭，首先是野戰。

「凡用兵之法」，在《孫子》書中多次出現，〈謀攻〉、〈軍爭〉、〈九變〉、〈九地〉四篇的開頭，〈謀攻〉、〈九變〉兩篇的當中，〈軍爭〉篇的結尾，都有這種話。這裡是講，用兵規模一般有多大。它是一種發凡起例的敘述。古人以「兵法」稱兵書，估計就是這麼來的。戰國以來，兵書多稱兵法。兵書分兩種，一種是軍法（或軍令。軍令是對軍法的補充），一種是兵法。軍法是條例規定的彙編，兵法脫胎於軍法，還保留著它的某些特點。兵法是「用兵之法」的簡稱。它和軍法有關，又有所不同。軍法講的是建軍之法、治兵之法。兵法講的是行師之法、用兵之法。《易．師》疏就是用「兵法」來解釋王弼注的「行師之法」。它要突出的是一個「用」字。岳飛叫「運用之妙，存乎一心」（《宋史．岳飛傳》）。戰國兵書，雖有軍法類的內容，但以謀略為主，是講運用之妙，是講心法。《孫子》就是兵法的代表。漢唐古書引之，往往簡稱為「兵法」。古代技術書，多以類名，這是特點。

講古代兵法，要學一點古代的軍事知識。但遺憾的是，說到上古，說到古人到底怎麼打仗，我們的知識很不夠，很多細節都不知道。我想將自己知道的東西講一下。

我們先說古代的軍種和兵種。

早期的野戰，商周的野戰，主要是車戰。春秋中期，步兵從晉國崛起；戰國晚期，騎兵從趙國崛起，都和對付北方民族的流動作戰有關。北方民族南下，寧夏、甘肅、陝西、山西和河北，哪個方向都可能，山西在中間最重要。長江流域和長江以南，還有樓船和水師。現代軍種，海、陸、空，除了空，都是幾千年的發明。飛機是一九〇三年的發明。空軍，是第一次世界大戰的產物。一九一八年成立的英國皇家空軍，據說是最早的空軍，即做為獨立軍種的空軍。但陸軍、海軍很古老，特別是陸軍。車兵、騎兵和步兵，是古代陸軍的三大兵種。中國象棋，是宋以來的棋藝，將（或帥）、相（或象）、士居九宮，代表中軍大帳、指揮部；車、馬、砲和卒在周邊，代表雙方鏖戰的古戰場。車、馬、卒，就是這三大兵種。另外加了一個砲，是新兵種。砲者拋也，字或作炮，經常混用無別。其原型是拋石器，可拋石彈，也可拋火球，故或從石，或從火，包是聲符。宋代的象棋子，有些背面帶畫，砲是畫成投石器或火球（圖八），和宋《武經總要前集》中的圖像一樣。砲兵是什麼時候才有？照理說，宋代就有，但做為獨立兵種，有明確記載，學界多以明永樂初年（約一四〇九年左右）的神機營為中國最早的砲兵。但也有學者認為，中國最早的砲兵，可以早到元末。十四世紀，蒙古人把火砲傳入歐洲，在一幅當時的繪畫（約一三二六—一三二七年）上，我們看到了它的形象（圖九）。歐洲的砲兵，據說一四五〇年後才有，以法國最早（拿破崙就是砲兵出身）。[1]

圖八　宋代棋子中的砲

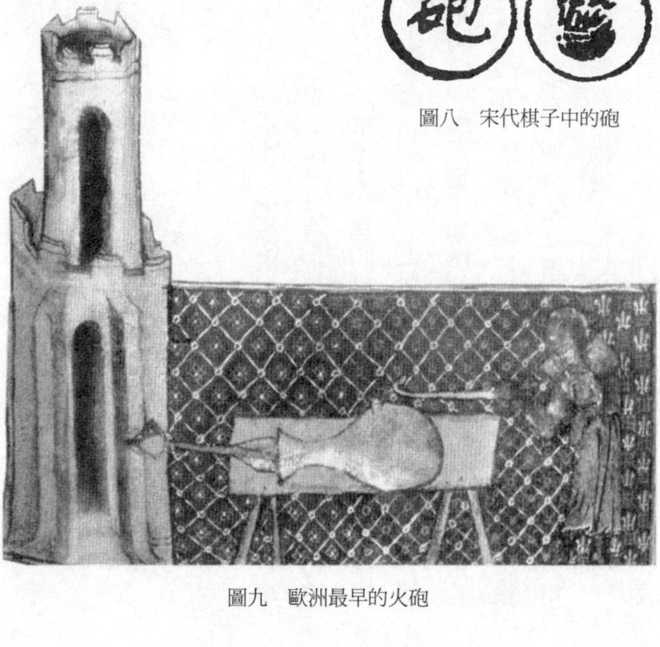

圖九　歐洲最早的火砲

1《馬克思恩格斯全集》，第十四卷，頁一九六—一九七。

圖一〇　步兵：山彪鎮一號墓出土銅鑒上的紋飾

我們先說陸軍。陸軍，古今中外都是軍隊的主體，西人所謂army，既是陸軍，也是軍隊。步兵、騎兵和砲兵，都是陸軍底下的兵種。

步兵（圖一〇），出現最早，使用最長，古代和現代都離不開。步兵分兩種，一種是附屬於戰車，一種是獨立的步兵。希臘、羅馬的步兵，是後一種步兵。它們穿甲戴胄，手執盾牌，用盾牌、長矛組成人牆，還有弓箭手，多為穿緊身衣（我們叫胡服）的斯基泰人（scythians）[2]。那時，農業民族，有公民身分的戰士，全是步兵，只有北方蠻族（日爾曼人、凱爾特人、斯拉夫人）的僱傭兵才騎馬，人高馬大。他們認為，只有膽小鬼才騎馬作戰。但歐洲北部，中國北部，大規模的蠻族入侵，騎兵的作用不容忽視。我們農業民族，喜歡「堂堂之陣，正正之旗」，看不起騎馬亂跑，突然襲擊，這是農業民族對騎馬民族的偏見。「步兵」這個詞，三見於《六韜》（《龍韜・農器》、《虎韜・軍用》、《犬韜・戰步》），是與「車、騎」並列。

車兵，其實是從步兵分化，相當現在的裝甲兵或摩托化部隊。它是以步兵配合馬拉戰車作戰，有些在車上，有些在車下。就像現代的坦克部隊，也有步兵前呼後擁。馴化馬和馬拉戰車，中亞最早，六千年前有馬，四千年前有車（馬車）。馬的馴化和馬車的發明，對軍事史太重要。商代的軍事長官叫馬，周代的軍事長官叫司馬，古代出師前的祭祀叫禡祭，都和馬有關。馬的用途，最初是駕車，而不是騎乘。馬是軍事傳染病，在整個舊世界，傳播範圍極廣，中國也不例外。戰車，各國不一樣。西亞、埃及，車輻稀（多為六輻），轂在輿後（圖一一、一二），和中國的車不一樣。希臘、羅馬，倒是轂在輿中，但車輪小、車輿低、車輻稀，極為單薄，和中國的車也不一樣，而且年代也太晚。中國的車，車輻密，轂在輿中，比較接近，還是前蘇聯境內出土的中亞系統的馬車（圖一三）。馬車在中國的中原地區，商代才出現，距今只有三千多年，更早的戰車沒有，學者推測，是從中亞傳入。[3]出土戰車，除少數金屬構件，木質的部分，都已化為泥土，只能剔剝出輪輿的大致輪廓，我們要想看得更真切一點，不妨參考秦始皇陵一號銅車（圖一四）。

騎兵，比車兵晚。中近東，西元前八百多年就有騎兵。如亞述宮殿的畫像石，上面就有騎兵（圖一五）。恩格斯講騎兵，說阿拉伯、波斯、小亞細亞、埃及和北非的馬最好，亞述的騎兵最早，但還不算正規騎兵，埃及的騎兵很晚，羅馬人不善騎馬，但亞歷山大大帝的騎兵很棒，「希臘人既是正規步兵的創建人，也是正規騎兵的創始人」。[4]我們看，龐培農牧神宮鑲嵌畫上的亞歷山大，他就是身著鎧甲，騎在馬上。還有中世紀，歐洲「野蠻化」，騎兵的作用也很重要。中國的騎兵，什麼時候才有？傳統說法，趙武靈王胡服騎射是標誌（圖一六）。這種說法，學界有爭論，有人說，趙武靈王以前，我國就騎馬，甚至商代就騎。我想說的是，歐亞草原是世界歷史的大舞台，匈奴、東胡，都是戰國末期，才在北方崛起。趙國的北邊，今晉北大同一帶，是北方民族南下，直取洛陽的要道，當時叫代，正好在趙國的北境。趙武靈王跟胡人學什麼？主要是兩條：一是去寬袍大袖，改穿緊身衣和褲子，類似現在的運動服；二是學騎馬射箭，以胡人之道反制胡人之身。騎兵之盛是以此為背景。秦漢以來，胡騎南下，騎兵更重要。《孫子》沒有「騎」字，《司馬法》和《尉繚子》也沒提到，但《六韜》、《吳子》和《孫臏兵法》有「騎」字。

步兵、車兵和騎兵，是中國古代的陸軍。[5]

2 又稱為西古提人，是哈薩克草原上的遊牧民族。沒有文字，擅長冶金打造飾物。
3 參看：王海城《中國馬車的起源》，余太山主編《歐亞學刊》，第三輯，北京中華書局，二〇〇二。
4 《馬克思恩格斯全集》，第十四卷，頁二九八—三二六。
5 《馬克思恩格斯全集》，第十四卷，頁五—五〇。

（一）

（二）

圖一一　戰車

（一）埃及圖坦卡蒙墓出土木箱上的紋飾
（二）亞述亞述納西爾帕二世宮殿的壁畫

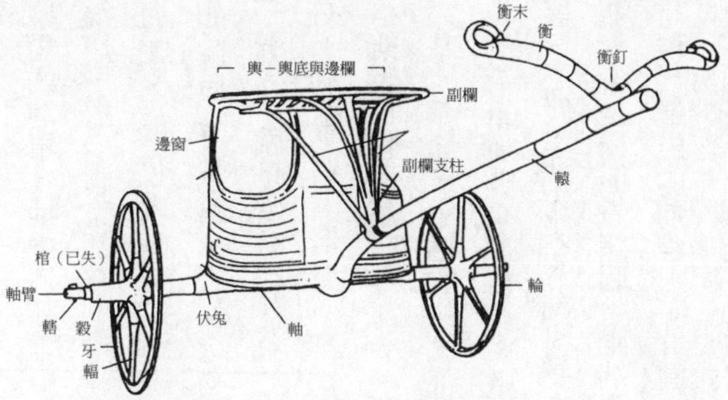

圖一二　埃及圖坦卡蒙墓出土的馬車

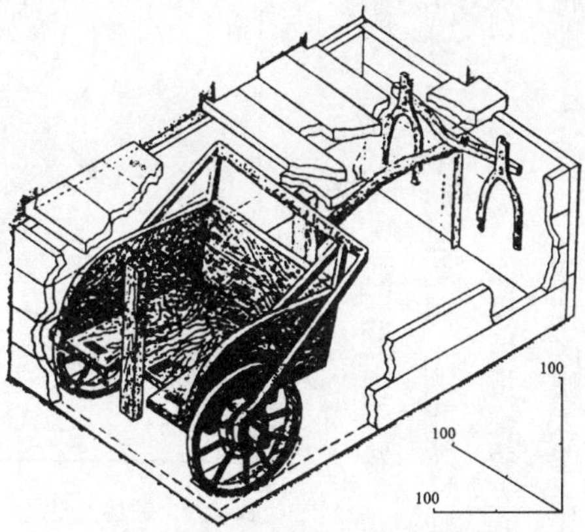

圖一三　辛塔什塔墓地三十號墓出土的馬車（復原圖）

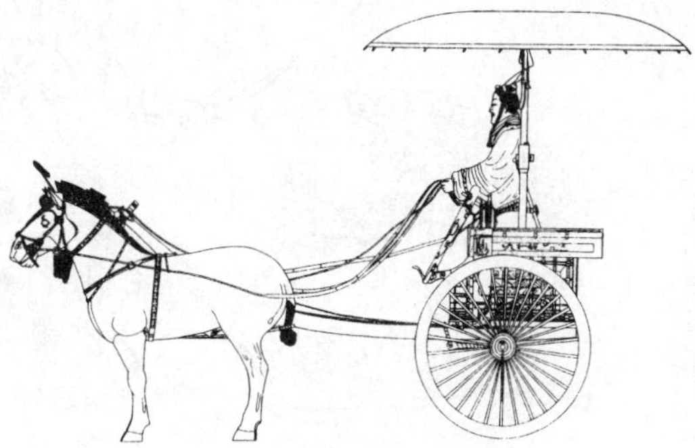

圖一四　秦始皇陵陪葬坑出土的一號銅車

舟師，後世叫水師，西方叫海軍。西方的海軍，前身是北歐海盜，不是希臘、羅馬的海軍。地中海沿岸，很多國家都有海軍，都有大船。如腓尼基戰船（圖一七），就是當時很有名的戰船。但恩格斯說，腓尼基、迦太基、希臘、羅馬的船，都是平底船，帆比較小，難扛海上風暴，西方的海軍並非來源於此。歐洲海軍的真正誕生地是北海（即北冰洋地區），弗里西安人、薩克森人、盎格魯人、丹麥人、斯堪地那維亞人的航海，是用龍骨突起、兩端尖削的帆船（尖底船），這種高帆大船，才是現代艦船的前身。一九八〇年代，中國人很自卑，非說西方文明是海洋文明，中國一直都閉關自守。其實，中國和歐洲一樣，只要靠海，就有航海的傳統。我國一直都有河、海並用的舟師或水師，特別是鄭和艦隊，船很大，也很多，航行海域很廣，水準一點不差。我們不能把中國歷史上偶爾實行的海禁（如明初和明晚期）當中國航海史的全部。歐洲也有海禁。我國的水戰，南方比北方發達。春秋晚期，楚、吳、越三國，常用舟師作戰，見於《左傳》、《吳越春秋》和《越絕書》等書。如西元前四八五年，吳國派徐承帥舟師自海入齊（《左傳》

圖一五　騎兵：亞述亞述納西爾帕二世宮殿的壁畫

圖一六　騎兵：傳洛陽金村出土銅鏡上的紋飾

圖一七　腓尼基戰船：亞述辛納赫里布宮殿的壁畫

哀公二年），就屬於渡海作戰（可能是登陸作戰）。南人近水，好舟楫，常以船棺為葬。《越絕書》卷八說，越王允常的王陵是由樓船卒兩千八百人，伐松柏為桴，也就是船，叫木客大塚。一九九六年發現的印山大墓，學者認為就是這座墓。它是鑿山為墓，內藏兩面坡的木構墓室，四面環壕。墓中的棺，是刳木為舟，長六·九米，直徑一·一五米。它讓我想起我在奧斯陸看到的維京船。維京人也是以船為葬，甲板上的船艙，有一種就是兩面坡，和印山大墓的墓室很像。古代戰船，種類很多。我國也有多層的大船，如漢征南越，楊僕拜樓船將軍，樓船就是這種船（圖一八），鄭和艦隊的大船也是如此，而且學者推測，肯定是尖底船。《孫子》沒有提到舟師，但它提到「夫吳人與越人相惡也，當其同舟濟而遇風，其相救也如左右手」（〈九地〉）。

中國古代的兵種，見於《孫子》，主要是車兵和步兵。下文特別提到「車戰」。

秦漢以來，作戰以步、騎為主，但車並未廢止，還有它的用處。一是可以環車為營，阻擋騎兵奔突，以靜制動；二是可以運載軍需物品，做輜重車（現代的馬車就是貨車）。宋曾公亮《武經總要前集》卷四說：

圖一八　戰船：山彪鎮一號墓出土銅鑒上的紋飾

> 車戰，三代用之，秦漢而下，寖以騎兵為便，故車制湮滅，世莫得詳。至漢衛青擊胡，以武剛車自環為營，縱騎兵出擊，單于於是遁走。李陵深入胡地，猝與虜遇，眾寡不敵，陵以（大軍）〔大車〕為營，引士於外，千弩俱發，虜乃解去。晉馬隆討樹機能，賊乘險設伏，遏絕隆前後，隆依八陣圖作偏箱車，地廣則以鹿角車營，路狹則為木屋施於車上，且戰且前，遂平羌眾。唐馬遂亦造戰車，蒙以狻猊象，列戟於後，行則載兵甲，止則為營陣，或塞險以遏奔衝。宋咸平中，吳淑上議，復謂平原廣野，胡騎猋至，苟非連車以制之，則何以禦其奔突？故用車戰為便。此數者，皆謂以車為衛，則非三代馳車擊戰之法，然自足以禦敵制勝也。惟唐房琯擊安祿山，用春秋車戰之法，以車兩千乘，夾以馬步，賊順風揚塵鼓噪，牛皆震駭，因縛芻縱火焚之，人畜撓敗，琯遂遁走。此亦古今殊時，而用有利害也。則知車戰之法，所以躪爍強陣，止御奔衝，行則負載糧械，止則環作營衛，其用一也，其制則不必盡同。取地之所利，與敵人之所害，或因或改，使於施用而已。

「馳車千駟，革車千乘，帶甲十萬」，是講戰車和兵員的數量。春秋時期的戰爭有多大規模？大國和小國不一樣，早期和晚期不一樣。其中用作指標的東西，主要是戰車的數量和兵員的數量。如果現在，就是看有多少核彈、多少軍隊；二次大戰，就是看有多少飛機、坦克和軍隊。傳說，武王克商，是用「革車三百兩，虎賁三千人」（《孟子．盡心下》），三百輛戰車配三千名戰士，規模很小。春秋時期，一般諸侯國，都有一千輛戰車，如比如魯國初封於曲阜，就是「革車千乘」（《詩．魯頌．閟宮》、《禮記．明堂位》）。當時，夠格的大國，如齊、秦、晉、楚，都有上千輛兵車，習慣上叫「千乘之國」（《左傳》哀公十四年）。但實際作戰，真正出動的兵車，大概只有幾百乘，最高紀錄，也就是八百乘。如成濮之戰，晉軍出動過七百乘（《左傳》僖公二十八年）、成公二年）；鞌之戰，晉軍出動過八百乘（《左傳》成公二年）；艾陵之戰，齊軍出動過八百乘（《左傳》哀公十一年）；子產伐陳，鄭軍出動過七百乘（《左傳》哀公二十五年）。當時，戰車配戰士，即所謂乘法，多半是十人制，一車配甲士十人，「千乘之國」，只有甲士一萬，即使照《司馬法》佚文的規定（詳下），再加上兩倍的徒，也只有三萬人。西周軍制，師是最高一級（當時有殷八師、西六師）。春秋，最高一級是軍。《周禮．夏官．敘官》說：「王六軍，大國三軍，次國二軍，小國一軍。」「千乘」與「三軍」，是大體匹配的概念。研究春秋軍制，大家經常舉晉國的例子。晉，前六七八年（曲沃並晉之初），武公只有一軍（《左傳》莊公十六年）；前六六一年，獻公做上下二軍（《左傳》閔西元年）；前六三二年，文公已有上中下三軍；前五八八年，景公做六軍（《左傳》成公三年）。另外，晉國的建制步兵，也出現最早，成濮之戰以前就有（《左傳》僖公十年已提到「左行共華、右行賈華」），成濮之戰後，增加為上中下三行。三軍加三行，乃有六軍。六軍是天子之制。如果按《周禮》一萬兩千五百人為一軍來計算，六軍就是七萬五千人。前人估計，春秋時期，戰爭規模只有幾萬人，大體可信。但春秋晚期，變化較大。當時的兩強，戰車增多。如晉國有四十九縣，每縣出長轂百乘，共有戰車四千九百乘（《左傳》昭公五年）；楚國更多，光是四個邊邑大縣：陳、蔡、東不羹、西不羹，就「賦各千乘」（《左傳》昭公十三年），加起來，也有四千輛。楚國的兵車數量，絕不在晉國之下。

這裡講的規模，應是常數。它所反映的是春秋晚期的戰爭規模：兵車分兩種，各一千輛；士兵皆帶甲，有十萬人。這個數字，比起春秋早、中期的車千乘、人三軍（約三萬七千五百人），當然要大，車翻番，兵員增加更多。過去，辨偽學家說，春秋不可能有車兩千、士十萬，恐怕是低估了當時的水準。《孫子》不一定是誇大。

講兵法，這個背景知識很重要，我想多說幾句。

研究中國古代戰爭，戰爭規模很重要。我們都知道，十八世紀以前的歐洲，很少有十萬人以上參戰。我國不一樣，早在春秋晚期，十萬就不算啥，只是平均水準。戰國時期，規模更大。當時的子書，常有「萬乘之主、千乘之君」的說法（見《莊子·漁父》、《韓非子》的〈愛臣〉、〈備內〉）。戰國早期，我們不太清楚，估計與春秋晚期接近，很多國家，兵力還在十萬以下。比如三家分晉後的魏國，戰國早期是第一強國，名將吳起，事魏文侯、魏武侯，他的理想，就是「以五萬之眾，而為一死賊」（《吳子·勵士》）。但戰國中期，特別是晚期，情況大變。前三〇三—前三〇一年，齊、魏、韓攻楚，敗楚於垂沙。前三〇〇—二九六年，趙攻中山，滅中山。這兩次戰役，都出動了二十萬人。當時，七大國都有幾十萬軍隊，秦國甚至有上百萬的軍隊。伊闕之戰（前二九三年），白起破韓、魏，斬首二十四萬；鄢之戰（前二七九年），白起引水灌城，淹死楚國軍民數十萬；華陽之戰（前二七三年），白起破趙、魏，斬首十五萬；長平之戰（前二六〇年），白起坑趙降卒四十萬。光是這四大戰役，就殺人上百萬人之多。我們估計，山東六國，兵力不如秦國，平均水準也在五十萬左右。全部加起來，約有四百萬。當時，國土沒現在大，人口沒現在多，軍隊卻如此龐大，死傷卻如此慘烈，完全是「世界大戰」的水準。我國兵法發達，這是基本背景。

兵法是用流血的經驗換來的。

前述這段，我們應該做一點解釋。我們先談《孫子》的車制和乘法。這裡提到兩種戰車。「馳車」一詞，古書少見，似乎只見于《管子·七臣七主》、《孫子》佚文（《通典》卷一五九引「吳王孫武九地問」佚文）和《吳子·勵士》。從字面含義看，是一種比較輕便、利於馳擊的戰車。「革車」，古書多見，《左傳》、《公羊傳》、《周禮》、《禮記》、《孟子》、《韓非子》、《呂氏春秋》，很多古書都有這個詞。漢唐舊注，都說革車是兵車，這點不會錯。如據孟子說，武王克商，就是用這種車（《孟子·盡心下》）。從字面含義看，革車可能是一種蒙皮的戰車。如郭璞就認為革車是皮軒，即一種蒙虎皮的戰車（《史記·司馬相如列傳》集解引）。這兩種戰車，革車的名稱更古老，當是本來意義上的戰車，但漢代已不大聽說，宋以來的革車是復古之作，當為另一回事。馳車是長轂車，是改進過的新型戰車。馳車輕便，利於攻；革車笨重，利於守，各有各的用途。

這段話，曹注的解釋並不對。他注這一段，影宋本《魏武帝注》和宋本《十一家注》不同，古書引用也不同，有些錯字，我在《〈孫子〉古本研究》中做過整理。他說，馳車是輕車，革車是重車。如果前者是輕型戰車，後者是重型戰車，這個說法可以接受。但他說的不是這個意思。他的說法，是出自《司馬法》，不是今本，而是佚文。他是把馳車當《司馬法》的「輕車」、革車當《司馬法》的「重車」。「輕車」，古書多見，例如《左傳》、《周禮》、《管子》、《司馬法》、《六韜》都有這個詞，《孫子．行軍》和銀雀山漢簡《孫臏兵法》也有，漢代或更晚，還在用。重車，是輜車，也簡稱輜或重。輜車、輜重或輜、重，古書也多見，漢代或更晚，還在用。我們不應忽略的是，《司馬法》的車，輕車是戰車，重車是輜重車，後者也叫「輜輦」（簡稱「輦」，夏稱「余車」，殷稱「胡奴車」）。古書中的馳車、輕車、革車都是馬拉的戰車，用以載人；重車是牛拉的輜重車，用以載兵器、衣裝、糧秣。革車絕不是重車。

中國古代的軍用車輛分兩大類。一類是馬車，一類是牛車。馬車，通常用四匹馬拉，四馬駕一乘，稱為一駟或一乘，只載人，不拉貨，跑得快。比如這裡講的「馳車千駟」、「革車千乘」，就都是馬拉的戰車。牛車，通常用一頭牛拉，專負重，不載人，走得慢。比如本篇下文的「丘牛大車」，就是後一種。前者叫小車，後者叫大車。《論語．為政》不是說「大車無輗，小車無軏」嗎？包咸注：「大車，牛車。」、「小車，駟馬車也。」邢昺疏：「云『小車，駟馬車』者，《考工記》兵車、田車、乘車也，皆駕駟馬，故曰駟馬車也。」駟馬車，不光是戰車。打獵的車、平常坐的車，也都是駟馬車。古人服牛乘馬，把這兩種動物馴化，用它們駕車，什麼時候才有，是考古學家熱中的大問題，也是軍事史上的大問題。車的發明，關鍵是輪子。曳車，可以靠牛靠馬，或其他動物。牛的馴化在前，馬的馴化在後。牛車比馬車發明早。西語，一般的畜力車只叫 cart，牛車是 ox cart，用作戰車的馬車才叫 chariot。馬車的重要性，是它的速度、機動性和衝擊力。它在軍事上的應用，太重要。馴化馬和馬車，最早是出現於中亞。戰車，西亞、埃及、希臘、羅馬都有。大家都有過車戰時代。騎兵的崛起是在後來。我國文獻，傳說薛人的祖先奚仲發明車，商人的祖先相土發明乘馬，王亥發明服牛（《世本．作篇》），時間都在

圖一九　牛車：甘肅武威雷臺漢墓出土的模型

夏代。但馬車，考古發現，目前最早，是商代晚期的車，更早的發現還沒有；牛車，情況不清楚，（圖一九）。偃師商城發現過車轍，有人認為是馬車留下來的痕跡，但也有人認為，這是牛車，即輇車（用無輻木制車輪運行的車）留下來的。[6]對於探討這一問題，有件銅器值得注意，西周晚期的師同鼎（圖二〇）。其銘文，是記周人和戎胡之間的戰鬥。周方的軍官叫師同，他的繳獲物中，有兩種車：馬車和牛車。馬車叫「車馬」，牛車叫「大車」。這是馬車和牛車共用於戰爭的絕好例證。[7]

下文「破車罷馬」是馬車，「丘牛大車」是牛車。

古代戰車，一般都是四匹馬，三個人。但也有例外：一人、兩人或四人。普通兵車，左邊的人叫「車左」，執弓矢；中間的人叫「車御」，執轡；右邊的人叫「車右」，執戈矛。三人衣甲，稱「甲士」，甲士的頭子叫「甲首」。軍帥之車，車御在左；軍帥居中，執桴鼓；車右在右。這是車兵。車兵的泛稱是「士」。「士」還包括車下的七名甲士。甲士十人，包括帶甲的步兵。這種戰鬥人員，都是貴族武士。還有一類步兵，一般叫「徒」。「徒」，本來是賤役之稱。他們隨甲士出征，主要是當牛倌馬夫，古人叫「廝徒」、「廝馭」、「徒御」，曹注叫「廝養」，現在叫飼養員。其他雜活也有分工，汲水打柴，曹注叫「樵汲」；燒火做飯，曹注叫「炊家子」，現在叫炊事員；保管被服，曹注叫「固守衣裝」。這些人是勤務人員，專幹各種雜活，地位很低。「卒」是類似名稱，也是在兵車後面，給貴族跟班跑腿。他們也叫「步卒」、「徒卒」，偶爾還叫「徒兵」或「步兵」。

「帶甲」是穿甲戴胄的車兵和步兵（圖二一）。甲，是用來保護身體；胄，是用來保護頭部。

早期乘法，士徒混編，經常合稱，但士是士，徒是徒，完全是兩類。士是車兵（包括車上車下）和帶甲步兵。徒是甲士以外的隸屬步兵，不穿甲戴胄。後者沒有受過專門的軍事訓練，屬於「正卒」以外的「羨卒」，只是輔助性的戰鬥人員和勤務人員，古書叫「白徒」（最近發表的上博楚簡《曹沫之陳》，其中也有這個詞）。春秋晚期，軍事變化帶來社會變化，徒卒數量激增，重要性上升，成為獨立的兵種，原來身分很低的人，也鹹魚翻身，成了正規士兵。這種士兵也穿甲戴胄，雖然還叫徒卒，性質已迥然不同。

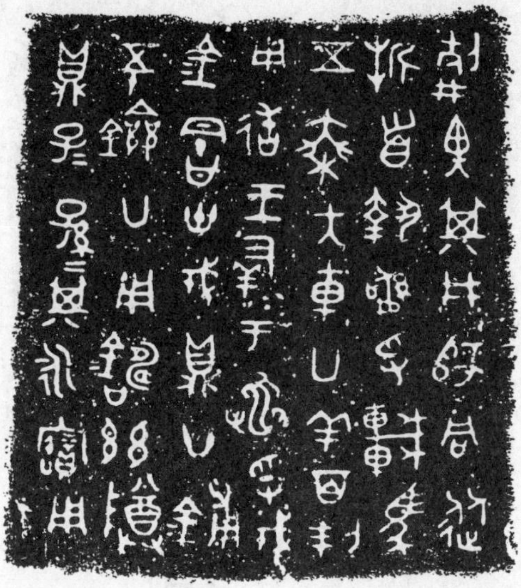

圖二〇　師同鼎銘文：第二至第三行提到「車馬五乘，大車二十」

古書中的「徒」，基本含義是「步行也」，引申義是「步卒」、「步兵」或「從車者」、「輦者」、「步挽輦車（輜重車）」；[8]「卒」，與「衣」同源，其基本含義是「隸人給事者」，即徒隸。還有一種解釋是這種人的衣服（《說文解字．衣部》）。軍事學含義的「卒」與「徒」相似，不但可以當「步卒」、「從車者」講，還可連言，稱為「徒卒」。但「卒」和「徒」有一點不同，它是軍隊編制的單位。這種「卒」，一般釋為「眾」，有可能是「倅」的借字。「倅」是副貳之義，表示從屬關係，字亦做「萃」。國之副貳可稱「卒」，車之副貳可稱「卒」，

6 上引王海城《中國馬車的起源》。
7 李零《「車馬」與「大車」（跋師同鼎）》，收入《李零自選集》，桂林廣西師範大學出版社，一九九八，頁一二四—一三〇。
8 宗福邦等《故訓匯纂》，北京商務印書館，二〇〇三，頁七四七—七四九。

圖二一　帶甲

(一)曾侯乙墓出土的革冑、革甲(示意)
(二)秦始皇陵兵馬俑坑一號坑出土的武士俑

人之副貳也可稱「卒」。「萃」有集聚之義，也與「徒」訓眾相似。[9]

古代乘法，主要分兩大類，一類是早期的十人制，一類是晚期的百人制。十人制是什伍之制：十人為什，五人為伍，一個什包括兩個伍。這種制度，用過很長時間，整個西周和春秋早期，可能主要是這種乘法。後來的軍制，什伍是最低兩級。百人制則是卒兩之制：一百人為卒，二十五人為兩，一個卒包括四個兩。兩即輛的本字。後來的軍制，卒兩是高於什伍的兩級。《司馬法》佚文，有兩種乘法，一種是按井、通、成、終、同、封、畿的制度徵發軍役，規定是「革車一乘，士十人，徒二十人」，這種制度，不計徒卒，只計甲士，屬於十人制。加上徒卒，也只有三十人。這是比較古老的制度。另一種是按井、邑、丘、甸、縣、都的制度徵發軍役，車分兩種，一種是「戎馬」駕的「輕車」，也叫「長轂」，屬於戰車；一種是「丘牛」駕的「重車」，屬於輜重車（參看《形》篇講義的最後一章）。輕車，配戰士七十五人，包括車上的甲士三人，車下的步卒七十二人；重車，配勤務人員二十五人，包括炊家子（炊事員）十人，固守衣裝（衣物保管員）五人，廝養（飼養員）五人、樵汲（打柴汲水的人）五人。如果光算戰鬥人員，是七十五人制，加上勤務人員，則是百人制。百人制是比較新潮的制度。它的四個兩，怎麼配戰車，參考曹操《新書》的佚文（詳下），估計是前後左右，每一面各一兩，直接作戰的三個兩，一個在戰車前，一個在戰車左，一個在戰車右；勤務人員的一個兩，是跟在輜重車的後面。

曹注解釋此章，是引《司馬法》的十人制為說。他說，馳車是馬車，配戰鬥人員（步兵）十人，勤務人員五人；革車是牛車，配勤務人員三人。我們用這個數字乘一千，只有一萬八千人，遠不足十萬之數，顯然不對。但宋張預注引曹操《新書》有另一解釋，則是引《司馬法》的百人制為說。他把馳車叫攻車，革車叫守車，兩叫隊，說攻車的前、左、右，各有一隊，共七十五人；守車殿後，有二十五人。這個數字乘一千，可符十萬之數，比較合理。但上面說過，革車不是輜重車。如果不是輜重車，這裡的「帶甲十萬」就應該是配兩千輛。實際情況

[9] 同前，頁二七五—二七八。

可能是，兩種戰車，馳車在前，革車在後，兩車前後各一兩，兩車左右各一兩，其中並不包括輜重車。輜重車是尾隨大部隊之後。齊國軍制，管仲制軍，有所謂「小戎」（《國語．齊語》、《管子．小匡》）。小戎是兵車的別名。這種小戎是五十人，相當兩個兩。我懷疑，也有可能，這裡的一百人是兩輛戰車各五十人，即一輛戰車配一小戎。

「千里饋糧」，很遠，十萬人要吃飯，是大事。這是講軍隊開拔後的補給，屬於下文說的「遠輸」。下文所說「用兵之害」的頭一條，就是講這個問題。

「內外之費」，「內」是國內，「外」是國外。包括以下所有的開支。

「賓客之用」，「賓客」是外交使節。這裡是指用於間諜和外交的巨大開支。兩者都是穿梭於內外。自古以來，外交和間諜就有不解之緣。這是第一項開支。

「膠漆之材」，膠漆是修繕戰車、兵器之柄和弓弩的主要材料。這是第二項開支。

「車甲之奉」，戰車和甲冑，要不斷補充。這是第三項開支。

《考工記》講古代工藝，有五大類三十個工種，其中三分之一，都與軍事直接有關。如屬於攻木之工的輪人、輿人、輈人、弓人、廬人、車人、梓人（輈人是多出來的），屬於攻金之工的冶氏、桃氏，屬於攻皮之工的函人，屬於刮摩之工的矢人。輪人、輿人、輈人、車人和製造戰車有關：輪人做車輪，輿人做車箱，輈人做車轅，車人負責整體組裝。冶氏、廬氏和製造戈、殳、戟、矛有關：冶氏鑄其刃（銅刃），廬人制其柲（積竹為柄）。桃氏管鑄劍。弓人、冶氏、矢人、梓人和製造弓矢有關：弓人做弓，冶氏鑄矢，矢人負責對矢打磨加工，梓人做侯，侯即練習射箭的箭靶。函人做皮甲。其中沒有提到冑和盾。

古代工藝，戰車最複雜，「一器而工聚焉，車為多」。《司馬法》佚文說，古代的輜輦（輜重車）要攜帶斧、斤、鑿、梩（耜）、鋤、版、築，就是為了修車和挖工事。

「日費千金」，亦見《用間》篇，是講每日的開支。我計算過，當時的「千金」是三百七十四公斤重的銅。

古人常以「千金」形容價值很高，如「一諾千金」，後人還把富貴人家的女孩稱為「千金」。這裡是極言其多，不一定是精確數字。

「然後十萬之師舉矣」，是講軍隊開拔，兵出於境。上一篇，〈計〉篇是講廟算。廟算是代表政府決策。計在廟堂上定了以後，下面的事是軍隊開拔，越過邊境，進入敵國。當時的戰爭，也和現代的帝國主義戰爭一樣，都是到別國去打仗。仗一定要到外國打，打仗是為了國家安全。〈火攻〉篇叫「安國全軍之道」。窮人的大問題是吃飯，富人的大問題是安全。美國最富，安全問題最大。它擁有十二個航母戰鬥群，七百多個軍事基地，軍費占全球軍費總開支的百分之四十七。

從內到外，從廟堂到戰場，一切戰略決策，都要投入戰鬥，才見分曉。每一步都有每一步的計算。廟算，只是預算。帳要一筆一筆算。結算還在後面。前面，我們已經講過，廟算之前，廟算之後，戰爭的準備，還有很多環節，此書沒有講，但我們要心裡有數。

廟算之前，最重要，是古代的軍賦制度和演習訓練。前者即「算地出卒之法」。一個國家，它有多少地，打多少糧，養多少人，出多少兵，這是〈形〉篇還要談的問題。此章講出車出卒的制度，就和這個問題有關。古代作戰，主要靠陣法。所謂訓練，主要是藉田獵演習陣法。田獵，是把野獸當假想敵。戰爭跟打獵有密切關係。獵人都是男人，戰爭也是男人幹的事。這種訓練，古人叫「蒐狩」，也叫「大閱」或「校閱」。漢唐以來，也叫「校獵」。主要是讓士兵演練坐做進退，熟悉旌鼓旗幟和各種號令。今天，世界各國，甭管多先進，當兵的都要練「稍息立正」、「向右看齊」和「正步走」，就是這類演習訓練的制度遺產和精神象徵。《公羊傳》桓公六年記魯國大閱，何休注說，步兵訓練要每年一次，車兵訓練要三年一次，步兵、車兵演習協同作戰要五年一次。當時，訓練軍隊很費時間，沒有五年不行，孔子甚至說，要用七年（《論語．子路》）。可見，武備是時刻準備，長期準備。孔子說，用沒有訓練的軍隊打仗，等於讓士兵送死（同上）。

廟算之後，比較重要，是拜將授算和授甲授兵。出兵之前，還有禡祭和誓師的活動。大家可以看一下《六韜・龍韜・立將》、《淮南子・兵略》，還有《太白陰經》的卷三〈雜儀・授鉞〉和卷七〈祭文〉。這裡面，選將最重要。〈計〉篇「計利以聽」的「聽」，關鍵就是將。

還有，廟算之前和廟算之後，都有伐交，即外交戰。外交很重要。伐交成功，弱國，可藉他國之手，消弭戰禍；強國，可以通過打招呼，去其交援，聯合制裁，形成包圍，陷對手於孤立。戰國縱橫家，就是專門幹這種事，《戰國策》就是專門講這種事。最近，美國的幾次戰爭，開戰前，都有穿梭外交。你一看政治家、外交家全球各地亂跑，到聯合國遞交提案和投票表決，就知道戰雲密布，快要打仗了。戰爭期間和戰爭結束前，也都有外交活動。

此篇是講野戰，但並沒有具體講野戰怎麼進行，重點是講戰爭動員，前提是我剛才講的一系列制度。用兵之害的頭一條就是費錢。

費錢，是一種簡單的說法，其實是各種資源的消耗。首先，是人力資源的消耗，當兵的在前線賣命，老百姓在國內種地和在運輸線上賣力。其次，是物質資源的消耗，如糧食的消耗、兵器的消耗、外交的開支、間諜的開支。古代財政，養官養兵，主要靠糧（也包括一部分錢）；其他，主要靠錢。如收買間諜、招待賓客、修繕兵器，都是靠錢。《漢書・食貨志》的「食貨」，是古代財政的兩大支出，這裡叫「國用」，就是這兩樣。從經濟學的角度講，糧也可以折成錢。它的開支有多大？「日費千金」。

兵力的後面是國力，沒錢不能打仗。這是戰爭經濟學。戰爭的財政支持，即使今天，也是頭等大事。

【二・二】

其用戰也，勝久則鈍兵挫銳，攻城則力屈。久暴師則國用不足。夫鈍兵挫銳，屈力殫貨，則諸侯乘其弊而起，雖有智者，不能善其後矣。故兵聞拙速，未睹巧之久也。夫兵久而國利者，未之有也。

此章是講耗時。這是「用兵之害」的第二條。

「其用戰也，勝久則鈍兵挫鋭」，大家要注意，不要把「勝」字放到上一句，「勝久」是一個詞，意思是靠持久取勝。

「雖有智者」，簡本作「雖知者」。「知者」等於「有智者」。「雖有智者」不是說雖然有智慧的人，而是說即使是有智慧的人。

春秋時期，野戰都是速戰速決，一天之內見分曉，曠日持久的戰役少，攻城也少，有時是圍而不攻。如西元前五九五到五九四年，楚國圍宋，長達九個月，宋人沒飯吃、沒柴燒，只好「易子而食，析骸以爨」（《左傳》宣公十五年），是時間最長的例子。但戰國時期，這種例子多起來。比如齊、魏、韓敗楚的垂沙之役和趙滅中山的戰役，前者三年，後者五載。《孫子》講的戰爭到底有多長，〈作戰〉篇沒說，但〈用間〉篇說了，是「相守數年，以爭一日之勝」，可見很長。這樣長的戰爭，春秋時期好像還沒有，比較像是後起的特點，戰國時期的特點。先秦古書多出於後人整理，這種情況不足怪。

野戰，如果不是速戰速決，而是靠拖延時間，不但對野戰本身不利，還對下一步的攻城造成影響：攻城時，力量不夠使；久拖不決，暴師於外，國家內部，也財政崩潰。打仗和花錢有關。打仗最花錢，要算經濟帳。「鈍兵挫鋭」，耗的不僅是時間，還是人力和金錢。時間也是金錢。「屈力殫貨」的「力」是人力，「貨」是金錢。錢都花光了，四鄰的國家，都在旁邊偷著樂，將「趁其弊而起」，再聰明的人也沒法替你擦屁股。

作者的結論很簡單，「兵聞拙速，未睹巧之久也」，即軍事上，真正管用的東西，只有老老實實的快，沒有聰明機靈的慢。

【二·三】

故不盡知用兵之害者，則不能盡知用兵之利也。善用兵者，役不再籍，糧不三載，取用於國，因糧於敵，故軍食可足也。國之貧於師者遠輸，遠輸則百姓貧；近師者貴賣，貴賣則百姓財竭，財竭則急於丘役。（力屈）（屈力）（財殫）中原，內虛於家。百姓之費，十去其（七）（六）；公家之費，破車罷馬，甲冑矢弓，戟楯矛櫓，丘牛大車，十去其（六）（七）。故智將務食於敵，食敵一鍾，當吾二十鍾；𦮼稈一石，當吾二十石。故殺敵者，怒也；取敵之利者，貨也。車戰，得車十乘以上，賞其先得者而更其旌旗。車雜而乘之，卒善而養之，是謂勝敵而益強。

此章和下一章是講「用兵之利」。主要是兩條對策，一條是搶，一條是快。這裡先講第一條：搶。搶是不太好聽的說法，其實是取敵之利，就地補充。

戰爭是最大的消耗，人和牛馬，要吃糧草，馬車、牛車，甲冑弓矢、戈矛劍戟，少一樣是一樣。一切補充，如果都取之於自己的國家，是很大的開銷，怎麼辦？作者說，再從國內徵發，不好；就算徵上來，長途運輸也是問題。最好的辦法，還是取之於敵。兵役和糧草的徵發，最好是一次解決問題。不徵也不運。一旦開進敵境，什麼都就地解決，沒有糧草，沒有武器，「自有那敵人送上前」。

克勞塞維茲討論給養，分四種：一是到老百姓家派飯、蹭飯，叫「屋主供養或村鎮供養」，只能湊活幾天；第二是「軍隊強徵」，可以多吃一陣兒；三是「正規徵收」，支撐的時間更長；再長，就得依靠「倉庫供給」。[10]第一種，春秋時期常用，打仗時間很短，打完了，搓一頓，當時叫「館穀」（《左傳》僖公二十八年）。這裡的辦法是第二、第三種。拿破崙的辦法，是前三種。法國革命，國庫沒糧食，只能就地解決給養。他的辦法反而成為一種革命成功的辦法。此法的優點是速戰速決，缺點是打得起、拖不起，一打俄國，就暴露出來了。

（一）糧草

打仗，人要吃糧食，馬牛要吃草料。兵馬未到，糧草先行。這一條很重要。

古代軍賦，兵員、車馬是主要徵集對象。比如《司馬法》佚文講的兩種出軍制度，就是如此。它們都沒提糧草。但春秋晚期以來，因為戰爭規模擴大，戰爭時間延長，糧草的問題愈來愈重要。

「役不再籍，糧不三載」，這兩句話就是講軍賦。「役」是徵發人力，「籍」是註冊。古代民戶要註冊，士兵也要註冊。士兵註冊，照例要登記姓名、籍貫，寫上某人來自某某郡某某縣某某里，這叫「伍籍」。「役不再籍」，是說國內徵的兵，是多少兵，就是多少兵，不用再抓壯丁。「糧不三載」，則是說糧食不用再運輸。「再」、「三」不是實際數目，只是表示不要多次徵發。

春秋末年，魯國有一件大事，西元前四八四年，季孫氏想在魯國推行田賦，即以田為徵發單位，徵收軍賦，賦斂比較重。田是一井之地九百畝。事先，季孫氏派他的管家，孔子的學生冉有，徵求孔子的意見。孔子不滿，有尖銳批評。原文是「先王制土，籍田以力，而砥其遠邇；賦里以入，而量其有無；任力以夫，而議其老幼。於是乎有鰥寡孤疾，有軍旅之出則征之，無則已。其歲，收田一井，出稯禾、秉芻、缶米，不是過也。先王以為足。若子季孫欲其法也，則有周公之籍矣；若欲犯法，則苟而賦，又何訪焉！」他說的先王之法，應該出自當時還在的「周公之典」（見《春秋左傳》哀公十一年）。他說，「周公之籍」是量力而徵，遠近、有無、老弱、鰥寡孤獨都要斟酌其宜，打仗才徵，不打仗不徵。

撇開草料不談，光說吃飯，我們講一下，一井出十六斗米是什麼概念。

首先，我們要知道，古代的「算地出卒之法」，一井九夫，不管十家出一個兵，七・六八家出一個兵（均見

10　克勞塞維茲《戰爭論》，第二卷，頁四三六—四五三。

《司馬法》佚文），一井頂多出一個兵，這十六斗米，差不多也就是一個士兵最多可能擁有的軍糧。

其次，據《墨子．雜守》，古代士兵，每頓飯的標準分五等：半食：二分之一斗；參食：三分之一斗；四食：四分之一斗；五食：五分之一斗；六食：六分之一斗。

當時的士兵，每天吃兩頓飯。每個士兵，定量最高，一天吃一斗；最低，一天吃三分之一斗。十六斗米，最多能吃四十八天，最少能吃十六天，平均下來，也就是一個月的口糧。

西周時期，春秋早中期，戰爭規模小，時間短，這點糧草也就夠了。但照《孫子》講的「凡用兵之法」，十萬口人吃飯，八千匹馬吃草（還沒算牛），恐怕不行。所以，第二年一開春，季氏還是老主意，他在魯國推行了按田徵賦的制度（《春秋》哀公十二年、《左傳》哀公十二年》）。

這裡提到「丘役」。丘役就是「丘賦」（《左傳》昭公四年）。上面說過，《司馬法》佚文講軍賦，有兩種出賦之法，都是「算地出卒之法」。一種是按井、通、成、終、同、封、畿出賦，屬十進位；一種是按井、邑、丘、甸、縣、都出賦，屬四進制。丘賦是後一種。它是從丘這一級出牛出馬，從甸一級出車出士徒，並包括甲、盾、戈等兵器。丘出的牛馬叫「匹馬丘牛」（《司馬法》佚文），丘出的甲叫「丘甲」（《春秋》成西元年）。丘賦的制度是什麼時候出現？現在還不太清楚。至少春秋中期的晚段已經有。《司馬法》中有這種制度，《孫子》中也有這種制度。下一講，我們還要談。西元前五九〇年，魯「作丘甲」；西元前五三八年，「鄭子產作丘賦」，也是這種制度。

下面有兩筆帳，一筆是國家的花費，一筆是百姓的花費。

國家窮是窮在兩件事：「遠輸」和「貴賣」。「遠輸」，就是上文的「千里饋糧」。「貴賣」是糧價貴。「近師者貴賣」，是講軍市。軍市，是設於軍隊所到之處。軍隊所到之處，糧價會上漲。這兩件事，不僅使國家破費，老百姓也傾家蕩產。

西周銅器兮甲盤已提到「軍市」（圖二三）：

王命甲，政司成周四方積，至於南淮夷。淮夷舊我帛畝人，毋敢不出其帛、其積、其進人。其貫，毋敢不即次即市。敢不用命，則即刑撲伐。其雖我諸侯百姓，厥貫毋不即市，毋敢或入蠻宄，貫則亦刑。（釋文用寬式。積：原作責；帛，原從白從貝；刑，原作井；雖：原作隹。）

《商君書．墾令》也提到「軍市」：

令軍市無有女子，而命其商，令人自給甲兵，使視軍興。又使軍市無得私輸糧者，則奸謀無所於伏，盜輸糧者不私稽，輕惰之民不遊軍市。盜糧者無所售，送糧者不私〔稽〕，輕惰之民不遊軍市，則農民不淫，國粟不勞，則草必墾矣。

圖二二　兮甲盤銘文：第八行提到「毋敢不即睞（次）即市」

「屈力中原」，這個地方，我做了一點校勘。「中原」，是指原野之中，不是指「中原國家」的「中原」。「公家」，是對「百姓」而言。古人說的「公家」都是指官家，比如「公田」就是官田，「公糧」就是官糧。人類自有私有制，「公」都是官，「私」都是民，所謂「大公無私」，經常都是「只許官家放火，不許百姓點燈」。「十去其六」和「十去其七」，簡本和今本正好相反，這裡是據簡本。國家比百姓，花得更多一點。

作者說「役不再籍，糧不三載」，不從國內徵兵，不從國內運糧，怎麼辦？只能就地補充。搶，過去不願講。大家說，孫子這麼偉大，怎麼可以搶？宋儒糟蹋孫子，他們也說，這不跟秦人一樣？那是虎狼之兵啊！我們讀《孫子》，佩服，但這條否定不了。否定這條，後面還有。日本侵略中國，有「三光政策」：殺光、燒光、搶光。燒殺搶掠，強姦婦女，這是本來意義上的戰爭。西文的 rape（強姦），本義就是搶：搶錢搶東西也搶人。現代強國都是搶國，不搶不強。張純如的《南京大屠殺》，英文名是 The Rape of Nanking，就是用這個詞。孫子時代，都是到別國打仗，搶是正常，不搶是怪事。王者之師、霸者之兵，孟子、荀子喜歡講，那是理想，不是現實。宋儒糟蹋《孫子》，他們都注意到這一點。《孫子》主張掠敵繼食，這是白紙黑字，寫在紙上。〈軍爭〉有「侵掠如火」、「掠鄉分眾」，〈九地〉有「重地則掠」、「掠於饒野」，四個「掠」字，足以說明問題。作者主張「務食於敵」，好處是沒有運輸成本，便宜。吃敵人的糧食一鍾，等於國內的二十鍾；用敵人的草料一石，等於國內的二十石。可見運輸成本很高，高達二十倍。「鍾」，是齊量的最高一級，姜齊的鍾和陳齊的鍾不一樣。姜齊量制是四進制：四升為斗，四斗為釜，十釜為鐘。這種量，比較小。陳齊量制，是每四進，加一位，變為五進制。姜齊量器用四進制，好處是可以等分再等分，比如方升，一分四份，便於幾何切割。陳齊量制改成五進制，則是為了便於按十進位折算。兩種量制，「鍾」都是最高一級。古代為官吏發工資，是用祿米制，祿米分發，主要是用量器。軍人的口糧，即後世所謂軍餉，也這麼發。

（二）裝備

國家花錢，除了糧草，還有武器裝備。

一類是車：

(1)「破車罷馬」。是指馬車，包括上面說的馳車和革車。

(2)「丘牛大車」。是從丘徵發上來，用牛拉的輜重車。

這兩種車，上面已經談到。

另一類是單兵使用的各種武器和護具（請看後面的附錄）：

(1)「甲冑矢弓」。

(2)「戟楯矛櫓」。

甲、冑、盾、櫓是一類，都是防護性的裝備。甲，是用來保護軀體；冑，是用來保護頭顱；盾、櫓，也是用來遮蔽身體，特別是抵擋矢石。「矛櫓」，《十一家注》本作「蔽櫓」，「櫓」或「蔽櫓」都是長可蔽身的大盾。戟、矛、弓、矢是另一類，都是殺傷性的武器。戟，是戈上加矛，可以鉤啄，也可以擊刺；矛，只能擊刺。弓矢，則可以遠端射殺。「弓矢」，《十一家注》本作「矢弩」，弩是用弩機控弦的射具，殺傷性比一般的弓矢更大。

古代的兵器從哪裡徵發？《司馬法》提到的第二種軍賦，即丘賦，說丘甸不僅出車馬士徒，也出戈、盾。《春秋》說魯「作丘甲」，還有甲。

戰國以來，戰爭動員都是全面動員，男女老少齊上陣，特別是守城，就連囚犯也被用於戰爭，不但用於作戰，還被用來築城、舂米、鑄造兵器。戰國時期的兵器，很多都是由司寇監造（有銘文為證），司寇就是管犯人的。當時，很多國家都有用錢、實物或勞役抵罪的制度。當時用來抵罪的東西，經常是軍事裝備，如睡虎地秦律，就有用甲、盾贖刑的例子。

前述裝備，車最貴重。作者說，殺敵是靠兩樣：一樣是對敵人的憤怒，一樣是靠物質獎勵。奪取敵人的兵車，一定要獎勵，「車戰，得車十乘以上，賞其先得者而更其旌旗」。

（三）兵員

古代戰爭，除了搶，還有殺。很多戰爭都是斬草除根，男的都殺，女的都姦，老人和小孩也不放過。西周金文，就有「勿遺壽幼」這種話（圖二三）。不殺，弄回來當奴隸，算是比較聰明。秦尚首功，把人殺光，城是空城，地是白地，得地不得人，商鞅強調，要向東方移民，也是一種辦法（《商君書·徠民》）。這些都是笨辦法。戰爭，不殺人不可能，少殺行不行？這是大問題。

圖二三　禹鼎銘文中的話：勿遺壽幼（摹本）

古代戰爭，有種族問題、宗教問題、文化問題。敵人來了，不但殺人，還刨祖墳。被征服者做殊死搏鬥，不投降，降了也會叛。對待俘虜，經常是活埋。長平之戰，白起俘虜趙卒四十萬，除年幼的兩百四十人放歸，全部活埋（《史記·白起王翦列傳》）。李廣難封，據望氣專家王朔（與今文學家王朔同名）說，也是因為詐殺降卒八百人（《史記·李將軍列傳》）。

「車雜而乘之，卒善而養之」，後一句話不容易。古代戰爭，往往是血流漂杵，優待俘虜，收編俘虜，那是談何容易。現在，殺俘虜，違反日內瓦公約，大家覺得太殘忍，但俘虜太多，就是今天，也是難題。幾十萬人，吃住、醫療怎麼解決？更何況，白起說的「趙卒反覆。非盡殺之，恐為亂」，就是現代人，也害怕。糧食就地補充，武器就地補充，兵員就地補充。這些加起來，就是所謂「勝敵而益強」。

【二·四】

故兵貴勝，不貴久。

此章是講「用兵之利」的第二條：快。快就是速戰速決。戰爭的目的是勝，不是久。勝的意思，是把敵人打敗、打服，讓對方屈服於自己的意志。消耗不是目的，持久不是目的。侵略，客場作戰，都是利於速決，拖久了，打皮了，必然不利。二次大戰，德國有閃電戰，快才有便宜。打歐洲，快，順手。入蘇聯，拖久了，就吃虧。拿破崙倒楣是倒楣在俄國的冬天，希特勒也是，重蹈覆轍。毛澤東的持久戰，強調的是戰略持久。戰術，還是速決。

原文只有七個字，簡單明瞭。

【二·五】

故知兵之將，民之司命，國家安危之主也。

這段話，正好可與〈計〉篇開頭的那段話對比。為將者，不僅掌握著人民的死生，也掌握著國家的命運。司命，是天上的星官。《史記·天官書》說天上的文昌宮有六顆星，其中第四顆就是司命。司命是定人死生的神。文昌六星，還有司中（第五星）。司中也叫司過或司禍，則是計人罪過、定人壽數的神。前者是大司命，後者是小司命。天上一顆星，地上多少命。兵者不祥，十萬大軍的命都攥在一個將軍的手中，不可不慎。將軍就是這樣的神。這是本篇的結尾。

將軍殺人，醫生救命，都是司命。外科源於軍事，一邊殺一邊救。將軍殺人，不光殺對方，用對方的命換自己的命，就是自己這邊，也是用一批人的命換另一批人的命，真是「一將功成萬骨枯」。古代殺人，把人頭堆起來，叫「京觀」，也叫「髑髏臺」。這類傳統，史不絕書，近代還有。

日本也有這類東西，叫耳塚、鼻塚的地名很多。其中有個耳塚最有名（圖二四），在京都。豐臣秀吉殺朝鮮人，堆耳成塚，就在豐臣秀吉的神社外。塚旁有塊碑，說這是模仿《左傳》中的「京觀」，他為死者吃齋念佛，祈禱亡靈。日本學者陪我參觀，正好碰上一批韓國人，領頭的是和尚，他們高呼口號。原來，這是韓國的愛國主義教育基地。

俄國軍事畫家魏列夏庚（В. В. Верещагин），他參加過俄土戰爭，最後死於日俄戰爭。此人專畫戰爭場面，作有《土耳其斯坦組畫》，其中有一幅（圖二五），畫面上是個髑髏臺，叫《戰爭的祭禮》，作者的題辭很有意思，是「獻給所有過去、現在和未來的偉大征服者」，沙皇政府罵他，說他同情敵人。這是十九世紀的「京觀」。

圖二四　耳塚

圖二五　魏列夏庚《戰爭的祭禮》

◎專欄

春秋戰國的武器

武器分殺傷性和防護性。

殺傷性武器，在春秋戰國，主要是戈、矛、劍、戟、弓矢，還有殳、鈹和弩。

防護性武器，主要是甲胄和盾。

武器有長短，劍是短兵，戈、矛、戟、殳是長兵。長兵本身，也有長短。短者，只有一米來長，不足身高；長者，為身高的一倍半，甚至兩三倍，特別是車兵所用，長度必須超過馬頭，才能發揮實效。但長兵，很少超過身高的三倍。超過三倍就不好用了。這是近戰的武器。弓矢和弩則是遠端的武器。

（一）近戰的殺傷性武器

(1)劍（圖二六）。早期是匕首式短劍，來源是北方的草原地區，既是吃肉的餐具，也是護身的武器。劍和刀是一類，區別只在單刃和雙刃。古人所謂「輕呂」、「徑路」，就是這類刀劍。春秋末年，開始流行長劍。長劍，特別是質地精良的寶劍，反而出於南方，主要

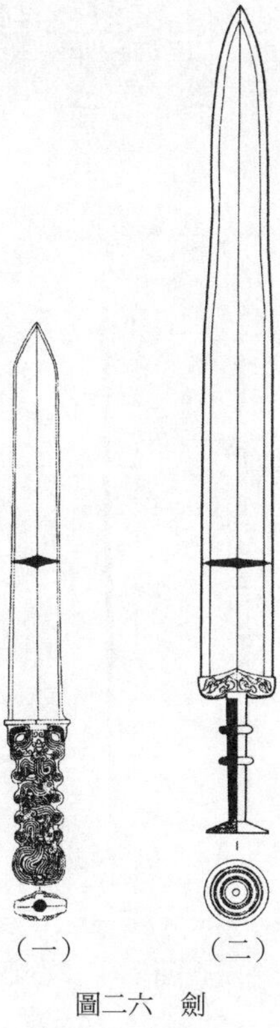

（一）　　（二）

圖二六　劍

（一）戰國早期鮮虞墓出土的短劍
（二）望山楚墓二號墓出土的長劍

是吳、越和楚。長劍出，短劍也不廢。長劍便於戰鬥，短劍利於護身，還可以搞恐怖刺殺，都是便於貼身使用的武器，故戰國秦漢，武士往往身佩刀劍。

(2)戈（圖二七（一））。戈是勾兵，類似農器中的長鐮。戈頭，商代的戈是一字形，前有鋒，下有刃（叫援），後有柄（叫內），類似短刀。周代的戈是丁字形，為了便於綁縛和固定，還增加了下垂的部分（叫胡）。

(3)矛（圖二七（二））。矛是刺兵，短矛叫鋋，長矛叫錟，丈八長矛叫矟，即曹操橫槊賦市的槊。矛頭，樣子變化很多，和矢鏃有類似性，可以比較研究。矛柄（叫柲）和戈柄（也叫柲）不同，戈是弧線打擊，和斧柄一樣，只有做成扁的，才利於控制鋒刃打擊的方向，矛只用於刺，柄是圓的，才方便。

(4)戟（圖二七（三））。戟是戈、矛合一的器物。戈、矛可以分鑄，也可以合鑄，還有把多個戈頭裝在一個柄上的例子。戟矛叫刺。戰國晚期，戟的戈部，援、內左右上揚，都有刃，叫雞鳴戟。戈、戟是和車戰匹配，很有中國特色，但車戰式微，隨之衰亡，《武經總要前集》沒有這類武器。

(5)殳（圖二八）。屬於棒類，後世叫棒（《武經總要前集》卷十三）。它分三種，一種有錘狀的銅箍和上出的矛刺；一種也有這兩樣，但錘狀銅箍上還有旁出的刺，類似宋代的狼牙棒；還有一種完全不同，只有管狀的銅頭，曾侯乙墓的遣冊叫「晉殳」。

(6)鈹（圖二九）。是把短劍裝在長柄上，類似現代的刺刀，後世叫槍（《武經總要前集》卷十三）。鈹流行於戰國時期，南北方都有，尤以趙、秦發現最多。這些發現，趙鈹無鐔，秦鈹有之，古人把有鐔的鈹叫鏦。

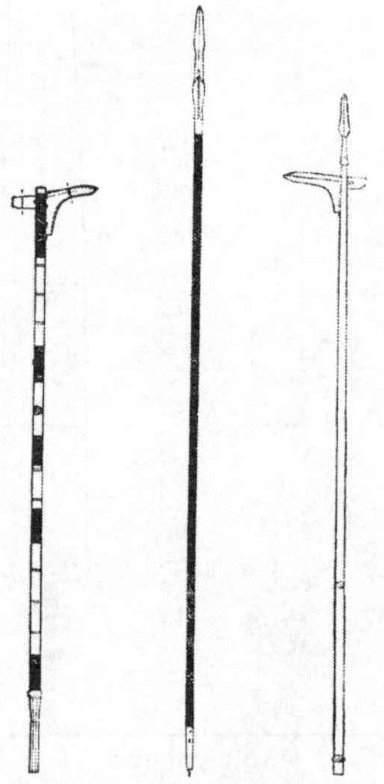

（一）　（二）　（三）

圖二七　戈、矛和戟

（一）包山楚墓二號墓出土的戈
（二）曾侯乙墓出土的矛
（三）六合程橋吳墓出土的戟

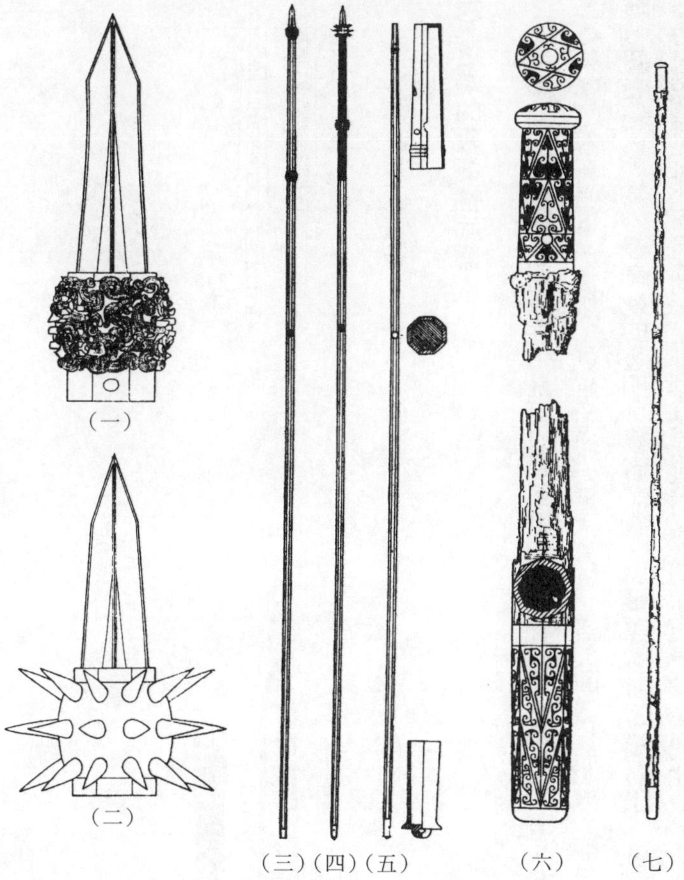

圖二八　殳

（一）曾侯乙墓出土（有鋒，不帶刺）
（二）曾侯乙墓出土（有鋒，帶刺）
（四）曾侯乙墓出土（一的全器）
（四）曾侯乙墓出土（二的全器）
（五）曾侯乙墓出土（無鋒）
（六）戰國中山王墓一號大墓出土（無鋒）
（七）戰國中山王墓一號大墓出土（六的全器）

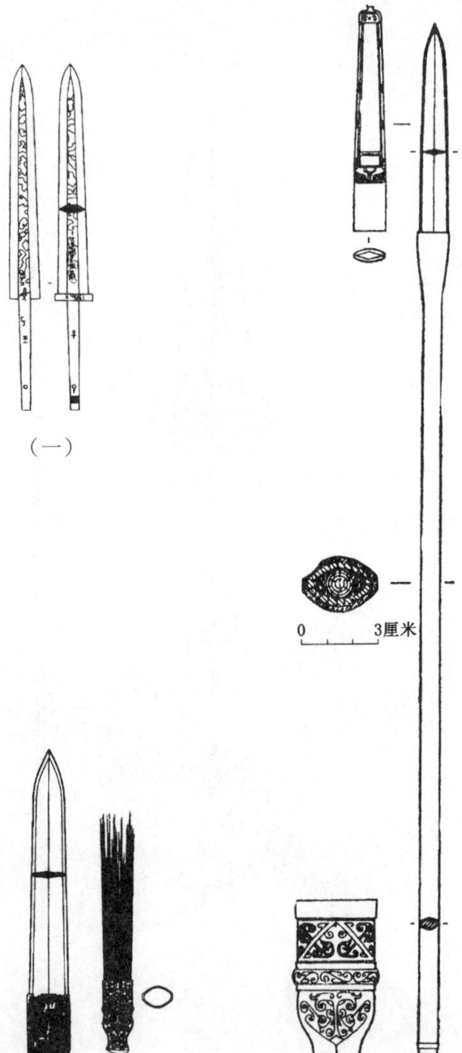

圖二九　鈹

（一）秦始皇陵兵馬俑坑一號坑出土
（二）長沙楚墓三一五號墓出土
（三）包山楚墓二號墓出土

（二）遠端的殺傷性武器

(1)弓矢（圖三〇）。古人叫長兵，是可以遠距離殺傷的武器。弓矢最古老，舊石器時代就有。木石是最古老的武器，弓矢就是木石並用（當然，更原始的矢是木矢）。盛矢的器具叫箙，盛弓的器具叫韜。

(2)弩（圖三一），是一種奇妙的發明，學者認為，可能是受捕獸器啟發。我國，西元前四世紀，弩已流行。這種武器的起源地，可能在亞洲，特別是長江以南。歐洲使用弩，年代比較晚，學者懷疑，是從亞洲傳入，早期線索，不太清楚，明確可考，是十、十一世紀的弩。這種晚期的弩，可能是從阿拉伯傳入。弩和弓不同，它有弩臂置矢，弩機控弦，望山瞄準。過去，武舉應試，要考張弓的臂力。但強弩，手拉腳踹肚子頂（即所謂蹶張），人力難以拉開，還使用帶絞車的弩床。弩床，可以用一個弩機控制多個弩弓，叫連弩。連弩，射程遠，準度高，對付北方民族的馬隊衝擊，特別有效。現代的槍，就是弩的後裔，準星等於望山，扳機等於鉤牙。[11]火器出現，騎兵衰落，正是這種反制武器的延續。

(3)鏃（圖三二）。鏃即箭頭，石器時代，所謂細石器，很多就是石鏃。青銅時代用銅鏃。後來，還有鐵鏃。鏃多種多樣，帶骹的，帶鋌的，有翼的，無翼的，雙刃的，三棱、四棱的，方的圓的，厚的薄的，各有各的用途。演習用的箭，前面是鈍頭，宋代叫撲頭箭。

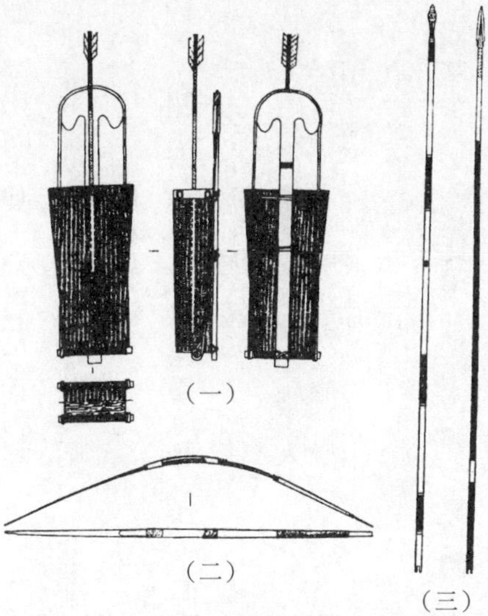

圖三〇　弓矢

（一）秦始皇陵兵馬俑坑一號坑出土的矢箙
（二）包山楚墓二號墓出土的弓
（三）曾侯乙墓出土的矢

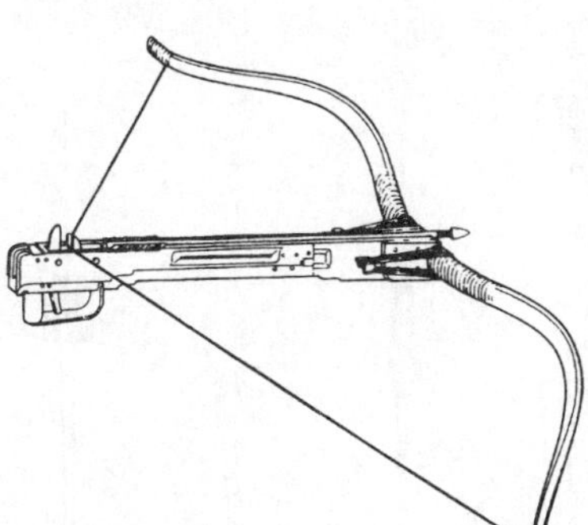

圖三一　弩：秦始皇陵兵馬俑坑一號坑出土

11 李約瑟主編《中國科學技術史》，第五卷，北京科學出版社，上海古籍出版社，二〇〇二，頁七六—一四二。這一部分的作者是麥克尤恩（Edward McEwen）。

（三）防護性武器

(1)甲（圖三三）。古代各國，都有自己的甲冑，大同小異。希臘、羅馬的步兵，分重裝步兵和輕裝步兵。重裝步兵，上身穿前後兩片的銅甲：胸甲和背甲，好像烏龜殼，小腿上有脛甲，比較笨重；輕裝步兵的甲，是用銅片綴合，比較輕便。這是最基本的兩種。羅馬人還使用鎖子甲，一般認為，這種甲是來源於凱爾特人，但更早的來源是斯基泰人。[12]它比第二種甲更輕、更適體。中世紀早期，歐洲流行鎖子甲，這是帶鑾風的甲，胡服的特點就是輕便。十四、十五世紀，情況轉回去，騎士又改穿笨重的盔甲，各種鐵制的盔甲（黑盔甲、白盔甲），把全身上下，每個部位都遮起來。[13]我國也有這三類甲：第一類，叫兩當鎧，最早的樣品是西周時期的。第二類，學者叫笴甲（用甲笴編綴，故名），發現最多。戰國秦漢，出土發現，主要是曾、楚二國的皮甲（即革甲）。革是古代護具的主要材料，人用，馬用，車也用。漢代的金縷玉衣，古人叫玉匣或玉柙，其實就是玉甲。鐵甲，也叫玄甲，類似西方的黑盔甲。鎖子甲，傳入甚早，三國叫環鎖甲，估計是從西方傳入；唐代叫鎖子甲，是從粟特進貢。另外，還有木甲、布甲和紙甲（南方，鐵甲容易長鏽，所以用這類甲）。[14]古人把多層的布或紙縫在一起，或壓塑成形，道理略同防彈衣。防彈衣，不是硬碰硬，而是以柔克剛，最高明。由於手製火器（槍）的出現，十

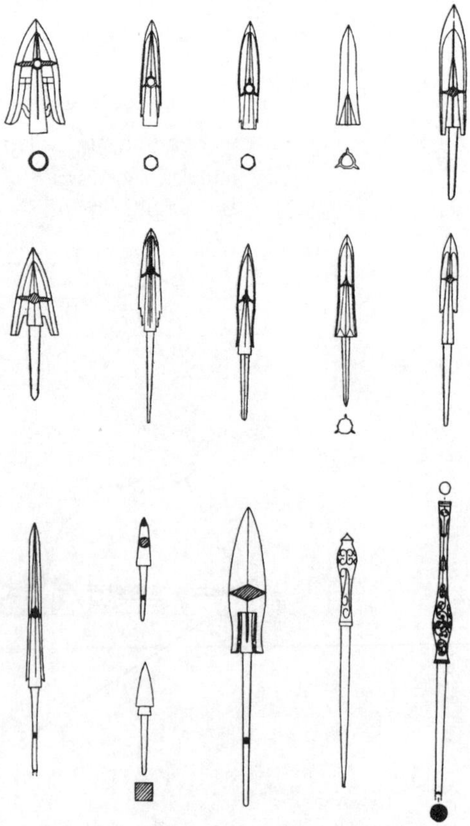

圖三二　鏃：葛陵楚墓出土

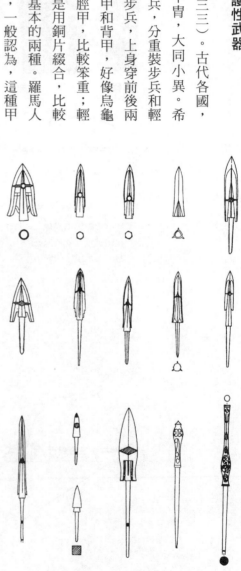

七世紀後，甲冑在歐洲被淘汰，除了宇航員，但第一次世界大戰發明鋼盔（helmet），第二次世界大戰發明防彈背心（bulletproof vest），還是盔甲（armor）的遺產。

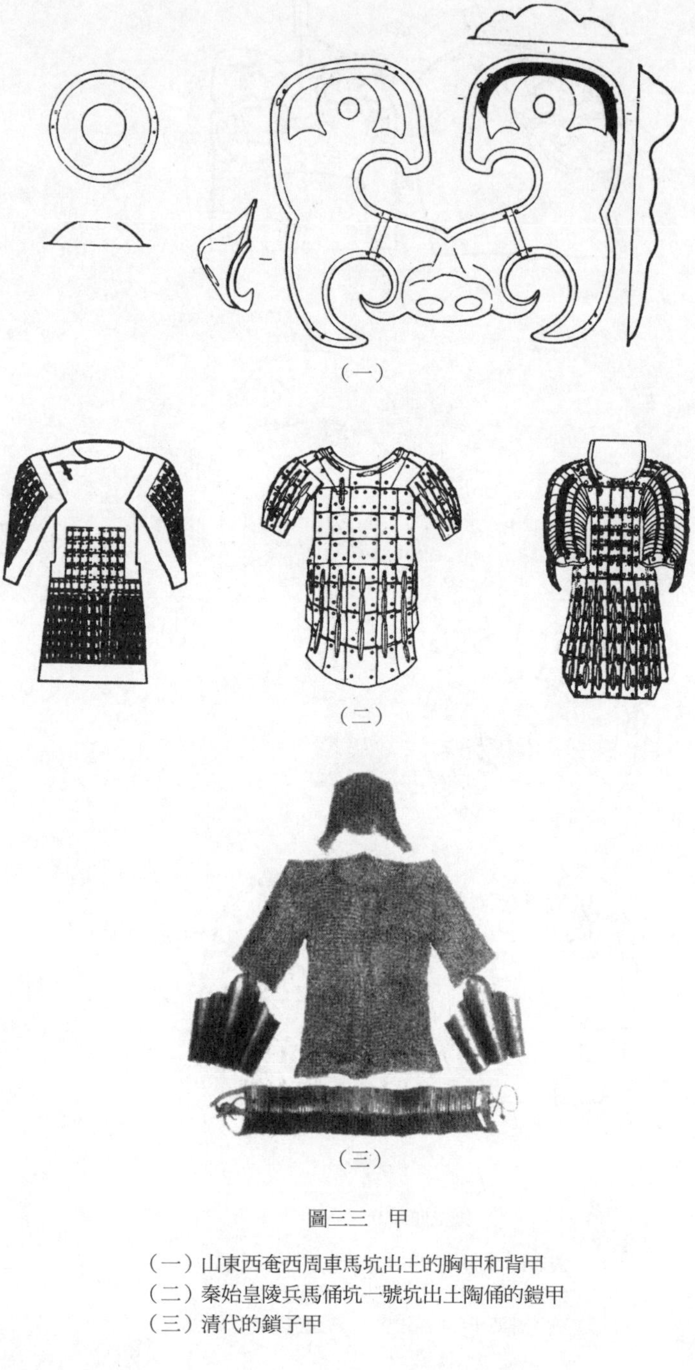

圖三三　甲

（一）山東西奄西周車馬坑出土的胸甲和背甲
（二）秦始皇陵兵馬俑坑一號坑出土陶俑的鎧甲
（三）清代的鎖子甲

12 馬冬、陶濤《鎖子甲的起源、形制及傳入中國》，《中國典籍與文化》二〇〇五年一期，頁一一四—一二二。
13 參看：三浦權利《圖說西洋甲冑武器事典》，謝志宇譯，上海書店出版社，二〇〇五。
14 參看：楊泓《中國古代的甲冑》，收入所著《中國古兵器論叢》（增訂本），北京文物出版社，一九八五，頁一—七八。

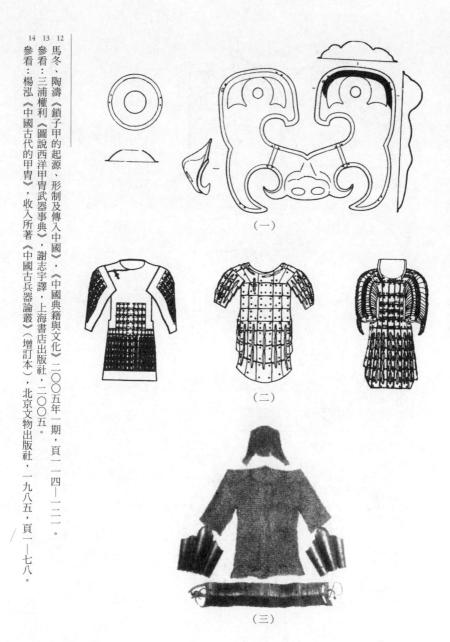

(2)冑（圖三四）。即後世的頭盔，[15]有銅冑、革冑和鐵冑。革冑和鐵冑，出土發現的冑，有些也是用甲笱綴聯。冑，也叫兜鍪。有學者認為，兜鍪是突厥系統的外來語。[16]

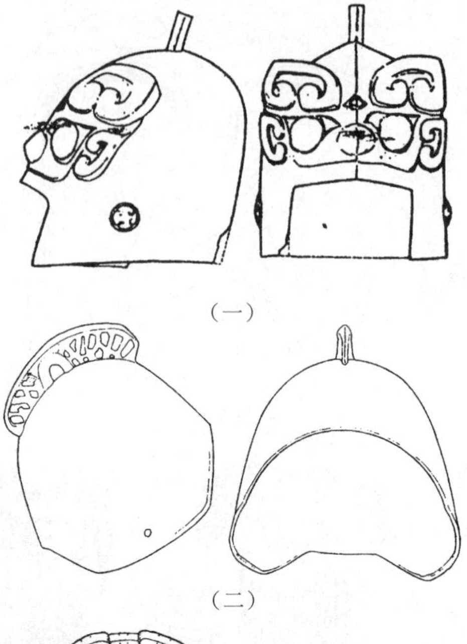

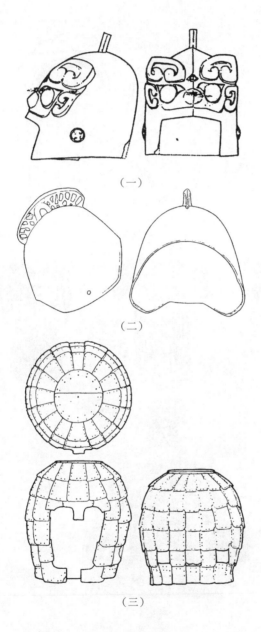

圖三四　冑

（一）殷墟侯家莊一〇〇四號大墓出土的銅冑
（二）北京昌平白浮二號墓出土的銅冑
（三）燕下都四十四號墓出土的鐵兜鍪

(3)盾（圖三五）。小者只能護臂，大者可以蔽身。長可蔽身的大盾，古人叫櫓。這種櫓和樓車、巢車類的櫓（詳下講）不同，古人叫蔽櫓（《六韜·龍韜·農器》）。攻城，冒矢石而上，小盾好。列陣對打，大盾好。盾，楚墓發現較多，如包山二號墓所出，分兩種，一種是木盾，高九十二釐米左右，類似宋代的步兵旁牌，但還不夠大；一種是革盾，高度只有前者的一半。長可蔽身的大盾，沒發現，但亞述宮殿的壁畫上有（圖三六）。盾，漢代也叫彭排（《釋名·釋兵》），漢鏡常把「四方」寫成「四彭」或「四旁」，《資治通鑑·晉紀三十八》胡三省注已經指出，彭排就是宋代的旁排。宋代，盾分兩種，一種長可蔽身，立在地上，叫步兵旁牌；一種施於臂上，叫騎兵旁牌（《武經總要前集》卷十三：頁二十三）。旁牌和旁排一回事。今人把盾叫盾牌，是合併盾、牌為一詞。盾牌，現在已退出歷史舞台，但防暴員警還用它，用防彈玻璃製成，躲在後面，可以看見前面。

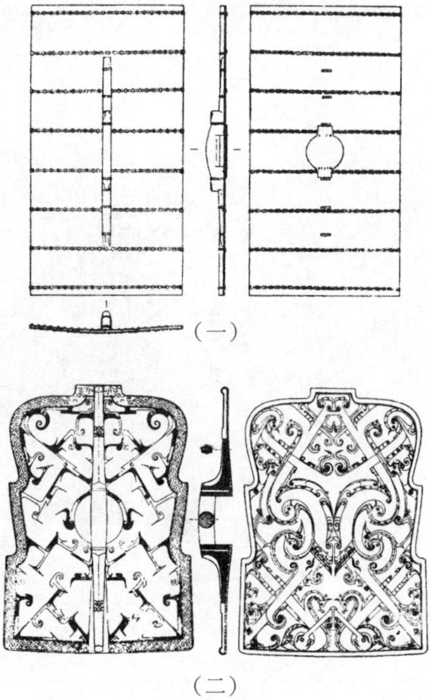

圖三五　盾

（一）包山楚墓二號墓出土的木盾
（二）包山楚墓二號墓出土的革盾

15 以盔稱胄，似乎很晚，主要見於宋以來的文獻，如《三朝北盟彙編》卷七九七。

16 岑仲勉《突厥集史》，北京中華書局，二〇〇四年重版，下冊，頁一〇四四—一〇四六。

圖三六　亞述辛納赫里布宮殿壁畫上的大盾

（四）其他。還有很多，這裡不能一一介紹。值得注意的是，古代武器，還有一些是儀衛所用，和實用武器不同。西方的權力象徵物是權杖（mace），中國是鉞。鉞是大斧，本來是刑具（用於斬首或腰斬），而不是兵器，古代兵刑合一，往往用鉞象徵征伐的權力（圖三七），我們不要把它當成李逵玩的板斧。

《孫子》沒有談到劍，也未涉及戈、殳和鈹。

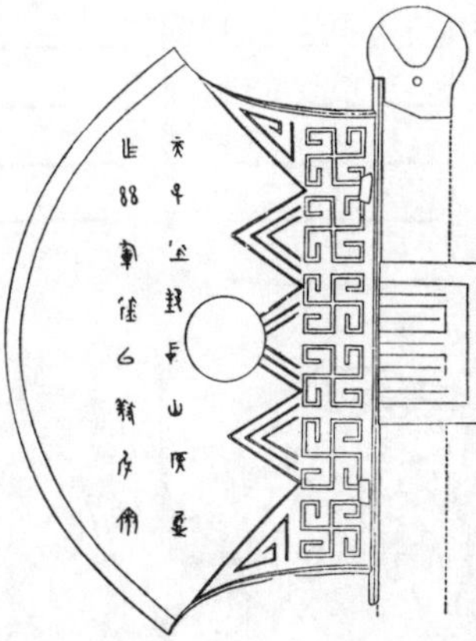

圖三七　征伐權力的象徵：中山王墓一號大墓二號車馬坑出土的鉞

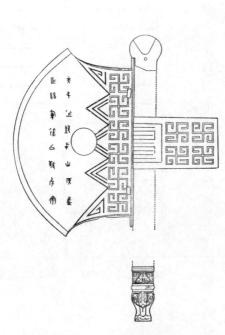

第五講　謀攻第三

戰爭三部曲，野戰之後是攻城。詩曰：「靡不有初，鮮克有終。」（《詩．大雅．蕩》）善始善終，不容易。攻城，是戰爭三部曲的最後一步。怎樣用最小消耗，換取最大勝利，對指揮者是最大考驗。我們在前面說過，實戰第一步，是城市周邊的野戰。野戰不勝，守方會退守城市，攻方會乘勝追擊，兵臨城下，四面包圍。一旦進入攻城，也就到了最後關頭。這種關頭，最需要智慧，所以作者大講以謀攻城。

《孫子》尚謀，認為最好是「不戰而屈人之兵」，先在廟算上打敗敵人，先在實力對比上取得優勢。這是理想態。它的〈計〉篇就是講謀，一上來就講謀。有意思的是，攻城是戰爭升級的最後一步，離開「不戰而屈人之兵」已經很遠。守方負隅頑抗，做最後一拚，程度最激烈。但逐步升級，再高的山，爬到頭，總得下來，下山是逐步降級。先硬後軟，這是規律。謀攻就是安排降級，迎接退潮。整個過程，從謀開始，又回到謀，從政治開始，又回到政治，就像打拳，按武術套路打，左旋右轉，最後回到原地。

本篇為戰爭手段排隊，是把最和平的手段排在最前面，最暴烈的手段排在最後面，先禮後兵。伐謀是第一，伐交是第二，伐兵是第三，攻城是最後。廟勝最好，退而求其次，才靠外交。外交不行，才野戰。野戰不行，才攻城。攻城是萬不得已，屬於下下策。它是把謀擺在第一，叫「上兵伐謀」。這句話，自古有一種通俗說法，叫「攻心為上」。比如三國時，蜀將馬謖說：「夫用兵之道，攻心為上，攻城為下；心戰為上，兵戰為下。」（《三國志．蜀志．馬良傳》引《襄陽記》）。《長短經．攻心》乾脆把「攻心為上，攻城為下」直接當《孫子》的話來引用。戰爭的特點是「以力服人」，只有打在身上，才會疼在心上。光鬥心眼不行，光鬥力也不行。戰爭是力量、智慧和意志的綜合較量，去其力不夠，破其謀也不夠，關鍵是要屈其志。歸根結底是要瓦解敵人的抵抗意志。

謀攻就是屬於攻心，既攻其謀，也奪其志。敵人硬到頭，反而可能軟。談判、媾和，經常出人意料。

把〈謀攻〉分為五章：

第一章，講全利原則，即用最小消耗，換取最大勝利，這是謀攻的基本原則。

第二章，講謀攻之法，即用各種辦法避免浪戰強攻，不是城打爛、人殺光，而是完整奪取，迅速徹底解決問題。

第三章，講實力對比，即以謀攻城，不戰而屈人之兵，關鍵是敵我對比，有絕對優勢。

第四章，講中御之患，即在緊要關頭，將領要有機斷專行，不必受國君遙控和干涉。

第五章，分兩層，一層講「知勝」的五條原則，其中包括「將能而君不御者勝」，一層講知彼知己的重要性。

【三・一】

孫子曰：

夫用兵之法，全國為上，破國次之；全軍為上，破軍次之；全旅為上，破旅次之；全卒為上，破卒次之；全伍為上，破伍次之。

此章是講全利原則。這個原則，是以最小消耗，換取最大勝利。用經濟學的說法講，就是以最小投入，換最大產出。

西方戰爭，以強凌弱，習慣上以為，這是職業軍人的事，和老百姓無關，就像球賽，只有職業選手才配上場，沒觀眾什麼事。這是他們的遊戲規則。但對方如果兵民不分，所有百姓同仇敵愾，怎麼辦？只好一塊兒消滅。克勞塞維茲說，戰爭的目的就是消滅敵人。怎麼消滅？用大規模殺傷武器進行大規模殺傷，連平民一塊兒殺，是一種辦法。比如，美國用戰略轟炸機炸德國，用原子彈炸廣島、長崎，就是典型。戰後，韓戰、越戰，除原子彈，什麼手段都用，包括細菌武器和化學武器，也是如此。這種打擊，軍事成本大，道德成本也大。於是有另一種辦法，「挽弓當挽強，用箭當用長。射人先射馬，擒寇先擒王。殺人亦有限，列國自有疆。苟能制侵陵，豈在多殺傷。」（杜甫〈前出塞九首〉之六）美國反恐，說恐怖主義的特點就是殺害平民。要說恐怖主義，他們才是總根源。現在，政治與軍事，戰爭與和平，軍人與平民，兵法與道德，界限全部打亂，各種手段混一塊兒，這不就是超限戰嗎？

這裡提到「五全五破」。我想解釋一下。

先說「國」。傳世古書中的「國」，有兩個可能，一個可能是本來就寫成「國」，一個可能是從「邦」字避諱改字。漢高祖叫劉邦，漢代古書避他的名諱，很多「邦」字都改成了「國」字，如「國家」本來是「邦家」，「相國」本來是「相邦」，先秦的銘刻資料都這麼寫，現在的叫法，是漢以來才有。但古書中的「國」字，也不見得都是避諱改字，比如「中國」，本來就叫「中國」，並不叫「中邦」。這裡的「國」是什麼？到底是「全國為上」還是「全邦為上」，我們無法肯定。邦和國有什麼不同？邦是國土的封域，國是這個封域的中心，即國家的首都。古代常以首都代指國家。它可以代表整個國家，但和國家還不太一樣。國是城市，不是一般城市，而是中心城市。次級城市，古代叫都、縣。國不能很多，從概念上講，只有一個，加上遷都後的都，有首都、留都、陪都之分，頂多也就兩三個。但都、縣卻很多，幾十個或幾百個都有。西周銅器何尊，銘文中有「中國」。它說的「宅茲中國」，是說定都洛陽。洛陽是首都，是天下的中心，好像西諺說的「條條大路通羅馬」，還是指城，不是國。漢代才以「中國」區別「外國」。比如當時的五星占，有所謂「五星分天之中，積於東方，中國利；積於西方，外國用兵者利」（《史記．天官書》、《漢書．天文志》「外國」做「夷狄」），「中國」是漢王朝，「外國」是周邊的夷狄和藩屬。這裡的「國」，究竟是國家還是首都，不能肯定。不管哪一種，反正是比後面四級更大的概念。

後面四級，是軍隊編制的四級。古代軍隊，並不是只有四級，作者為為什麼只挑這四級講？我們也要解釋一下。這是古代軍制的小常識。

下面是一個先秦兵制的簡表，我把漢代兵製做為對照：

卒伍之制	軍旅之制
伍（五人）——漢代同	旅（五百人）——略相當漢代的部（四百人）
什（十人）——漢代同	大旅（兩千人）——略相當漢代的校、營（八百或兩千人）
兩（二十五人）——漢代同	師（兩千五百人）——漢代無師
隊或小戎（五十人）——漢代叫隊或屯	—
卒（一百人）——漢代叫卒或官	軍（一萬人）——漢代的軍較小（三千兩百或四千人）
大卒（兩百人）——漢代叫曲	大軍（一萬兩千五百人）——漢代沒有這麼大的軍

中國古代，軍隊編制是以十進位為主。十進位的下面是五進制。最最基礎的東西是「什伍之制」。伍是五人，什是十人。伍最基本。前面說過，軍人登記冊，就叫「伍籍」。伍是細胞式的東西，可以代表各種佇列形式。這五個人，可以左、中、右排列，也可以前、中、後排列，還可以左、前、中、右、後排列，組成小方陣。伍以上，卒也是關鍵的一級。征發軍役，卒才是基礎單位。先秦時期，伍以上，卒以下，還有若干級，二伍為什，五伍為兩，十伍為隊。兩個隊，或四個兩，或十個什，構成一個卒。卒是一百人。一百人的卒，只是普通的卒。當時還有兩百人的大卒。卒，本來是跟戰車配套，是車徒編組的單位。我們在上一講說過，卒有副貳之義，主要指隸屬步兵。

卒以上，基礎單位是旅。商代西周，軍隊是貴族的子弟兵。子弟兵，當時叫旅。旅上面還有一級，取駐屯之義，當時叫師。旅的長官叫亞旅，師的長官叫師氏。旅是戰車編組的單位。一旅五卒，是五個戰車組，和卒伍之制的伍相似。一師五旅，是二十五個戰車組，也和卒伍之制的兩相似。東周，最高一級是軍，軍也是駐屯之義，則相當卒伍之制的卒。這三級也是卡住一頭一尾，省稱就是「軍旅之制」。

十進位，世界很普遍，百夫長、千夫長，希臘、羅馬有，中國也有，漢族有，北方民族也有。全世界，古代有身分的人，首先是軍人。他們編入軍隊，往往都是十進位。

先秦兵制，到了漢代，有變化。但卒伍之制，變化不大。變化大，主要是卒以上。卒以上，漢代有部、曲、校、軍。部相當先秦的大卒，曲相當先秦的旅，校相當先秦的大旅，軍比先秦的師大，比先秦的軍小。我國現代軍制：軍、師、旅、團、營、連、排、班，是民國成立才有；[1]軍階：元帥、將軍、校、尉等，也都是從西方引入。它們都是用中國詞翻外來語，軍、師、旅，先秦就有，元帥、將、校、尉、士，先秦也有。團，隋唐也有。營，漢代也有，但主要用於明清。連、排、班，根據什麼翻譯，不太清楚。

古代徵兵，主要分兩級。卒伍各級是從里徵上來，在里這一級定編；軍旅各級是從里以上徵上來，在郊這一級定編（《管子》、《國語·齊語》）。

《國語》、《管子》、《周禮》等古書，其中的居民組織分兩大類型：一種是國人的組織，一種是野人的組織。國人是住在國都和國都四郊，編入鄉遂。野人是住在都、縣（次級城市，王臣和王子弟的采邑）和周圍的鄉村，則編入都鄙。前者是血緣組織、軍事組織，故以人定地，按十進位編戶，按十進位出兵。所謂十進位，其實是以五進制為基礎（如採用五×五×四×五×五的形式）。後者是地緣組織、農業組織，故以地定人，按計算土地面積的里制（分四進制或十進位）編戶，基礎是里或井。最初，國人當兵，野人不當兵。國人按十進位編戶，按十進位出兵，其實是軍事組織。野人，本來是農民，打仗不是他們的事。即使抽上來，隨軍出征，也是羨卒，養牛餵馬，砍柴打水，燒火做飯，幹各種雜活，或在嚴重缺員的情況下，當替補隊員。但春秋時期，特別是它的中晚期，野人也當兵，如《司馬法》的兩種出軍制度，就都屬於野人當兵。

古代出軍，主要有三種制度：

(1)國制（十進位）。有很多種，這裏可舉《周禮》（《地官》的《序官》、《大司徒》和《夏官・序官》）為例：

比（五家）：出伍（五人）；

閭（二十五家）：出兩（二十五人）；

族（一百家）：出卒（一百人）；

黨（五百家）：出旅（五百人）；

州（兩千五百家）：出師（兩千五百人）；

鄉（一萬兩千五百家）：出軍（一萬兩千五百人）。

(2)野制甲種（十進的里制）。可舉《司馬法》佚文（《周禮・地官・小司馬》注引）為例：

井（九家，一平方里）：三家出馬十分之一匹、士十分之一人、徒五分之一人；

通（九十夫，十平方里）：三十家出馬一匹、士一人、徒兩人；

成（九百夫，一百平方里）：三百家出車一乘、士十人、徒二十人；

終（九千夫，一千平方里）：三千家出車十乘、士一百人、徒兩百人；

同（九萬夫，一萬平方里）：三萬家出車一百乘、士一千人、徒兩千人；

封（九十萬夫，十萬平方里）：三十萬家出車一千乘、士一萬人、徒兩萬人；

畿（九百萬夫，一百萬平方里）：三百萬家出車一萬乘、士十萬人、徒二十萬人。

1 劉昭祥主編《中國軍事制度史》，軍事組織體制編制卷，鄭州大象出版社，一九九七，頁四七三—四七四、四八二—四八三。

(3)野制乙種（四進的里制）。可舉《司馬法》佚文（《左傳》成西元年疏引）為例：

井（九家，一平方里）：馬十六分之一匹，牛十六分之三頭；

邑（三十六家，四平方里）：馬四分之一匹，牛四分之三頭；

丘（一四四家，十六平方里）：馬一匹、牛三頭；

甸（五千六家，六十四平方里）：車一乘、馬四匹、牛十二頭、甲士三人、步卒七十二人；

縣（二三〇四家，二五六平方里）：車四乘、馬十六匹、牛四十八頭、甲士十二人、步卒二八八人；

都（九二一六家，一〇二四平方里）：車十六乘、馬六十四匹、牛一九二頭、甲士四十八人、步卒一一五二人。

《左傳》說的「丘甲」、「丘賦」，《孫子》說的「丘役」，都屬野制，而且不屬野制中的十進位，而屬其中的四進制，即前述制度的第二種。後面，〈用間〉講軍賦制度，同樣是這種制度。《孫子》的軍賦制度，其實是這一種。

過去，史學界講古史分期，最迷井田制，說井田就是方田，井田就是農村公社，井田就是孟子在滕國推行的試驗田，愈講愈亂。其實井田非常簡單，古代注疏講得很清楚，它是都鄙所行，不是鄉遂所行，野制和國制不一樣。國人授田是阡陌制，野人授田是井田制。阡陌制是以百畝、千畝為單位。井田制是以井為單位。一井就是一方里，三百步乘三百步。古代計算土地，繪製地圖，這是基本單位。一井之田，合九百畝，可以安排九個農夫，西周金文叫一田。井田是安排農民的。講田制，講出賦，它是一種，不是全部。

這一章講「全利」，道理很簡單：好好的一個國家，好好的一個城市，你是把它打爛了再拿下好？還是完整無缺地得到好？是把人都殺光，男女老幼，一個不剩，還是得地又得人好？這是下面講攻城方法的前提。

戰爭，本來意義上的戰爭，都熱中於報仇雪恥、血腥殺戮。這種野蠻特點，即使在現代戰爭中，一點也不少。軍人不是醫生。不殺人的戰爭，現在還沒有。《孫子》的「不戰而屈人之兵」，不是紙上談兵的博弈論。它和《戰爭論》不同，不是它迷信計算戰爭，而是對戰爭從理想態到非理想態，理解的順序不太一樣。克勞塞維茲是把暴力無限當理想態，先兵後禮，先硬後軟，打服了才跟你談條件。它後面，有西方的軍事傳統。二次大戰，美國從大規模報復嘗到甜頭：攻克柏林，靠戰略轟炸；日本投降，靠兩顆原子彈，花錢省力少死人。美國寫二次大戰史，最愛吹這兩樣。因此，戰後的一段時間裡，他們講的是所謂「大規模報復戰略」。韓戰，美國在戰場上屢屢受挫，麥克阿瑟主張往中國扔原子彈，美國政府沒有採納他的意見，讓他休息去了。後來，泰勒將軍出來反省這種戰略。他主張「靈活反應戰略」，你什麼來，我什麼去，不能動不動就核武器，光威脅恐嚇，不動真格的。他們總算明白了，大有大的難處。越南戰爭，美國講「逐步升級戰略」，也是一種反省。他們開始明白，一開始就暴力無限，會騎虎難下。但他們的軍事傳統，有固定的思考起點，反面的東西，是後來想起來的，「大規模報復」，還是揮之不去。

《孫子》講逐步升級，也講逐步降級，理想是「不戰而屈人之兵」，不得已才「大規模報復」。這和西方的傳統不一樣。

戰爭的目的是什麼？直接目的是什麼？是最大限度消滅敵人，最大限度保存自己。這個道理誰都懂。古代攻城難，不光是城高池深，易守難攻，還有一道大牆，是對方的心理屏障。敵人在野戰中被打垮，退縮到城裡，只有一個感覺，就是死到臨頭：戰是死，不戰也是死，反正是死，愈是害怕，愈是絕望，抵抗愈頑強。攻城者要理解守城者的心理，知道困獸猶鬥的困在哪裡。

中國古代城市，城和市在一起，城和宮在一起，城和廟在一起，墳墓也在城裡城外。它是財富的中心、權力的中心，也是宗教的中心。城破，攻方憋了一肚子的火，往往會血腥屠城、姦淫擄掠，不僅活著的人難逃一死，還會挖祖墳、毀社稷、侮辱守方的先人。守方拚死抵抗，原因在這裡。

古人有兩段名言：

凡民之所以守戰至死而不德其上者，有數以至焉。曰：大者親戚墳墓之所在也，田宅富厚足居也。不然，則州縣鄉黨與宗族足懷樂也。不然，則上之教訓、習俗，慈愛之於民也厚，無所往而得之。不然，則山林澤穀之利足生也。不然，則地形險阻，易守而難攻也。不然，則罰嚴而可畏也。不然，則賞明而足勸也。不然，則有深怨於敵人也。不然，則有厚功於上也。此民之所以守戰至死而不德其上者也。

（《管子．九變》）

凡守圍城之法，厚以高，壕池深以廣，樓撕揗，守備繕利，薪食足以支三月以上，人眾以選，吏民和，大臣有功勞于上者多，主信以義，萬民樂之無窮。不然，父母墳墓在焉。不然，山林草澤之饒足利。不然，地形之難攻而易守也。不然，則有深怨於適而有大功於上。不然，則賞明可信而罰嚴足畏也。此十四者具，則民亦不宜上矣，然後城可守。十四者無一，則雖善者不能守矣。

（《墨子．備城門》）

它們都提到墳墓。伍子胥破楚入郢，首先就是掘墓鞭屍。墳墓對古人很重要。

攻城，雙方的心理很微妙。古代戰爭，暴力無限。攻城，久攻不下，往往導致屠城，城打爛，人殺光，男的都殺，女的都姦，就算不殺，也是抓回家當奴隸。剩下空城空地，怎麼辦？只能移民以實之。這些都是笨辦法。笨辦法的背後是害怕，雙方都害怕。只有高明的軍事家，有膽量，有智慧，才懂得利用形勢，用各種辦法（如實力威懾、外交談判），曉之以利，喻之以義，動之以情，勸說對方，放棄抵抗。在放棄抵抗的條件下，保證對方軍民的生命安全，既保全自己，也保全對方；既保存城，也保存人，完整地得到勝利。

這是最理想的攻城方法。

不理想的攻城方法是什麼？下面還要講。

【三・二】

是故百戰百勝，非善之善者也；不戰而屈人之兵，善之善者也。故上兵伐謀，其次伐交，其次伐兵，其下攻城。攻城之法，為不得已。修櫓轒轀，具器械，三月而後成；距堙，又三月而後已。將不勝其忿而蟻附之，殺士卒三分之一，而城不拔者，此攻之災也。故善用兵者，屈人之兵而非戰也，拔人之城而非攻也，毀人之國而非久也。必以全爭於天下，故兵不頓而利可全，此謀攻之法也。

這段話，包含三層意思：一層是承上而言，講「全利」的重要性；一層是講一般的「攻城之法」，一層是講「謀攻之法」。「攻城之法」，違反全利，是最糟糕的攻城方法。「謀攻之法」，符合全利，是最聰明的攻城方法。

說到攻城，應該講點相關知識。

首先，是築城史的知識。

城市，是定居農業的發明。農業民族和騎馬民族，是對老鄰居。中國的軍事文化，是牆文化。土牆是牆，磚牆是牆，列陣而戰的人牆也是牆。國歌說：「把我們的血肉築成我們新的長城。」長城確實是中國文化的象徵。歐洲也有長城，如羅馬時代，他們也有對付北方蠻族的哈德良長城，但無法與中國相比。騎馬民族是以動破靜，農業民族是以靜制動。高築牆，一直是我們的特點。[2]

中國城市，特點是四四方方，棋盤式布局，宮寢、宗廟、社稷、陵墓，全都集中在一塊兒。早期城市，五千年前到四千年前（個別可以早到六千年前），有些是圓形、橢圓形或不規則形，但三代以來的城，多半是方城，偶爾有圓城，但非主流。清代，府廳州縣，有一千七百多個，個個有城。解放後，全部拆光。西元前二一五年，

2　定居農業都強調防禦體系，相對遊牧民族，可能是特點，但不必誇大。如中國有長城，有唐人街，老是喜歡自己把自己圍起來，這種時髦話就禁不住推敲。西方開放，可以連軍隊都開放到別人的領土上去，中國比不了，但西方也不是全開放，很多地方更封閉，或有其他方法保護，如公寓要按密碼才能進，私宅安警報系統，到處安監視器。保安設施，我們是跟他們學。

秦始皇在《碣石刻辭》中說，他的偉大功績之一是「墮壞城郭」。現代化則是比秦始皇還厲害。

西方的城市，和中國不一樣。我們，府廳州縣，大小城市，都有市有城。他們，英語國家，city是市，town是市以下的鎮，市以上，有county（或譯郡、縣），更上面，還有state，則是州，這些居民點或居住區，不一定有城。有城，一種是貴族城堡（castle），一種是軍事據點（fort）。他們喜歡在山頂築城。中國則絕少。城，都是築在高山之下、廣川之上。只有西北地方，老百姓躲兵禍，常在山頂上修土牆，當地叫堡子。西方所謂城，主要是fort。Fort是要塞。克勞塞維茲講防禦，有兩章是講要塞，[3]中文本是從德文翻譯，譯為要塞的festungen一詞，相當英文的fort。Fort是有城牆的堡壘或築壘城市，它分永備築城和野戰築城。永備築城是長期使用的城，野戰築城是臨時修建的防禦工事。這類防禦設施，中國叫障塞。障塞不是一般的城市，而是設於邊境或戰略要衝的兵站或哨卡。

任何作戰，防禦手段都非常重要。最簡單的防禦手段是什麼？甲盾組成的人牆，如羅馬軍團，就以甲盾著稱，他們的陣法是龜陣，就像縮頭烏龜，有殼保護。甲冑和盾牌，即戰士的龜殼。其次，是土木工事：壘土牆，挖壕溝，古代叫溝壘。古代宿營，安營紮寨靠什麼？靠溝壘。現在挖戰壕，還是這一套。沒有溝壘，則環車為營。城市比這些複雜，是古代更重要的防禦手段。

古代城防，主要靠三個東西，第一是城牆，第二是城壕，第三是城樓。古代的城，城門有門樓，四角有角樓，馬面有敵樓，都可用於守望；城中的高樓和高塔，也可用來料敵。漢代塢壁，多有望樓（見漢代的陶樓模型），是它的縮影。《墨子》中的臺城是固定的望樓、行城是活動的望樓。歐洲城堡也有望樓。城堡和監獄很有關係，他們的監獄，很多就是利用古堡。現代監獄有高牆和監視塔，還保留著這種特點。但監獄和城堡，使用目的不一樣，城堡是防外面的人進來，監獄是防裡面的人出去。

其次，我們講一下古代的攻城和守城（圖三八至四〇）。

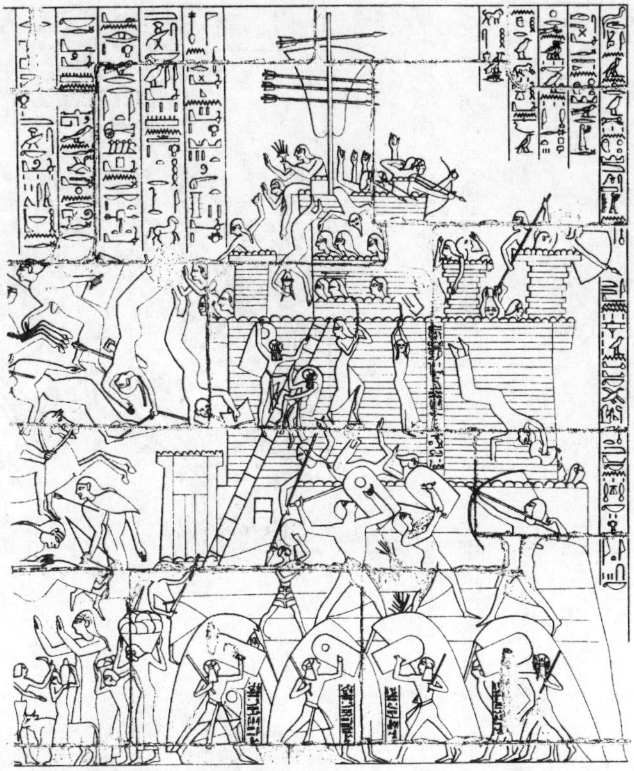

圖三八　攻城和守城：埃及拉美西斯二世祠堂的壁面

古代軍事，攻城術和守城術，技術最高。兵書四種，第四種叫技巧，就是以此為大宗。

兵書四種，權謀、形勢講謀略，陰陽、技巧講技術。兩種謀略，兩種技術。陰陽是以天文地理、陰陽向背為主，屬於「軟科學」（當然，以今天的眼光看，很多都不太科學，只能算迷信）；技巧是以武器、武術、軍事訓練、軍事體育為主，屬於「硬科學」。《漢書·藝文志·兵書略》給技巧下定義，「習手足，便器械，積機關，以立攻守之勝者也」，「攻守」二字值得玩味。我們讀《武經總要前集》，毫無疑問，攻城、守城是高科技。當時，最尖端的技術，多半都用在攻守城上。但《兵書略》的技巧門，三種不清楚（〈五子胥〉可能涉及水戰），八種講射法，一種講劍道，一種講徒手格鬥，一種講足球，好像沒有這類書。為什麼沒有？原來，劉歆《七略》有〈墨子〉城守各篇，因為諸子墨家類也有這幾篇，班固把它刪掉了。其實，這才是古技巧家言的代表作，也是劉歆《七略》惟一留下的技巧書。

3 克勞塞維茲《戰爭論》，第二卷，頁五三三—五五一。

攻城術和守城術，《墨子》城守各篇有詳細討論。墨子講城守，說「薪食足以支三月以上」（《墨子·備城門》），要守三個月。但這裡說的攻城，光是準備工作，就六個月：準備攻城器械，三個月；修距堙等工事。又三個月。半年過去，「將不勝其忿而蟻附之」。蟻附的結果是「殺士卒三分之一」；「殺士卒三分之一」的結果是「而城不拔」，這當然是災難。

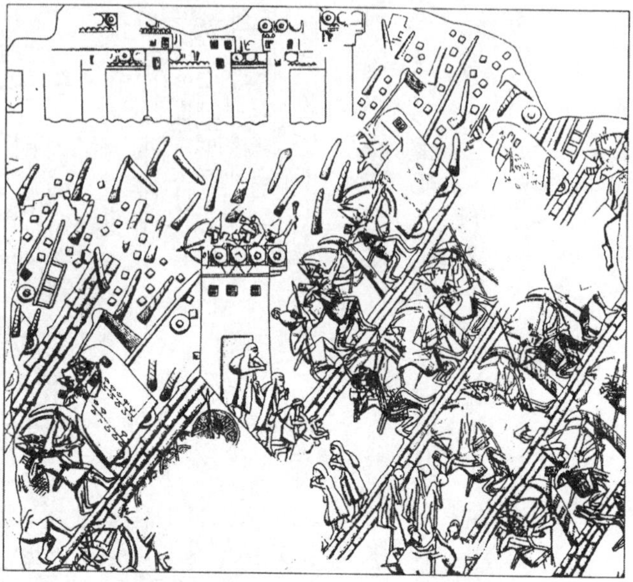

（一）

（二）

圖三九　攻城和守城

（一）亞述辛納赫里布宮殿的壁畫（亞述圍攻拉基什城）

（二）考古發現的拉基什城（可見攻城土坡）

圖四〇 攻城和守城：山彪鎮一號墓出土銅鑒上的紋飾

攻城，古代最難。荷馬史詩說，特洛伊之戰，圍城圍了十年，難以置信。春秋時期，最長的一次圍城，也只有九個月。這次圍城，是楚圍宋城，時間在西元前五九五—五九四年，從秋九月到隔年的夏五月。當時圍到什麼程度，那是吃的沒吃的，只能吃人，自己的孩子吃不下去，就互相換著吃；燒的沒燒的，只能拿死人的骨頭當柴火，「易子而食，析骸而爨」（《左傳》宣公十四年、十五年）。《呂氏春秋．慎勢》說楚國圍宋有三次，「莊王圍宋九月，康王圍宋五月，聲王圍宋十月」（《墨子．公輸》），墨子和公輸般鬥法，據說就是第三次。楚變成攻城的符號，宋變成守城的符號。

「殺士卒三分之一」，簡本作「殺士三分之一」。「殺士」是成語，見於《孫臏兵法．殺士》、《尉繚子．兵令下》。李均明、李解民兩位先生已經指出，「殺士」是說讓他們拚命，自動送死，既不是說自己殺，也不是說被敵人殺。不然，《尉繚子．兵令下》怎麼會說「能殺其半者，威加海內；殺十三者，力加諸侯；殺十一者，令行士卒」，殺士愈多，愈是善用兵者？[4]

古代攻城難，有人開始動腦筋，強攻不行，就圍而不打，或圍點打援，或圍魏救趙。孔子說，「三軍可奪帥也，匹夫不可奪

4《兵家寶鑑》，石家莊河北人民出版社，一九九一，頁一五六、五九五。

志也。」（《論語·子罕》），你縱有千軍萬馬，只要不服，就得打下去。進攻者要好好想一下，敵人心理的最後一道防線在哪裡？他的最後底線在什麼地方？

【三·三】

故用兵之法，十則圍之，五則攻之，倍則分之，敵則能戰之，少則能逃之，不若則能避之。故小敵之堅，大敵之擒也。

這一章是講實力對比。實力不同，對策不同：

優勢	均勢	劣勢
圍（圍而不攻）：十倍	戰（對戰）：勢均力敵	逃（逃跑）：少（劣勢大）
攻：五倍		避（躲避）：不若（劣勢小）
分（分割後殲滅）：兩倍		

前面講野戰，都是兩軍對陣、兩軍對壘，勢均力敵，旗鼓相當，這才叫「戰」。即使實力不同，雙方的打法總一樣。但攻城不一樣，因為有險可依、有城可守，對力量的要求完全不一樣，包圍、進攻和分割，都要數倍於敵。雙方的態勢也不一樣，守是躲在城裡守，攻是從外面攻，一內一外，一靜一動，攻守異勢。

古代攻城，城有多大，人有多少，要有一個大致的估計。

中國古代的城，文獻記載，天子之城（首都）方九里（《考工記》），大都方三里，中都方一又五分之四里，小都方一里（《左傳》隱西元年）。漢唐注疏，據以推論，說公之城方七里、侯伯之城方五里、子男之城方三里。古代說的「方多少里」，是說每邊的邊長有多少里，而非現在說的多少平方里，如方百里的意思是百里×百里。古代一里等於三百步，一步等於六尺，一尺等於二十三．一釐米。

城牆高度，據《考工記》，天子之城，其外城城隅是高九雉、宮城城隅是高七雉、門阿是高五雉、諸侯之城是高七雉、都城是高五雉。前人說，即使最矮的城，也沒有低過三雉以下的。雉是版築的單位。每塊版，長一丈，寬兩尺。五塊版，從上到下排列，是一堵。一堵是長寬各一丈。三堵橫排，長三丈，高一丈，是一雉。

中國古城，早期古城（西元前三〇〇〇到前二〇〇〇年）已經比較大，很多都屬於方一里到方二里的大城。商周古城，像偃師商城、鄭州商城，則是方四里的大城。東周古城，一般都在方四里以上，大的可以超過方九里。如燕下都城、齊臨淄城、楚紀南城、中山靈壽城，都超過這個數字。

東周時期，攻守城，問題最突出。有一段話，大家引用很多，是戰國晚期田單和趙奢的對話，見《戰國策．趙策三》。田單說，他聽說，古代的「帝王之兵，所用者不過三萬，而天下服矣。今將軍必負十萬、二十萬之眾乃用之，此單之所不服也」。趙奢反駁說，您說的古代，「城雖大，無過三百丈者；人雖眾，無過三千家者」，用三萬人攻打，不難。但現在的城都是「千丈之城，萬家之邑」，如果只用三萬人，連一個城角都圍不住。田單說的「帝王之兵」，大概是春秋或春秋以前的用兵，三萬不過是三軍，這是一般諸侯擁有的軍隊。當時的大城，即「三百丈」之城，只有長寬六百九十三米大，合方一里多，而不足方二里。「千丈之城」是長寬兩千三百一十米，則合方五里多，而不足方六里。《孟子．公孫醜下》說「三里之城，七里之郭」，三里之城是長寬一千兩百四十七點四米，七里之郭是長寬各兩千九百一十點六米。

古代的城，人口有多少？也是一個重要問題。

中國古代，城市人口多，關鍵是底盤大，定居農業的人口很多。

西漢平帝二年（西元二年），中國的人口統計數字是五九五九四九七八人，即將近六千萬人（《漢書．地理志》）。西元二年以前，我們沒有可靠數字。但戰爭規模，可以提供參考。

這裡，有兩個數字很重要。一個數字，反映春秋中期的人口水準，出自《國語・齊語》和《管子・小匡》，管仲制軍，齊有民戶六十六萬，按五口之家計算，約合三百三十萬人，可出軍三萬人，大約一百個人出一個兵。另一數字，反映戰國中期的人口水準，出自《商君書》的〈算地〉和〈徠民〉，當時的秦，耕地有一千里×一千里×二這麼大，大約可養農戶五百四十萬，按五口之家計算，約合兩千七百萬人。這些居民，可出戰卒不足一百萬人，大約二十七人出一個兵。[5]前面，我們說過，戰國晚期，秦國的軍隊有上百萬，其他各國，估計也各有幾十萬。估計戰國人口當與西漢接近，也在六千萬左右，七國軍隊的總數當不少於四百萬。當時的城，多是「萬戶之邑」。「萬戶之邑」的人口大約是五萬人。

漢代的城，據《漢書・百官公卿表》，一般只有一同大小。一同方百里，只有長寬四十一・五八公里大小，約合一千七百二十八・九平方公里。人口，大縣在萬戶以上，小縣在萬戶以下，也只有五萬人左右。但漢代的大城，像長安城，《漢書・地理志》說，人口有二十四萬六千兩百人。

攻城，需要的人很多。

《墨子・備城門》說，只要守城得法，可以少勝多。當時守城，是男女老少齊動員，敵人十萬，四面來攻，攻城隊形，最寬是五百步，即一又三分之二里，四千人足以應之。其他三面，可能用不了這麼多人，大概一共有一萬人也就夠了，敵我比例約為十比一。守城是以一當十。

攻城選擇什麼方法，關鍵要看實力。個人認為，若沒有十倍於敵的兵力，不能圍城（只圍不攻）；沒有五倍於敵的兵力，不能攻城。這是講攻城。野戰，兵力可以少一點，但優勢也很重要。兩倍於敵，就可以分割敵人，各個擊破，好像吃蛋糕，太大，只能切開來，一塊一塊吃。勢均力敵，可以一戰。但不如敵人，絕不能戰。實力差一點，可以躲；差太多，只能逃。惹不起就躲，躲不起就逃，這是兵法。動物都知道，逃跑是求生策略。

「故小敵之堅，大敵之擒也」，傳統解釋是，弱小的一方，跟強大的敵人頑抗，肯定被敵人俘虜。個人跟這種解釋不同。《荀子・議兵》說「是事小敵毳（脆）則偷可用也，事大敵堅則渙焉離耳」，「小敵」是弱小的對手，「大敵」是強大的對手。對手弱而脆，還可以占便宜；強而堅，則一碰就完蛋。原話是說，如果弱勢的一方能集中優勢兵力，雖小而堅，則強大的一方也可擒獲。

這是講實力對比的意義。

戰爭，什麼情況都可能發生。其實，何止躲、逃，降也是兵法。選擇，不是道德考慮，關鍵是看力量對比。足球比賽，勢均力敵才有意思。但戰爭不一樣，劣勢，不對稱戰爭，什麼招式都能用。不能說，這是違反規則。兵不厭詐，意思就是，沒有規則就是惟一的規則。古人說得好，「正不獲意則權。權出於戰，不出於中（忠）人（仁）。」（《司馬法·仁本》）戰爭是你死我活，不必拿道德說事。

說到攻守異勢，武器也分兩種：進攻性武器和防禦性武器。中國話的「矛盾」，就是講這兩種武器的關係。中國歷史上的武器，高科技的武器，首先是用於攻城和守城。攻守器械，互相反制，最明顯。

【三·四】

夫將者，國之輔也。輔周則國必強，輔隙則國必弱。故君之所以患於軍者三：不知軍之不可以進而謂之進，不知軍之不可以退而謂之退，是謂縻軍；不知三軍之事而同三軍之政，則軍士惑矣；不知三軍之權而同三軍之任，則軍士疑矣。三軍既惑且疑，則諸侯之難至矣，是謂亂軍引勝。

這段話，簡本殘缺得很厲害，但敦煌晉寫本，恰好有這一節。它是用來警告國君，叫他不要蹲在家裡瞎指揮，干預將領在外作戰。這種干預，會束縛將領的行動，搞亂自己的軍隊，導致敵人勝利。這就是所謂「中御之

5 李零《中國古代居民組織的兩大類型及其不同來源》和《〈商君書〉中的土地人口政策與爵制》，收入《李零自選集》，頁一四八—一六八、一八四—一九四。

患」。

關於這段話，要解釋它後面的制度問題。《左傳》中的戰爭，仍帶有早期特點，國君往往親自出征，不但親自指揮戰鬥，還親自參與戰鬥。齊桓、晉文、宋襄、楚莊，很多國君都如此。國君不出征，也多半是由執政大臣率師。太子反而不宜親征。比如，晉獻公派太子申生伐東山皋落氏，李克反對，就是一例。他的理由是，軍隊靠的是服從命令聽指揮，太子如果「稟命」，事事都要聽從父親，就會缺乏權威；如果「專命」，什麼都相機行事，擅做決定，又有悖孝道。這種事，是國君與執政大臣的事，太子不能做（《左傳》閔公二年）。當時，「稟命」和「專命」的矛盾，已經存在。春秋晚期，國君親征逐漸衰微，開始出現專職的軍將。如晉國的六卿，號稱六將軍，就是這樣的軍將。古人講拜將授命，其中很重要的一條，就是授命將軍，將在外，君命有所不受。如《六韜・龍韜・立將》、《尉繚子・兵談》、《尉繚子・武議》、《淮南子・兵略》、《司馬法》佚文、《漢書・馮唐傳》，很多古書都講到。「君命有所不受」也見於本書的〈九變〉篇。《史記・孫子吳起列傳》說「將在軍，君命有所不受」，《隋書・侯莫傳》說「將在外，君命有所不行」，這是古代兵家的成說。古書說，拜將授命，國君要將一把斧子，古代叫鉞，送給將軍，說：「無天於上，無地於下，無敵於前，無君於後。」（《六韜・龍韜・立將》、《淮南子・兵略》，《司馬法》佚文也提到這種制度），讓他全權指揮，不受節制。國君干預，會有三大災難，即「縻軍」、「惑軍」、「疑軍」。這種問題，就是所謂「中禦之患」。

【三・五】

故知勝有五：知可以（與戰）〔戰與〕不可以（與）戰者勝，識眾寡之用者勝，上下同欲者勝，以虞待不虞者勝，將能而君不禦者勝。此五者，知勝之道也。故曰：知彼知己，百戰不殆；不知彼而知己，一勝一負；不知彼，不知己，每戰必敗。

這是全文的總結。內容分兩層。

第一層，把「知勝」歸納為五條：前三條，「知可以戰與不可以戰者勝」、「識眾寡之用者勝」、「上下同欲者勝」，都是講自己這一邊，屬於「知己」；「以虞待不虞者勝」講應敵，則是「知彼知己」；「將能而君不御者勝」，是呼應上一章，也是講自己這邊，還是屬於「知己」。

第二層，談到對勝率的估計：「知彼知己，百戰不殆」，勝率為百分之百；「不知彼而知己，一勝一負」，勝率為百分之五十；「不知彼，不知己，每戰必敗」，勝率為零。

這些都是大實話。

《孫子》講「知勝」，主要有三處。〈計〉是憑「五事七計」，看誰得算多。此篇是憑上面五條。後面的〈地形〉，是在知彼知己外，又加上知天知地。

《孫子》這些篇，重點是權謀。權謀是戰略。戰略是全局性的問題。照理說，大問題要用大道理講，理論分析，抽象描述，絕不能少，但作者不這麼講。他不像克勞塞維茲用哲學的口吻講。而是以鳥瞰、展開的方式，讓全景暴露在眼前，「會當凌絕頂，一覽眾山小」。講廟算、講野戰、講攻城，一步接一步，來龍去脈，全都講到了。他用筆精煉，強調基本原則。廟算強調多算，野戰強調速決，攻城強調全利。全部加起來，才一千一百個字左右。這和下面一組形成對照。下面一組，是談戰術問題。戰術問題，變化多端，非常具體，非常靈活，學者很容易就事論事，就如很多兵書，都是用以問答體講這類問題，好像對症下藥，但作者反而捨直觀、入抽象，從概念入手，選擇抽象描述，給人的感覺是，很有哲學味道。

◎專欄

《墨子》「十二攻」

《墨子》城守各篇，是以子墨子和禽滑離（墨子的弟子）問對的形式寫成，原來有十七篇，六篇失傳，還剩十一篇，原是獨立的兵書。墨子非攻，是古代著名的反戰分子。同情弱者，反對以大欺小、以強凌弱，精神可貴。漢代的老百姓相信，他一直沒死，還活在人間（《神仙傳》卷四）。非攻的辦法是什麼？是教人守小國，保護自己，免受大國欺凌。墨子後學把這門技術往下傳，留下寶貴遺產。古人講城守，墨子是祖師爺。不讀《墨子》，無以知城守。《墨子》講守，是針對攻。攻守的知識，都在這本書。當時的攻城手段，有十二種：臨、鉤、衝、梯、堙、水、穴、突、空洞、蛾傅、轒轀、軒車（《墨子·備城門》），即所謂「十二攻」。

(1)臨。是一種攻城的塔樓，也叫隆。《墨子·備高臨》，備高和備臨是兩回事。備高是對付羊黔，備臨才是對付臨車。羊黔，是一種攻城土坡，和下面的堙類似。臨車，是一種可以移動的塔樓，和下面的軒車類似。對付羊黔，主要手段是臺城（固定的望樓）和行城（活動的望樓）。對付臨車，主要手段是連弩。臨車是可以居高臨下的手段，和羊黔相似，但羊黔是積土為高，臨車是以車為高。攻城車，可居高臨下者，有兩大類，一類是重樓式，一類是鳥巢式。葉山教授懷疑，臨是重樓式，類似《武備志》的「臨衝呂公車」（圖四一）。[6]這種車有五層高，上面十人，下面三人。

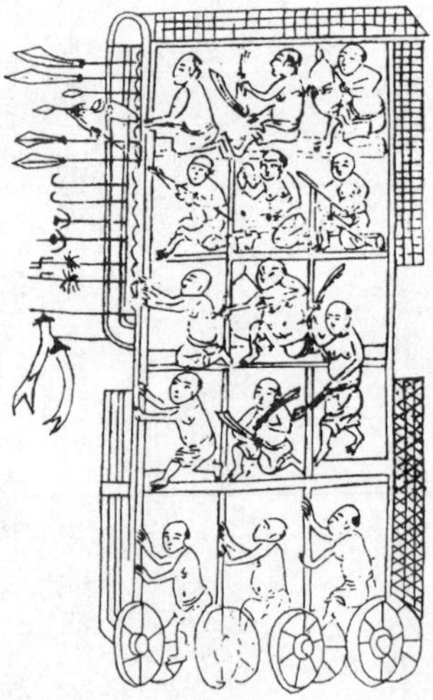

圖四一　臨衝呂公車（《武備志》卷一〇九：二十五頁背）

(2)鉤。《墨子·備鉤》是講對付鉤，可惜已經失傳。古代與鉤有關的攻城器械，有三種：一種是鉤繩，一種是鉤梯，一種是鉤車。鉤繩，類似今登山用的鉤繩，前面是鉤，後有長繩，可向上拋甩，供人攀援城垣。《武經總要前集》卷十二：二十一頁正有「飛鉤」，是用來鉤取城下之敵的守城之具，這種飛鉤固可用於攀援城垣，但做為攻城之具，則過於簡單，不足與臨、衝並列。鉤梯，則與帶鉤的雲梯（詳見第四點）重複。我懷疑，這裡的鉤，還是以鉤車更合適。鉤車，有帶長臂的鉤爪，可甩臂而揮之，用以砍砸城垣。《武經總要前集》有「搭天車」（圖四二）和「搭車」（圖四三），應即這種車。同書「鍛鶻車」（圖四四），改用斧鉞為砍砸器，也是這種車。它們和砲類似，也是桔槔式器械。鉤車和下面的衝類似，也是用來破壞城垣。如果用拳擊打比方，衝就是直拳，鉤就是擺拳。

(3)衝。是破壞城垣的撞城車，也可用來破壞城門。《武經總要前集》有「撞車」（圖四五），車上有橫梁，懸掛撞木（有如油坊榨油用的油槌），就是這種車。撞城車，其他國家也有。如亞述宮殿的畫像石，上面就有這種車（圖四六）：車體近方，下有四輪，前有一長錐，外蒙皮甲，內容戰士，上有開口，可探出其身，一人執盾掩護，一人彎弓射箭，西人叫 siege engine。這種車的長錐，西人叫 battery ram，一般譯成「撞城槌」，就是用來破壞城牆。有人說，它是坦克的原型：車身像坦克的車身，撞城槌像坦克的砲筒，攻城時，還有一大堆步兵前呼後擁。但它不是坦克，主要功能是破壞城牆。畫面上，這種車和攻城士兵是沿著攻城斜坡（詳見第五點）往上衝。撞擊下，牆上的磚，一塊塊往下掉。守方阻止它，辦法是用火燒車、用鐵鏈子栓撞城槌。攻方則帶著救火設備，噴水救火。戰鬥場面很激烈。不明白的是，這麼重的傢伙，沒有引擎，怎麼爬坡，動力可是大問題。《墨子·備衝》是講對付衝車，可惜已經失傳。《太平御覽》卷三三六引《墨子》佚文是講備衝，辦法是降士兵於衝上，砍斷撞木。

6 李約瑟《中國科學技術史》第五卷，第六分冊，頁三四八—三五〇。

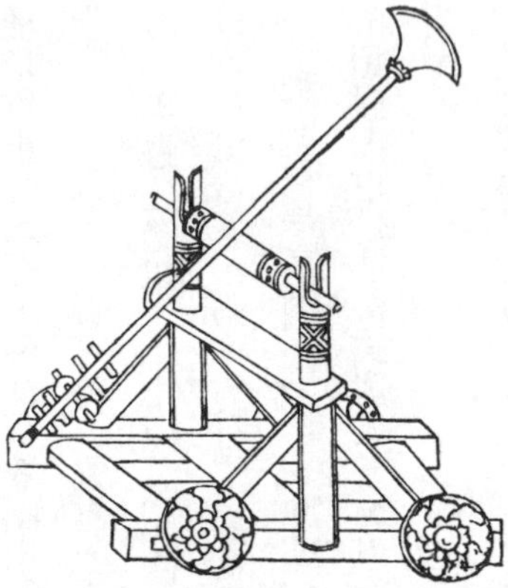

圖四四　鉞鶻車
（《武經總要前集》卷十：三十五頁正）

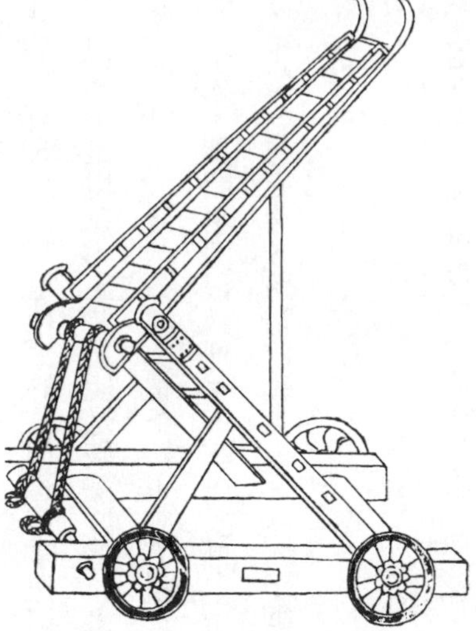

圖四二　搭天車
（《武經總要前集》卷十：卷三十四頁正）

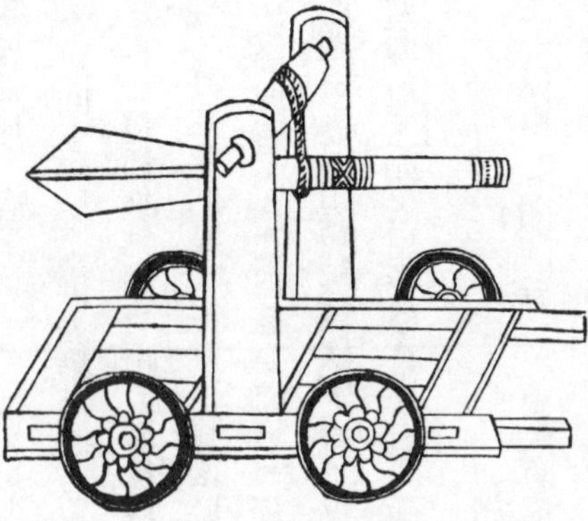

圖四五　撞車
（《武經總要前集》卷十二：三十二頁正）

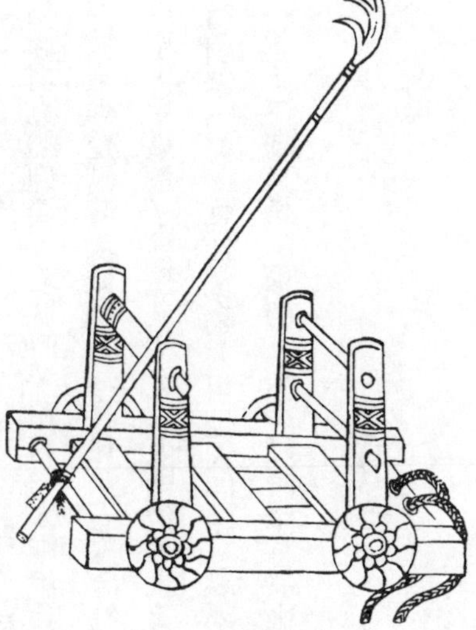

圖四三　搭車
（《武經總要前集》卷十：三十四頁背）

圖四六　亞述亞述納西爾帕二世宮殿壁畫上的撞城車

(4)梯。有三種。一種是普通的梯子，有梯無車，如《武經總要前集》的「飛梯」（圖四七）。一種是在車上搭建斜梯，形狀類似飛機舷梯，如《武經總要前集》的「行天橋」（圖四八）和「杷車」（圖四九）。一種也是在車上搭梯，但不是上面那種斜梯，而是可以摺疊展開，比前者更長的雲梯。《武經總要前集》有「雲梯」（圖五〇），就是這種梯，梯的前端有雙鉤。《墨子．備梯》對付的梯，其實是雲梯。這種梯，戰國銅器的水陸攻戰圖，上面有帶輪的梯，一般也認為是雲梯。現代救火車的雲梯，也是一節接一節，但改成延伸式，一節梯子上可以直接伸出另一節梯子。

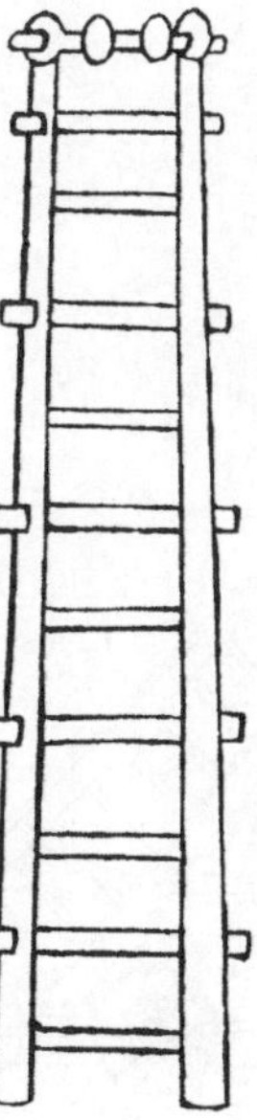

圖四七　飛梯
（《武經總要前集》卷十：三十頁背）

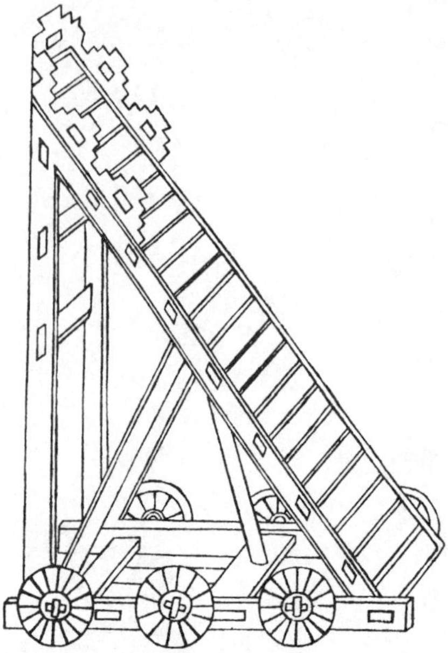

圖四八　行天橋
（《武經總要前集》卷十：三十頁正）

(5)堙。也叫距堙，是攻城的土坡。《墨子．備堙》是講對付距堙，可惜已經失傳。古代城牆，下有護城壕或護城河。攻城，堆土為坡，蟻附登城之前，第一步是填壕。堙字的意思，本來是用土填塞。葉山教授說，此名可能與填壕有關。[7]前面加上距字，也許是指在填平的壕溝上面或前面修築這種工事。這種土坡是什麼樣？沒有合適的圖。《武經總要前集》有「距堙」（圖五一）。但此圖怎看都不像攻城手段，倒像是蘇州園林，在假山上立個小亭子。《墨子》講的攻城土坡，分兩種：一種是羊黔，一種是距堙。羊黔和距堙有何不同，原書沒講，不便亂猜。攻城土坡，外國也有。亞述國王辛納赫里布（Sennacherib），其宮殿四壁的畫像石，是描述西元前七〇一年亞述

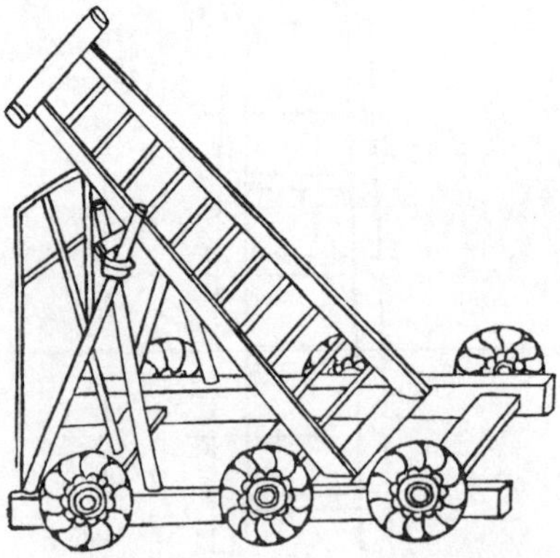

圖四九　杷車
（《武經總要前集》卷十：三十頁背）

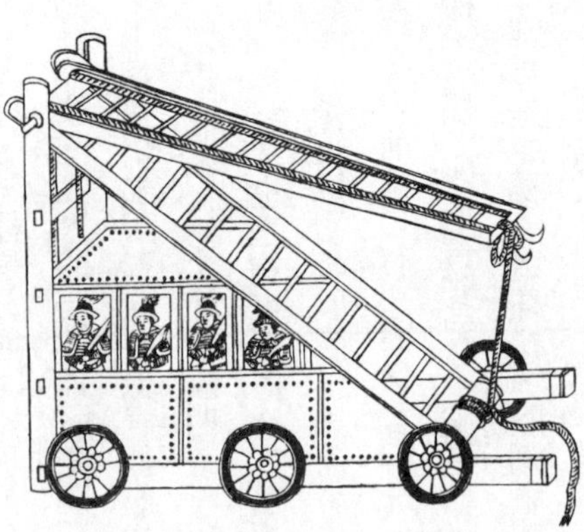

圖五〇　雲梯
（《武經總要前集》卷十：十七頁正背）

圖五一 距堙
（《武經總要前集》卷十：四頁正）

圍攻拉基什（Lachish）的戰鬥場面，上面就有攻城土坡（圖三九（一））。後來，考古學家發掘了這座古城，與圖中的描述一模一樣（圖三九（二））。它是貼著城牆，往上修斜坡，在戰國銅器的水陸攻戰圖上也看過這種斜坡（圖四〇）。

(6)水。是以水灌城。中國古代城市，多在道路交會處，道路多傍川谷，川谷多依山陵，往往襟山而帶河。故以水灌城的事，史不絕書。如白起拔鄢，就是用水灌城。《三國演義》也有關雲長水淹七軍。《墨子·備水》講對付水攻，手段有兩條：一條是在城中穿井鑿渠，泄水於內；一條是將船綁在一起，當水上的臨車和水上的轒轀，運兵突圍，決城外河堤，泄水於外。

(7)穴。《墨子·備城門》講十二攻，順序如此，但今本〈備穴〉卻不在這一位置，反而在突之後。〈備穴〉是講對付挖地道，其實是對應於空洞，本應在下文，今本的位置也正好在那裡，並不在水後。這不是偶然的錯亂。讀《武經總要前集》，「攻城法」和「守城」間，有「火攻」和「水攻」。歷代攻城，水火都是主要手段，而且火比水更重要（後面的〈火攻〉也是這麼講）。《墨子》十二攻，只有水攻，沒有火攻，不可思議。個人懷疑，這裡的「穴」，可能是「火」的錯字，下面的「空洞」才是講挖地道，其中必有文字錯亂。可惜的是，〈備火〉同樣沒有留下來。《武經總要前集》講火攻，手段很多，除火禽、火獸、火炬、火箭、火球，還有火砲。當時的砲，多半都是拋石器，攻城、守城，兩者都用，但守城比攻城用得更多。這種砲，已經使用火藥，如書中有

7 李約瑟《中國科學技術史》第五卷，第六分冊，頁三五〇—三五三。

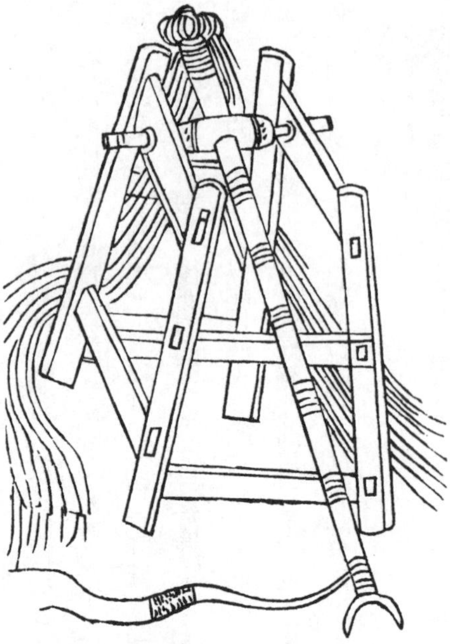

圖五二　火砲
（《武經總要前集》卷十二：四十九頁背）

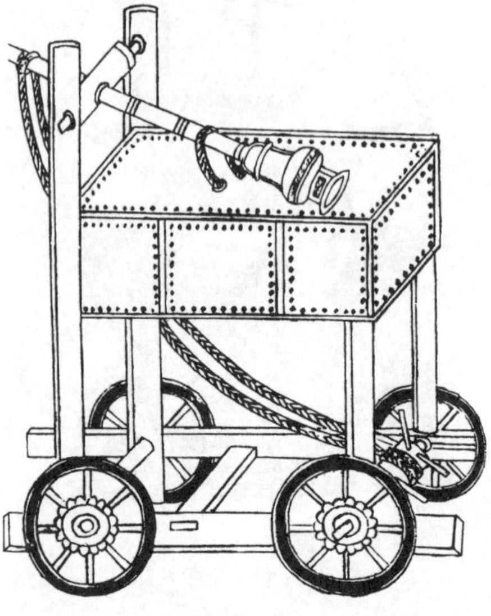

圖五三　砲樓
（《武經總要前集》卷十：十頁背）

「火砲」（圖五二）、「火藥法」和「砲樓」（圖五三）。「火砲」還是拋石器的樣子，但「砲樓」卻是管狀火器的樣子，明顯不同於拋石器類的砲。學者講火砲史，都說管狀火器，元代才有，這張圖值得注意。

(8)突。據《六韜．豹韜．突戰》，是泛指敵軍的突破，而不是攻城的地道。《墨子．備突》說，對付突，主要是在城牆四周挖突門，每百步一個。突門，古書多見，是從裡面開口，並不挖透，必要時才挖透的門。守城，一般是躲在城內，被動挨打，有了突門，才能主動出擊。今〈備突〉很短，恐怕是殘篇。它只講了突門的一個用法，即從突門放煙，用煙熏敵。具體辦法是，每個突門，皆設窯灶，備柴艾，候敵突破，打開突門，以塞門車塞之，點火鼓橐（鼓風的皮囊），用煙熏之。《武經總要前集》有「塞門刀車」（圖五四），就是塞門車。

(9)空洞。是指挖地洞和挖地道。《墨子．備突》，按禽滑離所述十二攻的順序（〈備城門〉），後面應是〈備空洞〉，但奇怪的是，現在

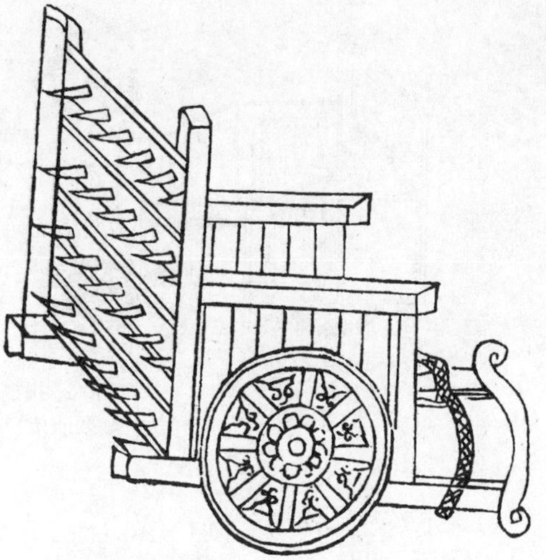

圖五四　塞門刀車
（《武經總要前集》卷十二：二十八頁正）

這個位置上卻是〈備穴〉。《史記・大宛列傳》「宛王城外無井，於是乃遣水工徙其城下水空，以空其城」，集解引徐廣說，謂「空，一作穴」，《漢書・李廣利傳》有同樣的話，第二個「空」字亦作「穴」，孫詒讓指出，「此空洞當亦穴突之類」（他把突理解為地道，不對）。個人相當懷疑，現在的〈備穴〉，其實就是〈備空洞〉。穴與空，字形相近，容易寫錯。古代穴城，主要辦法是，「穴土而入，縛柱施火，以壞我城」，辦法是，在城牆上挖洞，內用梁柱支撐，以油灌柱，放火。柱折，城亦崩壞。對付挖地道，主要辦法是兩條：一條是用眼睛看，即從高處往下看，看地面上有什麼跡象；一條是用耳朵聽，即沿城內側，每五步，挖一口井，把大陶甕扣在井內，讓人蹲在裡面聽，聽敵人在什麼地方挖土，然後對著地道，用火燒，用煙熏，用水灌。墨子時代的辦法，後世沿用。葉山教授說，此類技術，是利用古代挖礦井的知識。[8]《武經總要前集》講穴城，主要手段是種叫「地道」的裝置（圖五五），其實就是支撐坑道的木製框架，一件接一件，隨掘進程度，不斷向內鋪設。每個框架，

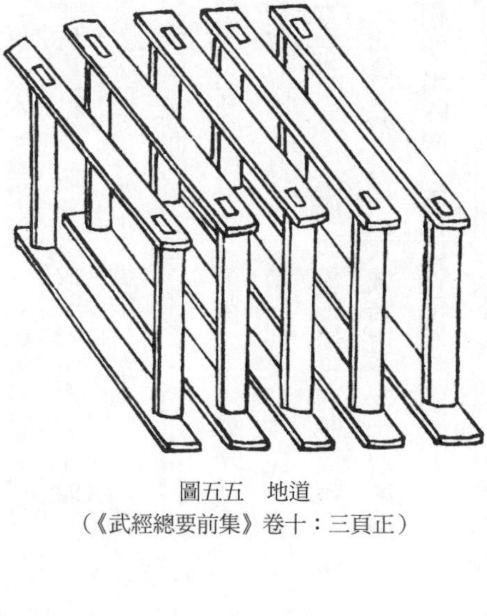

圖五五　地道
（《武經總要前集》卷十：三頁正）

8 李約瑟《中國科學技術史》第五卷，第六分冊，頁三六五—三七六。

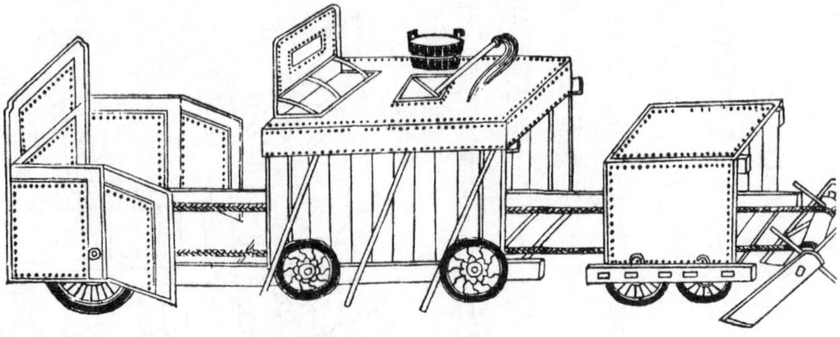

圖五六　掛搭緒棚：頭車和緒棚
（《武經總要前集》卷十：九頁正至十頁背）

都是上面一道橫木（罨梁）、下面一道橫木（地栿）、左右兩根立柱（排沙柱）。複雜一點，是把這些框架固定在一起，按一定長度，做成一節節的棚子。再複雜一點，是把這些棚子，下面安上車輪，做成坑道車，一節接一節，如火車般。第一節車叫「頭車」，後面的車叫「緒棚」。頭車頂部，有供人上下的窗口（天窻），前面有帶射孔的屏風（頭牌木）。頭車前為了保護，有時還加上一截，前邊和左右兩邊，皆有遮蔽（屏風牌和左右掩手）。甚至以「砲樓」為掩護，在前面開道。緒棚前後相通，內設絞繩，用「找車」（絞車）出土，類似現在的傳送帶。這些穴城裝置，互相連屬的叫「掛搭緒棚」（圖五六），不互相連屬的叫「不掛搭緒棚」（圖五七）；有皮笆防護的叫「排搭緒棚」（圖五八），沒有的叫「不排搭緒棚」（圖五九）。坑道車最怕砲石和火，除用皮笆（分蓋笆和垂笆）防護，還攜帶泥漿桶（用麻搭沾泥漿塗抹其表，可以防火）和渾脫水袋（用渾脫羊皮製成，可以救火）。前不久，看到湖北銅綠山古礦井，它有橫井、有豎井，橫井和《武經總要前集》的「地道」非常相似。葉山教授已指出這一點。[9]

(10)蛾傅。是步兵的密集強攻。「蛾傅」即本篇的「蟻附」，蛾同蟻，傅通附。它是以螞蟻緣牆，比喻這種人海戰術。戰國銅器的水陸攻戰圖，上面就有蟻附的場面，蟻附的士兵是沿攻城土坡，藉雲梯來攻城（圖四〇）。《墨子·備蛾傅》是講對付蟻附，主要手段是行臨和矢石湯火。

(11) 轒轀。是一種裝甲運兵車。東漢應劭說，轒轀是匈奴車（《漢書・揚雄傳》顏師古注引）。漢族善於城守，攻城器械不一定是漢族的發明。匈奴侵襲漢地，野戰之外，也要攻城，這種車與匈奴有關，不無可能。它用皮革做成棚狀的車廂，前面封死，士兵是從後面鑽進去。《武經總要前集》有「轒轀車」（圖六〇），就是這種車。它的主要作用是運兵和填壕。《武經總要前集》還有「木牛車」（圖六一）、「尖頭木驢」（圖六二）、填壕車（圖六三）和「填壕皮車」（圖六四），也是類似的車。其中，「尖頭木驢」，頂棚做成三角形，矢石遇之，則滾落。此外，書中還有「壕橋」和「摺疊橋」（卷十：十五至十六頁），用於跨越城壕，也是相關的器械。

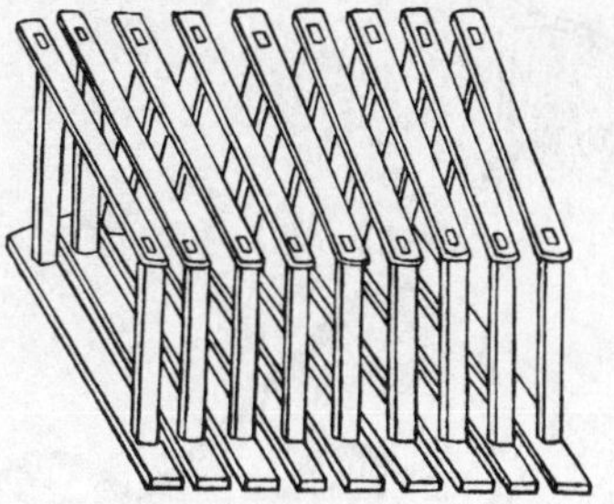

圖五七　不掛搭絡棚
（《武經總要前集》卷十：八頁正）

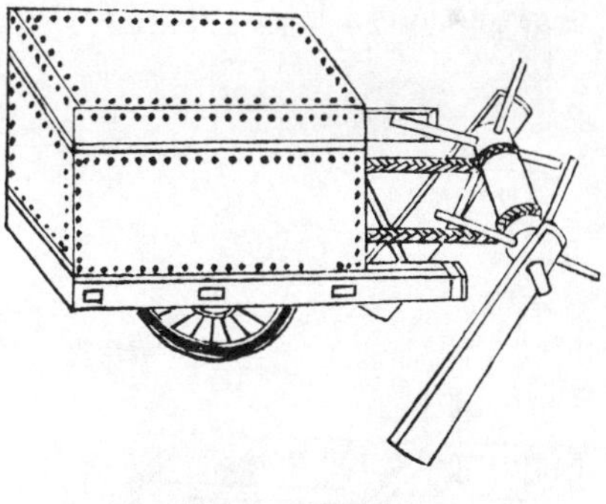

圖五八　排搭絡棚
（《武經總要前集》卷十：六頁正）

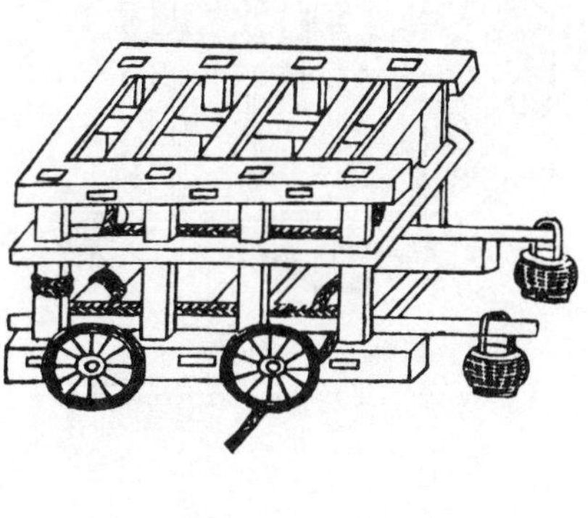

圖五九　不排搭絡棚
（《武經總要前集》卷十：五頁正）

9 李約瑟《中國科學技術史》第五卷，第六分冊，頁三六五—三七六。

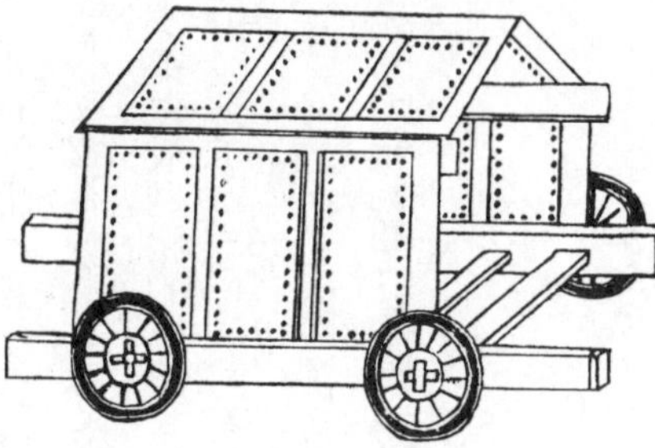

圖六〇　轒轀車
（《武經總要前集》卷十：二十頁背）

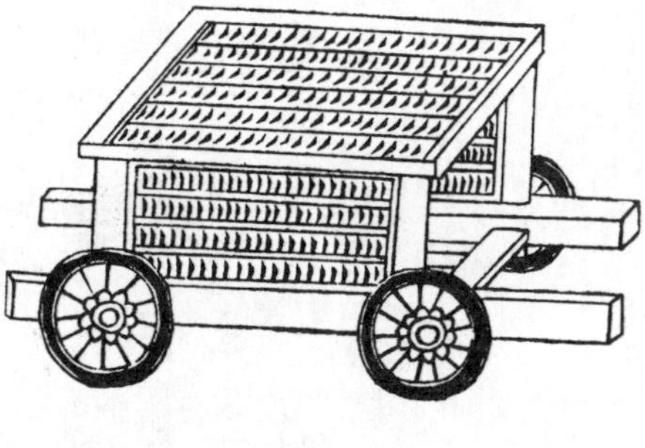

圖六一　木牛車
（《武經總要前集》卷十：二十一頁正）

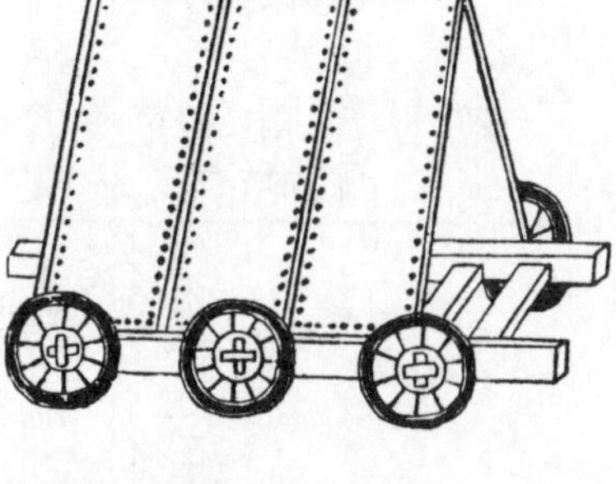

圖六二　尖頭木驢
（《武經總要前集》卷十：二十一頁背）

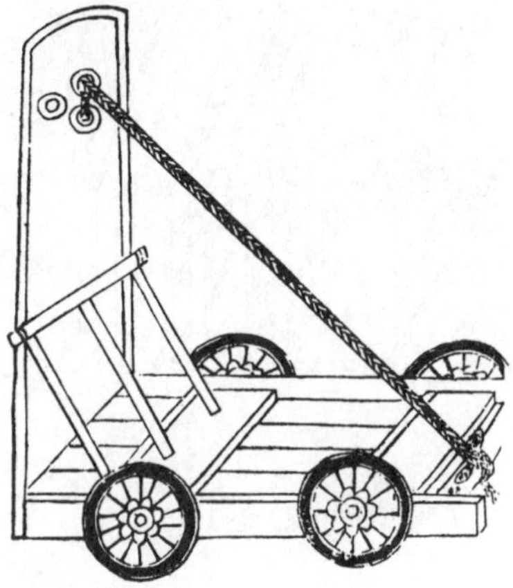

圖六三　填壕車
（《武經總要前集》卷十：三十二頁正）

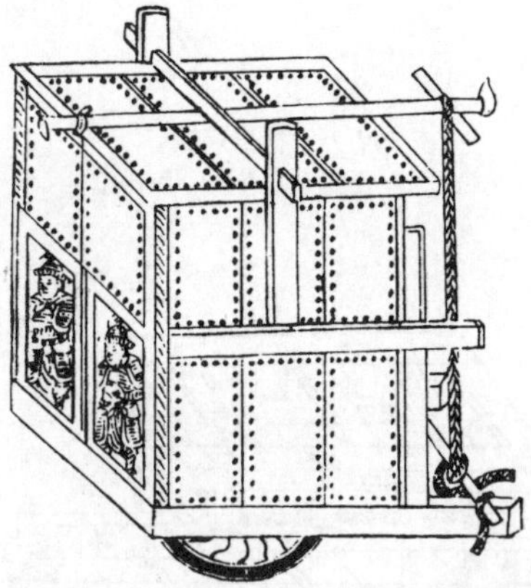

圖六四　填壕皮車
（《武經總要前集》卷十：三十二頁背）

(12) 軒車。《墨子·備軒車》是講對付軒車，可惜已經失傳。軒車可能是古書中的樓車和巢車。它是一種車上樹杆，杆上懸屋，可自動升降的塔樓，有如懸空的樓閣或樹上的鳥巢。古代城防，制高點很重要，憑藉城樓，可以居高臨下。樓車和巢車，是反制措施。這類車，也叫櫓或樓櫓。〈謀攻〉篇的「櫓」就是這種櫓，而非上一講的櫓。上一講的櫓是蔽櫓。蔽櫓是可以戳在地上的大盾。《武經總要前集》有「望樓車」（圖六五）和「巢車」（圖六六），就是這類車。它們都是攻方的望樓。這種望樓，不僅有活動的，也有固定的，如同書的「望樓」（圖六七）就是直接固定在地上。

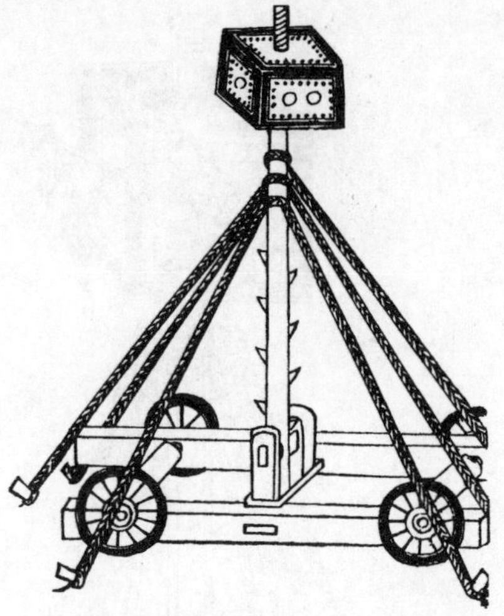

圖六五　望樓車
（《武經總要前集》卷十：二十三頁正）

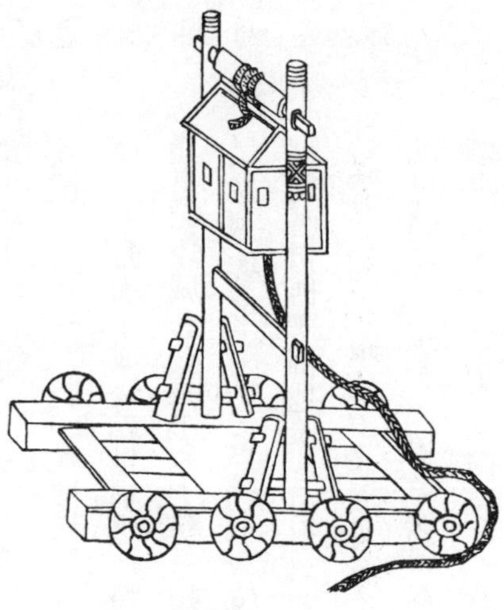

圖六六　巢車
（《武經總要前集》卷十：三十三頁正）

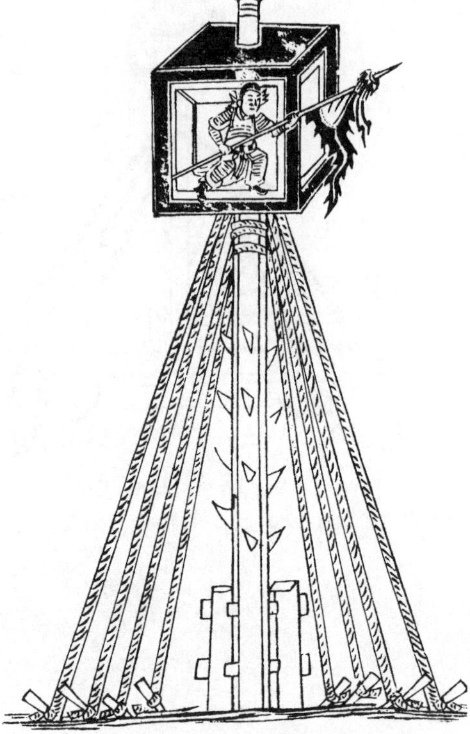

圖六七　望樓
（《武經總要前集》卷十三：二十五頁正）

《墨子》十二攻，可以分為三類。一類是攻城器械，如臨車、軒車可以登高，轒轀可以運兵填壕，衝車、鉤車可以破壞城牆，雲梯可以登城。〈謀攻〉的「修櫓轒轀，具器械，三月而後成」就是講這一類。一類是與攻城有關的土木工程，如空洞是挖掘地道，距堙是堆土為坡（其實還應包括搭橋越壕、運土填壕）。〈謀攻〉的「距堙，又三月而後已」就是講這一類。一類是攻城本身，如水攻、火攻和突（突破），還有蟻附。〈謀攻〉的「將不勝其忿而蟻附之」就是講這一類。

第六講　（軍）形第四

講完「戰爭三部曲」，進入第二組，即形勢組。

這一組和上一組不同，第一組是依戰爭過程、來龍去脈說明，這一組則從兵力部署的數理關係角度敘述。前者較直觀，後者較抽象。讀這一組，等同上哲學課，可能感到枯燥。但理論的東西，耐人尋味，就像品茶，慢慢品，才有味道。特別是，講的形勢或形、勢，是非常重要的概念，和軍事、政治、哲學、思想均有關。

這一組，也是三篇，即〈形〉、〈勢〉、〈虛實〉。它們都是講兵力的配置。〈計〉篇講數量，但較籠統，這裡是具體展開。我給這組起個名字，叫「兵力的配方」。

配方（recipe）可以是治病的藥方，也可以是服食或減肥的藥方，甚至是做飯的菜譜。其實，很多人工合成的東西，都有自己的配方。比如煉丹就有丹方。

宋以來的兵書，好以醫方比兵法。如宋華嶽的《治安藥石》（收入他的《翠微先生北征錄》）就是這種講法。明清兵書，如《救命書》、《洴澼百金方》、《醫時六言》，光看書名，還以為是醫書。醫是救人，兵是殺人，當然不一樣。但營兵布陣，好像配藥方，這個比喻很抽象。

中國古代的運用之妙，主要體現在「兵力的配方」上。

「兵力的配方」有兩種：一種類似成藥，藥是配好的，放在店裡，可以直接抓，古人叫「形」；一種類似處方，要由有經驗的大夫，根據病情深淺、陰陽表裡虛實，給病人下方，斟酌用量，增減其味，古人叫「勢」。

這兩個概念，可以分開用，也可以合起來用。合起來的概念，就是「形勢」。

形是潛在的勢，勢是變化的形，兩者是同一件事的不同側面，相輔相成，並不是「有形就沒有勢，有勢就沒有形」。

形勢是個可拆可合的概念。做為合成詞，古人也指某一類兵書。形勢是兵書四種的第二種，地位僅次於權謀。

《孫子》講形勢，有兩種講法，一種比較抽象，一種比較形象；一種偏重理論，一種偏重實用。它的第二組，我們叫形勢組；第三組，我們叫軍爭組。這兩組都是講形勢，形勢組是前一種講法，軍爭組是後一種。

關於形勢類，《漢志．兵書略》的解釋是：

(1)「雷動風舉」。這話出自《孫子．軍爭》。〈軍爭〉有六句話，是講軍事行動的隱蔽性、靈活性和快速多變，「其疾如風，其徐如林，侵掠如火，不動如山，難知如陰，動如雷震」，一靜一動，一快一慢，反差很大。前四句，可以簡化為風、林、火、山。日本名將武田信玄最喜歡這四個字，常把風、林、火、山寫在他的旗子上。這裡的「雷動」是取最後一句，「風舉」是取頭一句。

(2)「後發而先至」。這話也出自《孫子．軍爭》。〈軍爭〉說，「後人發，先人至」，這是兩軍爭利的關鍵。戰國末年，荀子和臨武君在趙孝成王面前辯論軍事。趙孝成王問，什麼是「兵要」，即軍事上什麼最重要。臨武君說，「後之發，先之至」就是「兵要」。這是《孫子》的名言。

(3)「離合背鄉，變化無常」。是指兵力的聚散分合、行軍路線和運動方向，多變。這兩句，〈軍爭〉也有類似說法，如「故兵以詐立、以利動、以分合為變者也」。

(4)「以輕疾制敵者也」。輕者便捷，疾者迅速，都是為了搶在敵人的前頭。〈軍爭〉講兩軍爭勝，跑得最快，是「卷甲而趨，日夜不處，倍道兼行」，這是輕，但為了搶速度，把輜重都扔了，很危險；不帶輜重，得就地補充。這話也和〈軍爭〉有關。《孫子．九地》也講這類特點，如「兵之情主速，乘人之不及，由不虞之道，攻其所不戒也。」

這一描述，是形象描述，它是從第三組概括，特別是來自〈軍爭〉。

下面第三組，〈軍爭〉、〈九變〉、〈行軍〉、〈地形〉、〈九地〉，也講形勢，特別是形勢概念的運用。形勢家的特點，是走的隱蔽，打的突然，靈活機動，快速多變。

形勢的概念最抽象，但形勢的運用最靈活。《孫子》講形勢，先講概念，後講應用。《兵書略》只講了後一方面。

作者的安排是，先講本質，再講現象；先講原因，再講結果。研究形勢，刨根問柢，從理論上探討，必須讀形勢組。不讀這一組，就無法明白什麼叫形勢。因為其他兵書，沒有專講形勢的篇章，一本也沒有。

形勢是什麼？就是部署的結果，它好像醫書中的醫方，對症下藥、配伍成劑。銀雀山漢簡[1]〈奇正〉說：「有所有餘，有所不足，形勢是也。」簡單說，形勢的意思，就是兵力的投入，這個地方多一點，那個地方少一點；這個地方緊一點，那個地方鬆一點，好像行棋布子。

兵力部署的格局（dispositions），可統稱為形勢。但形、勢二詞，也可分開講。分開講，形是什麼意思，勢是什麼意思，下面還要具體討論、反覆比較。如果用比較簡單也比較概括的話說，形就是「大體得失之數」，勢就是「臨時進退之機」。這是漢朝人荀悅的說法（《前漢記．高祖皇帝紀》），較得其神似。形是己所素備、易見易知的格局（visible dispositions）；勢是因敵而設、藏於形後，制約敵我雙方，表面上看不見的格局（invisible dispositions）。

接著從〈形〉篇開始討論。

現在，我們用的本子是《魏武帝注》本。〈形〉篇的「形」，《魏武帝注》本和《武經七書》本前面都有「軍」字，簡本和《十一家注》本則沒有。這個字是後人為了整齊畫一加上去的，應該刪掉。〈形〉篇講「形」，主要是講實力強弱，即所謂「形勝」。「形勝」這個詞，《孫子》沒有直接提到，但概念是有的。讀此篇，可參考銀雀山漢簡〈奇正〉的一段話：

> 故有形之徒，莫不可名。有名之徒，莫不可勝。故聖人以萬物之勝勝萬物，故其勝不屈。戰者，以形相勝者也。形莫不可以勝，而莫知其所以勝之形。形勝之變，與天地相敝而不窮。形勝，以楚越之竹書之而不足。形者，皆以其勝勝者也。以一形之勝勝萬形，不可。所以制形壹也，所勝不可壹也。

故善戰者，見敵之所長，則知其所短；見敵之所不足，則知其有餘。見勝如見日月。其錯勝也，如以水勝火。

形以應形，正也；無形而制形，奇也。奇正無窮，分也。分之以奇數，制之以五行，鬥之以形名。分定則有形矣，形定則有名〔矣〕。

「形勝」是以形相勝，這種勝，如日月可見。它和「形名」的概念有關，下篇還會提到。

「形勝」的一方是實力強的一方。實力是勝利的基礎。但有沒有實力是一回事，會不會用它是又一回事。這裡只講前者，不講後者。後者是下一篇的重點，屬於「勢」。

整個〈形〉篇，作者都沒有給「形」的概念下定義。就連「形」字本身，也只在篇末略微提到，而且還是比喻，沒有解說，對比下篇，我們才能了解其含義。

把〈形〉篇分為四章：

第一章，講「形勝」在己不在敵，強不強，是先定之數。

第二章，講「形勝」易見易知，強不強，顯而易見。

第三章，講「知勝有五」，即如何判斷敵我雙方的實力，第一是知度（田數），第二是由度知量（糧數），第三是由量知數（兵數），第四是由數知稱（對比），最後是由稱知勝（知勝）。作者相信，強弱決於軍賦，即料地出卒的制度：地廣則田多，田多則糧足，糧足則兵眾，敵我比較，兵眾者勝。

第四章，作者舉例，形勝有如高山放水，蓄之深也。

---

1 中國山東臨沂銀雀山兩座漢墓中出土的竹簡，一九七二年發掘出土。簡文書體為早期隸書，寫於西漢文景時期至武帝初期。一號墓出竹簡（包括殘簡）四千九百多枚，內容包括若干種先秦古籍及古佚書。其中《尉繚子》、《晏子》、《六韜》等書，唐宋以來被疑為偽書，此次發掘，證實它們在西漢前期已經傳世，並非後人偽託。《孫子兵法》、《孫臏兵法》的同時出土，是中國文化史上的盛事，證實了孫武、孫臏各有兵法傳世的記載。

【四・一】

孫子曰：

昔之善戰者，先為不可勝，以待敵之可勝。不可勝在己，可勝在敵。故善戰者，能為不可勝，不能使敵之必可勝。故曰：勝可知，而不可為。不可勝者，守也；可勝者，攻也。守則不足，攻則有餘。善守者，藏於九地之下；善攻者，動於九天之上，故能自保而全勝也。

講到這篇，才開始正式討論形。但形的概念不是現在才出現，事實上，在前面的〈計〉篇中，我們就已接觸過它的概念。〈計〉篇講的計，用「五事七計」比較的計，本身就是實力計算。這種計算，就是形。作者講完「五事七計」，然後說「計利以聽，乃為之勢，以佐其外。勢者，因利而制權也」，「因利制權」的「利」就是形，「權」就是勢。形和勢的區別是什麼？形是勢的基礎，勢是形的發揮。

這一章，主要是講「在己曰形」。即先為不可勝，自立於不敗之地，才是形。形在己而不在敵，故可知不可為。相反，因敵制勝屬於勢，形有先定之數，勢則不可先傳。

「昔之善戰者，先為不可勝，以待敵之可勝。不可勝在己，可勝在敵。」這幾句話，有兩個要點：一是「先」，二是「己」。「先為不可勝」是先有實力在手；「不可勝在己」是自己有實力，這是屬於形。相反，「待敵之可勝」，是等待機會、發揮優勢，這個機會，在敵不在我。發揮出來的優勢，就已經是勢了。

「故善戰者，能為不可勝，不能使敵之必可勝。」也是說形勝在己不在敵。今本「善戰者」，簡本往往簡稱為「善者」。「能為不可勝」只是形，不是勢，勢才能勝敵。它是說，從備戰的角度講，只能把希望寄託在自己有實力上，不能把希望寄託在敵人犯錯誤上。對方如果不犯錯誤，不管你準備多充分，結果還是不能定勝負。敵人會犯錯誤，我方可以想方設法，引導敵人犯錯誤，這是屬於勢的問題。現在，在備戰的問題上，我們只能管自己，不能管對方。

「故曰：勝可知，而不可為。」是強調「形勝」可知不可為。這句話，和〈虛實〉篇說：「故曰：勝可為也。」這兩句話，表面矛盾，其實，並不矛盾，各是強調問題的一個側面。「勝可知，而不可為」，是說實力強弱有先定之數，事先就可以估計。而「勝可為也」，是說投入戰鬥，才見分曉，在實際戰鬥中，實力發揮還大有餘地。

「不可勝者，守也；可勝者，攻也。守則不足，攻則有餘」，是以實力立攻守之勢，即敵不可勝，則取守勢；可勝，則取攻勢。守是因為敵強我弱，實力不如對方；攻是因為我強敵弱，實力超過對方。但「守則不足，攻則有餘」，簡本作「攻則不足，守則有餘」，理解正好相反。這兩種寫法，漢代的古本都有。我分析，簡本是把這裡的「不可勝」和「可勝」對應於上文的「不可勝」和「可勝」。上文的「不可勝」是我，「可勝」是敵。它是說，我取守勢是因為我有足夠的實力，敵取攻勢是因為實力不如我，其實攻不如守，守方是強勢，攻方是弱勢。這種寫法，比較彆扭，但也有一定道理。因為，從防禦的角度講，攻方比守方消耗大，守方顯得有餘，攻方則顯得不足，許多軍事家都有這種經驗之談。比如，克勞塞維茲就說，一般都以為，攻者強，守者弱，其實相反。[2]今本的寫法，《漢書·趙充國傳》、《後漢書·馮異傳》、《潛夫論·救邊》的引文就有，個人認為「守則不足，攻則有餘」，好像更順。

「善守者，藏於九地之下；善攻者，動於九天之上，故能自保而全勝也。」這句話跟簡本也不一樣，簡本強調守，沒有「善攻者」。它是說，善守者藏於九地之下，然後又動於九天之上。「九天」和「九地」，很多人都以為是九重天、九層地。我所指的「九天」、「九地」，就是古書常說的「九天」、「九野」，九天是極言其高，九地是極言其下，它們都是平面九宮格，上下是鏡面反射的關係。這種概念也見於遁甲式，是古代宇宙論的一種想像，舊注，只有李筌和賈林講對了。[3]「能自保而全勝」，也是著眼於己。總之，「形勝」是實力派的哲學。

2 克勞塞維茲《戰爭論》，第一卷，頁一四；第二卷，頁四七六—四七九。

3 李零《〈孫子〉古本研究》，頁三〇六—三一〇。

【四·二】

見勝不過眾人之所知，非善之善者也；戰勝而天下曰善，非善之善者也。故舉秋毫不為多力，見日月不為明目，聞雷霆不為聰耳。古之所謂善戰者，勝於易勝者也。故善戰者之勝也，無智名，無勇功，故其戰勝不忒。不忒者，其所措勝，勝已敗者也。故善戰者，立於不敗之地，而不失敵之敗也。是故勝兵先勝而後求戰，敗兵先戰而後求勝。善用兵者，修道而保法，故能為勝敗之政。

作者講的戰爭，都是大國之間的戰爭，由國家支持的戰爭。這種戰爭，實力最重要。強弱之形定，則勝負之分見。弱小國家，非法武裝，還有恐怖分子，他們沒法玩實力，沒法在戰略上玩實力，所以改玩另一路。如持久戰、游擊戰和各種恐怖戰術。這一章，主要是講「形勝」的可知性和易知性。

「見勝不過眾人之所知，非善之善者也；戰勝而天下曰善也，非善之善者也。故舉秋毫不為多力，見日月不為明目，聞雷霆不為聰耳。古之所謂善戰者，勝於易勝者也。」這段話和〈計〉篇的說法也很相似。「舉秋毫」、「見日月」、「聞雷霆」，所有這些比喻都是說，憑實力定勝負，是明擺著的事。「形勝」的意義就在「古之所謂善戰者，勝於易勝者也」。

「故善勝者之勝也，無智名，無勇功，故其戰勝不忒。不忒者，其所措勝，勝已敗者也。」「不忒」，是不出差錯。從備戰的角度講，我們只能要求自己不犯錯誤。

「故善戰者，立於不敗之地，而不失敵之敗也。」「立於不敗之地」，是屬於「形」；「而不失敵之敗也」，是屬於「勢」。我方不犯錯誤，這點可以做到；但敵人犯錯誤，則有相當大的變數，只有放到「勢」的範圍考慮，才有意義。

【四・三】

兵法：一曰度，二曰量，三曰數，四曰稱，五曰勝。地生度，度生量，量生數，數生稱，稱生勝。故勝兵若以鎰稱銖，敗兵若以銖稱鎰。

實力的概念，在〈計〉篇中，有五個指標。五個指標主要是政治和軍事的指標，這裡則是講戰爭的物質基礎和經濟指標。它的制度支撐是軍賦制度。

軍賦制度，古人也叫料地出卒或算地出卒之法。它分五步，算經濟帳：

(1)「度」。度是長度單位，主要用來量土地。古代長度單位，有分、寸、尺、丈、引等等。出土度具，每個時代不一樣，趨勢是愈來愈大，比如尺，就增加了十釐米。古代丈量土地，常用步法，六尺為步，百步為畝（一百步×一步），百畝為頃（一百步×一百步），九頃為井或里（三百步×三百步）。粗略地量，可以步測；精確地量，則用步弓。曾在侯馬見過一塊碑，是萬曆年間的實物，縣官把丈地尺直接刻在石頭上，用來徵糧。

(2)「量」。量是容量單位，主要用來稱糧食。古代容量單位，有龠、合、升、鬥、斛等等。古代軍隊發軍餉，肚子最大的士兵，每天的口糧標準是一斗（《墨子·雜守》）；官吏發俸祿，也有斗食和百石、千石一類標準。古代發口糧，主要是用量器，但數量較大，也使用衡器，比如百石、千石，就是衡制。草料（芻藁），多半是用衡器。

(3)「數」。數是出卒的數量。古代計算數量是用算籌。下篇「分數」的「數」也是指出卒的數量。《商君書·算地》說：「方土百里，出戰卒萬人者，數小也。」其中的「數」，就是這種「數」。

(4)「稱」。本來是衡制術語。衡制，權是秤鉈或砝碼，衡是秤桿或天平，稱就是用這類衡具秤量輕重。這裡指比較敵我兵員的多少。

(5)「勝」。是兵力比較的結果。

軍賦制度，是出軍制度，包括糧食、武器和兵員。但這裡主要是兵員。它的概念是田數出糧數、糧數出兵數、兵數生比較，比較定勝負。

「故勝兵若以鎰稱銖，敗兵若以銖稱鎰。」「鎰」和「銖」都是重量單位，一銖和一鎰之比是一：五七六，非常懸殊。

【四・四】

勝者之戰〔民也〕，若決積水於千仞之谿者，形也。

讀古書，要注意古人講話的方式。取譬設喻，就是古人常用的修辭手段。古人愛打比方，愈是深奧的道理，愈愛打比方，往往用比喻代替下定義。《孫子》中，這樣的例子很多。

「形」是這篇的主題，但直到最後才出現。最後這幾句，不是定義，只是比喻。「勝者之戰民也，若決積水於千仞之谿者。」是指蓄水很深，提升很高，一旦把水放開，勢頭一定很猛。這個比喻和〈勢〉篇的結尾有點像，一個是放水，一個是滾石，都是積聚勢能然後釋放，即所謂「蓄勢待發」。但這兩篇東西，各有所主，區別在哪？值得琢磨。這裡講放水，重點是「積」，不是「決」。〈勢〉篇講勢，有所謂「勢如彍弩，節如發機」，彍弩是蓄勢，還不是勢，發機才是勢。以水為喻，則積水如彍弩、決水如發矢。前者是形，後者是勢。物理學講勢能，勢能的意思，是「潛在的能量」(potential energy)。把水或石頭放在很高的地方，是提升勢能。西方漢學家，有人就是用energy（能量）或potential energy（勢能）翻譯「勢」。但我們要知道，形是potential energy，它只是蓄勢，還不是勢；勢是released energy（釋放的能量），才是勢。〈勢〉篇說「勢如彍弩，節如發機」，勢從蓄勢待發到發，中間有個環節，是「節」，即控制物。蓄水的堤壩和閘門，就是這個「節」。閘門不開，水還有常形，還是形；一開，水從千仞之谿奔流而下，就沒有常形，只有勢。我們要知道，這只是同一件事情的兩個方面，同樣是水，不放就是形，放了就是勢。這是形、勢的基本區別。

◎專欄

《孫子》中的形勢家言

本篇專就《孫子》中的形勢家言做討論。

(一) 形勢是屬於「開藥方」的學問

兵書是中國的技術書。中國的技術書，和今天一樣，往往也有理論和應用之分。比如《漢書．藝文志》，它把西漢的書分為六種，前三種是人文，後三種是技術。技術書分兵書、數術、方技。數術的理論是陰陽五行學說，但沒有相應的經典，完全是按技術的門類而劃分，和兵書、方技不一樣。兵書、方技，都是有理論、有應用，情況不太一樣。兩者可以比較。

方技有四種，前兩種是醫經和經方。醫經和經方的區別是：

> 醫經者，原人血脈經絡骨髓陰陽表裡，以起百病之本、死生之分，而用度箴石湯火所施，調百藥齊和之所宜。至齊之得，猶慈石取鐵，以物相使。拙者失理，以瘉為劇，以生為死。

經方者，本草石之寒溫，量疾病之淺深，假藥味之滋，因氣感之宜，辯五苦六辛，致水火之齊，以通閉解結，反之於平。及失其宜者，以熱益熱，以寒增寒，精氣內傷，不見於外，是所獨失也。故諺曰：「有病不治，常得中醫。」

醫經講醫理，包括生理和病理，除去理論，還有綜合性，治療的一般內容也包括在內。「血脈經絡骨髓陰陽表裡」是生理，「百病之本，死生之分」是病理，「用度箴石湯火所施，調百藥齊和之所宜」是治療。但它的治療，都是綜合治療，箴石湯火也好，百藥也好，都不是針對某一種病。經方不一樣，它的特點是對症下藥，「本草石之寒溫，量疾病之淺深，假藥味之滋，因氣感之宜，辯五苦六辛，致水火之齊，以通閉解結，反之於平」。你生什麼病，我開什麼藥，而且幾錢幾兩，配伍成劑，非常具體。

兵書也有四種，前兩種是權謀、形勢。它們和醫經、經方的關係很相似。權謀相當醫經，形勢相當經方。用醫書打比方，形勢就是屬於「開藥方」的學問。

（二）形勢是個帶有哲學味道的抽象概念

「形勢」這個詞，是個可以拆，可以合，含義很複雜的詞。拆開來，形、勢相反，合起來又是一個意思，可以兼包二者，具有雙重含義。它是個帶有哲學意味的抽象概念，不僅對研究中國的兵法和統治術很重要，對研究中國的哲學史和思想史也很重要。

前面已說過，《孫子》一書，從先秦兩漢到宋元明清，主要讀者是軍人。近代，才有人拿《孫子》當思想史來研究。

中國從國外引進哲學史，子學成為哲學史的園地，是順理成章，一點都不困難。但《孫子》是兵書，這其中也有哲學嗎？當年，馮友蘭先生寫《中國哲學史》，是以西方標準的哲學概念為中國學術立規矩，他說他只討論符合哲學標準的材料，即多少有點形而上學味道的書、技術書，他不收，《孫子》也不收。但大家苦惱的是，子學中真正有哲學味道的東西，入眼有限。光講儒、墨、道，行嗎？這是用西方眼光剪裁中國史料常有的事。對號入座的結果，是我們「一無所有」，有也很可憐。

長期以來，我一直認為，在毛澤東的思想深處，一直有個隱約的想法，就是咱們中國的思想，是兵法裡面有哲學，哲學裡面有兵法，兩者相互滲透。李澤厚先生也說，中國的辯證法，不是起源於哲學論辨，而是起源於兵法。

克勞塞維茲寫《戰爭論》，正是德國古典哲學的時代，他本人就學過古典哲學。他對戰爭現象的分析，也很哲學。《孫子》雖然比它早兩千多年，但背景很相似。古之齊魯，既是兵家的搖籃，也是思想家的搖籃，特別是稷下學宮，更是國際化的學術中心。那裡出兵法，合情合理。

我一向認為，中國早期經典，有兩本書最智慧：一本是《老子》，一本是《孫子》。要講思辯水準，兩書是代表作。中國典籍走向世界，四書五經，翻譯最早，但影響都不如這兩本書。

大家都說《孫子》一書很有哲學味道。但學者的評論太籠統。其實，《孫子》中最有哲學味道的東西，全在這一組；它最哲學的東西就是形、勢概念。

說到《孫子》中的哲學，芝加哥大學的何柄棣教授指出：「《老子》辯證思想源於《孫子兵法》。」這個想法是源自於李澤厚教授。[4]他不一定都能證明，但很有啟發。他注意到形、勢二詞的重要性，注意到道家思想和兵家可能有關係，中國的辯證思維可能是受惠於兵法。承何教授不棄，引用我在《〈孫子〉古本研究》中界定的形、勢做為一對辯證概念，關係這麼微妙，目前只有《孫子》是這麼講。但他說：「遍檢先秦典籍索引，『形執』做為一個複合詞要晚至《荀子》的〈強國〉和〈正論〉篇中才出現。」則不夠準確。其實，《管子》的〈形

[4] 李澤厚《孫老韓合說》，收入所著《中國古代思想史論》，北京人民出版社，一九八五，頁七七—一〇五。

勢〉、〈七法〉、〈八觀〉、〈形勢解〉，《六韜．龍韜．王翼》，《文子》的〈上德〉、〈自然〉，裡面也有這個詞。

形、勢的關係確實值得研究。

（三）形、勢的辯證關係

形、勢的區別是什麼？先看《孫子》自己怎麼說。

《孫子》中有三句話，近似定義。第一句話是「勢者，因利而制權也」（〈計〉）。第二句話是「強弱，形也」、第三句話是「勇怯，勢也」（〈勢〉）。第一句話是說，利用優勢，製造機變，才叫勢。由此，我們可以推論，「計利以聽」的「利」，「利用優勢」的「優勢」，也就是形。第二句話是說，強弱決定於形，強弱是實力比較，它決定誰有優勢，這種實力就是形。第三話是說，勇怯決定於勢，勇怯是士兵上戰場的臨場發揮，這種發揮是取決於戰場上的形勢和地理環境。

「形」，可做名詞，也可做動詞。形，字本作刑，從刀井聲。刑即型的本字，原指範鑄銅器的模型，本意是拿刀在範土上雕刻範型，用範型鑄造青銅器。模、範、型三個字都是指鑄造青銅器的模型。引申之義則是榜樣或效法榜樣。比如，西周銅器銘文裡有「儀刑先王」，就是效法先王的意思。現代漢語有很多詞都跟它有關，比如「形象」，是看得見的東西；「形狀」，是有固定的外觀；「形式」，是既有形狀，也有樣式。「刑法」的「刑」，本來的意思，也是給人一個規範，讓人照著做。英文中，與它關係最密切的詞，是shape，mold，model和form（包括名詞形式和動詞形式）。

勢，本來寫成埶，簡本就是這麼寫。這個字，是蓺或藝的本字，象人跪著（側視），手裡拿棵草，往地裡種，其實就是種藝的藝字，因為古音相近，古人也借為設字。[5] 埶字，上面加草頭，下面加雲字（可省去），就是後來的藝字。英文中，與它關係最密切的詞，主要是plant，grow，set up（種植）和disposition（部署）。後世的勢，是態勢之勢或局勢之勢（situation），是人為製造的格局（structure）。

勢，真是無所不在。法家術語，法、術、勢的勢，太史公去勢的勢（〈報任安書〉），都是這種勢。

形是有形可見的東西，勢是看不見的東西。

看見的都是形。

形是靜態的東西，勢是動態的東西。

形是己所素備，勢是因敵而設。

形中有勢，勢中有形。

做為合成詞，形勢是人為製造的格局。

「形格勢禁」的「形」與「勢」，其實都是「勢」。

〈形〉篇結尾，「若決積水於千仞之山者，形也」，是指積水於千仞之山，蓄之深，發之猛，它強調的是「積」。積水於高山，當然是potential energy。物理學的勢能，就是指這種東西。但這是形，不是勢，翻成勢，就整個弄反了。〈勢〉篇結尾的「如轉圓石於千仞之山者，勢也」，是說木石的滾動，乃是順應山勢，其實是因敵之勢，為己之勢，即guide action according to situation。

形、勢，混言不分，析言則別。荀悅說：「夫立策決勝之術，其要有三，一曰形，二曰勢，三曰情。形者言其大體得失之數也。勢者言其臨時之宜也，進退之機也。情者言其心志可否之意也，故策同事等而功殊者何，三術不同也。」（《前漢紀．高祖皇帝紀》卷二）岳飛也說：「運用之妙，存乎一心。」（《宋史．岳飛傳》）形勢就是屬於運用之妙，其運用在於人的心志。

[5] 裘錫圭《古文獻中讀為「設」的「埶」及其與「執」字互訛之例》，香港大學亞洲研究中心《東方文化》，Vol. XXXVI, 1998, Number 1&2，頁三九—四六。

〈勢〉和〈虛實〉所用，做為動詞的「形」，都是做出來的「形」（「形之」、「形人」、「形兵」），即「勢」所表現出來的「形」。如：

(1)「形之，敵必從之。」（〈勢〉）

(2)「故形人而我無形。」（〈虛實〉）

(3)「形之而之死生之地。」（〈虛實〉）

(4)「形兵之極，至於無形。」（〈虛實〉）

(5)「因形而措勝於眾，眾不能知。人皆知我所以勝之形，而莫知吾所以制勝之形。故其戰勝不復，而應形於無窮。」（〈虛實〉）

「我所以勝之形」是外在的形，「而莫知吾所以制勝之形」是內在的形，即勢。形以應形，是勢。

（四）形、勢的英文翻譯

中國的現代化或西化，不僅表現在器用方面，也表現在思想和語言方面。有人認為，語言是本土文化的最後堡壘，那是錯誤的見解。我們的思想，其實是用一種很複雜的語言在表達。我們的語言不但很多詞是改造過的外來語，語法也受全面侵襲，特別是書面語、學術文章。自然科學和社會科學的術語，幾乎全部都是躉來的。有些是直接從西方翻譯，有些是從日本轉移，除少數音譯，多半是意譯，有很好的漢語偽裝，特別是古漢語的偽裝（以借自日語的詞最多）。現在，即使是用漢語說話，已經包含多語的思考。

因此，對理解形、勢的概念，翻譯也是一種參考。

翻譯本身，既是比較，也是創造。包含著一種文化與另一種文化的對話。

《孫子》的西方譯本很多。很多譯者發現，要想找到合適的字眼，太難，幾乎不可能。為什麼？

第一，這兩個詞，必須相反，有相互對照的意義；第二，這兩個詞，還可合成一個詞，能拆能合。西方學者怎麼翻譯形和勢，我可以舉幾個例子：

譯者	形	勢
格里菲斯（Samuel B. Griffith）[6]	Dispositions（部署）	Energy（能量）
安樂哲（Roger Ames）[7]	Strategic Dispositions（戰略部署）	Strategic Advantage（戰略利益）
索耶爾（Ralph D. Sawyer）[8]	Military Disposition（軍事部署）	Strategic Military Power（戰略軍事能量）
敏福德（John Minford）[9]	Forms and Dispositions（陣形和部署）	Potential Energy（勢能）

前述翻譯，主要是用Forms（陣形）或Dispositions（部署）翻譯形，用Energy（能量）或Power（能量）或Potential Energy（勢能）翻譯勢。

這類翻譯，從中文的角度看，都有問題：

第一，它所選用的詞，不是彼此相反又對應的詞；第二，也無法合成一個詞。第三，Forms是陣形，也可以寫成formation或battle formation。但陣形更接近於勢的概念，比如陣形的奇正就是屬於勢。原書是放在〈勢〉篇講。我們不能認為，有形字的就是形，有勢字的就是勢。比如優勢就是形，陣形就是勢，不能反過來講。〈形〉篇雖然講形，但沒有一個字涉及陣法。第四，Dispositions是部署。部署是形勢，形、勢皆可用，但更接近於勢的概念。第五，Energy或Power都是能量，Potential Energy是勢能，但它不是勢，而是形。

---

6 Griffith, Samuel B., *Sun Tzu, the Art of War*, London, Oxford and New York: Oxford University Press, 1963, pp. 85-5.

7 Ames, Roger, *Sun-tzu, the Art of warfare*, New York: Ballantine Brooks, 1993, pp. 114-21.

8 Sawyer, Ralph D., *The Seven Military Classics of Ancient China*, Boulder, San Francisco and Oxford, 1993, pp. 163-66.

9 Minford, John, T*he Art of War*, Penguin Books, 2003, pp. 20-30.

研究形、勢，我們最容易犯的錯誤，就是把它們當成兩個完全無關的概念。其實它們是同一件事的兩個不同側面。所以，我們最好還是選一個詞代表合成的「形勢」，既是形，也是勢。比如，形是Dispositions，那勢也是Dispositions（而且更應該是）；勢是Energy，那形也是Energy。我們要區別二者，最好是用定語去區別。例如：

形	勢
Visible Dispositions	Invisible Dispositions
Potential Energy	Released Energy

再有，英語中，更類似形勢的其實是situation。看來，形、勢的翻譯還值得推敲。

（五）形勢的具體表現

《孫子》一書，貴在權謀，但權謀的體現是形勢。它的絕大多數篇章都是講形勢。《孫子》講形勢，主要在〈形〉、〈勢〉和〈虛實〉三篇，但實際應用，是〈軍爭〉、〈九變〉、〈行軍〉、〈地形〉、〈九地〉五篇。

形勢的具體展開，主要體現在如何把軍隊從本國帶進敵國，從敵國的邊境帶到敵國的腹地，通過分散集結的運動變化，造成會戰地點上的我強敵弱、我眾敵寡、我實敵虛。毛澤東講運動戰，說「打得贏就打，打不贏就走」。[10]「走」和「打」，就是形勢的具體體現。

下一組，「走」的問題很突出，因「走」而生，是帶兵的問題和地形的問題。

「走」，不光是逃跑。就是逃跑，也是一門大學問。「三十六計」最後一計，就是「走為上計」。「三十六計，走為上計」，是以下策為上策。戰場上，你死我活，面對面地殺戮，大家都喜歡以「虎狼」自居，沒有誰說，我比兔子跑得快，但《孫子》卻說，善用兵者，「始如處女，後如脫兔」。人中呂布，馬中赤兔。兔子可以比寶馬，有什麼不好？

《漢志·兵書略》的形勢類，原有兵書十一種，包括《楚兵法》、《蚩尤》、《孫軫》、《繇敘》、《王孫》、《尉繚》、《魏公子》、《景子》、《李良》、《丁子》、《項王》。《楚兵法》是楚國的兵法。《蚩尤》是依託蚩尤的兵法。孫軫即晉國的先軫，繇敘即秦國的由余，魏公子即魏國的信陵君無忌，李良、丁子是漢人，項王即項羽。這些兵書，幾乎全部亡佚，只有《尉繚》，或許與今本《尉繚子》有關。

《孫子》不是形勢類的兵書，但它照樣講形勢。權謀類的兵書是綜合性的，可以包括形勢。研究形勢，《尉繚子》缺乏代表性，經典表述，還是要看《孫子》中的〈形〉、〈勢〉二篇。

---

10 《毛澤東選集》，頁一二二五。

第七講　（兵）勢第五

勢與形相反。此篇與上篇，應對照著看。

〈勢〉篇的「勢」，《魏武帝注》本和《武經七書》本前面都有「兵」字，簡本和《十一家注》本沒有。這字是後人為了整齊畫一加上去的，應該刪掉。

勢是因敵而設的某種格局，看不見，摸不著，但它絕不是捨形而在、魂不附體，而是藏於形後、與形相伴的東西。以形應形、無形制形是勢（〈虛實〉有「應形於無窮」），藏形（藏真形）、示形（示假形）、形人（使敵形現）也是勢（〈虛實〉有「形人而我無形」），設局調動敵人，造成形格勢禁，更屬於勢（〈虛實〉的大部分都是講這類學問）。古人不是說：「鴛鴦繡了從頭看，莫把金針度於人。」（元好問《論詩絕句》）形就是鴛鴦，勢就是金針。看見的都是形，看不見的才是勢。勢是「看不見的手」。

我把〈勢〉篇分為六章：

第一章，講兵力的分配和組合，即眾寡之用，分合為變。它分四個概念：

（甲）治兵的眾寡

⑴分數。是管理很多人如同管理很少人，即靠軍隊編制和設官分職管理軍隊，屬於建制管理。

⑵形名。是指揮很多人如同指揮很少人，即靠金鼓旌旗等號令系統指揮軍隊，屬於指揮聯絡。

（乙）用兵的眾寡

⑴奇正。是打的眾寡，點上的眾寡，即戰鬥中的兵力配置。

⑵虛實。是走的眾寡，面上的眾寡，即運動中的分散集結。

第二章，講戰勢不過奇正，但奇正相生，變化無窮。

第三章，講勢險節短，蓄勢要深不可測，或高不可及，有隱蔽性；發勢要短促有力，且出人意料，有突然性。它包含兩組比喻：一組是用激水和鷙鳥講，一組是用張弩和發矢講。

第四章，講數（即分數）、形、勢的區別。

(1)數。治亂是靠數，即分數。

(2)形。強弱是靠形。

(3)勢。勇怯是靠勢。

第五章，講釋人任勢，即靠勢不靠人。

第六章，也是用打比方的方式講話。作者以木石比人、高山比勢，講任勢的道理。

【五・一】

孫子曰：

凡治眾如治寡，分數是也；鬥眾如鬥寡，形名是也；三軍之眾，可使（必）〔畢〕受敵而無敗者，奇正是也；兵之所加，如以（碬）〔碫〕投卵者，虛實是也。

這段話非常重要，一連出現四個術語。四個術語代表四個層次。前人的注釋太簡略，也不夠準確。依個人理解，這四個詞都是講兵力的分配和組合：

(1)分數。原文說「治眾如治寡，分數是也」。這是講軍隊的建制管理。曹操說：「部曲為分，什伍為數。」這解釋大體是對，但不夠準確。第一，部曲是漢代編制，不是先秦編制，先秦的叫法，是「曲制」、「曲政」，前面講「曲制」，即前所說第三講；第二，部曲、什伍都是分數，不是大的編制叫分、小的編制叫數，分開講，就不對了。其實，分指分層，數指員額，是個合起來的詞。分數很重要，一支軍隊，有十萬多人，怎麼管理？主要靠分層設級、定編定員，然後各級配備各級的軍官。如〈謀攻〉講軍旅卒伍，就是屬於這種編制，每級有每級的軍官。有了各級編制和各級軍官，才能管理千軍萬馬如同管理一人。〈形〉篇末尾「知勝有五」的「數」，下文「治亂，數也」的「數」，均與此有關。這是第一個層次。

(2)形名。原文說「鬥眾如鬥寡，形名是也」。這是講軍隊的指揮聯絡。「鬥眾」一詞，見於《墨子．號令》。「鬥眾」是說指揮自己的人打仗，不是去鬥對方的很多人。號令就是形名。「形名」，曹操的解釋是「旌旗曰形，金鼓曰名」。這個解釋大體對，也不夠準確。他的想法，旌旗是靠眼睛看，所以叫形；金鼓是靠耳朵聽，沒有形，只能叫名。兩個字，和上面一樣，也是拆開來講。其實，形名就是信號，不管是聽是看，接受的都是信號。金鼓之聲是聽覺信號，旌旗之形是視覺信號，兩者都是傳達將軍的號令，不是一個叫形、一個叫名。形名本做刑名，既是法家術語，也是兵家術語。法家（法術家）講形名，是講名詞和概念，以及它們代表的實體。他們常在名實關係上做手腳。名家（刑名家或形名家）的詭辯術就是這麼來的。兵家講形名，名是號令，形是號令所指（如軍隊各部、武器、糧秣，等等）。軍中信號，有很多種，但最常見的兩種，是金鼓、旌旗。有了金鼓、旌旗，統一士兵的耳目，才能指揮千軍萬馬如同指揮一人。關於金鼓旌旗的制度，有些細節，後面的〈軍爭〉還會講，這裡先講它的基本概念。形名的形和形勢的形，兩者有密切關係，形名的基礎，就是分數。比如，銀雀山漢簡〈奇正〉說：「故有形之徒，莫不可名；有名之徒，莫不可勝。故聖人以萬物之勝勝萬物，故其勝不屈。戰者，以形相勝者也。……形以應形，正也；無形而制形，奇也。奇正無窮，分也。分之以奇數，制之以五行，鬥之以形名。分定則有形矣，形定則有名〔矣〕。」就是從形名講形勢、從分數講形名。廣義的形名，是用信號或符號控制萬物的生剋變化。金鼓旌旗是控制形勢的符號，分數是形名的基礎，形名是分數的應用。從形變勢，寓形於勢，形名是關鍵。這是第二個層次。

(3)奇正。原文說「三軍之眾，可使（必）〔畢〕受敵而無敗者，奇正是也」，意思是敵無論從哪個方向進攻，都能夠用奇正去化解它，始終立於不敗之地。這是講戰鬥中的兵力配置，即陣形上的兵力分配。比如，前後左右中，哪個方向多一點，哪個方向少一點，有些兵力擔任突擊，有些兵力擔任策應，等等。前者叫奇，後者叫正。這是第三個層次。

(4)虛實。原文說「兵之所加，如以（碫）〔碬〕投卵者，虛實是也」，這是用譬喻的方式來說：以實擊虛，等於石頭砸雞蛋。虛實和奇正不同，它是戰役的兵力配置，即大規模運動中的分散集結。這是更大範圍內的兵力分配。奇正是點上的分配，虛實是面上的分配。這是第四個層次。

前面說過，形勢是「兵力的配方」，即兵力的分配和組合。這一章就是講有哪幾種分配和組合。〈謀攻〉說「知勝有五」，其中前兩條，是「知可以（與戰）〔戰與〕不可以（與）戰者勝，識眾寡之用者勝」。「知可以（與戰）〔戰與〕不可以（與）戰者勝」是〈形〉篇的重點，「識眾寡之用者勝」是〈勢〉篇的重點。

這四個層次，都和眾寡有關。分數、形名是針對己方的數字管理，奇正、虛實是針對敵方的兵力部署。前者是治兵之數，屬於形。後者是用兵之數，屬於勢。

分數即〈計〉篇的「法者，曲制、官道、主用也」，即〈形〉篇結尾的「數」，它主要與軍法有關，與軍賦有關。

分數，《孫子》無專篇。形名，即〈軍爭〉引〈軍政〉為說的那一段，也沒有專篇。奇正，見於本篇。虛實，見於下篇。〈勢〉和〈虛實〉，是講眾寡之用、分合為變的主要篇章。

【五．二】

凡戰者，以正合，以奇勝。故善出奇者，無窮如天地，不竭如江海。終而復始，日月是也；死而更生，四時是也。聲不過五，五聲之變，不可勝聽也；色不過五，五色之變，不可勝觀也；味不過五，五味之變，不可勝嘗也；戰勢不過奇正，奇正之變，不可勝窮也。奇正相生，如迴圈之無端，孰能窮之哉！

我們讀《孫子》，〈勢〉篇最難懂。我們讀〈勢〉篇，奇正最難懂。

奇正是什麼？作者有兩段話：一段是上文的「三軍之眾，可使（必）〔畢〕受敵而無敗者，奇正是也」；一段是這的「凡戰者，以正合，以奇勝」。前者是講自保不敗，後者是講克敵制勝，兩者互為補充。「合」是接敵，你打我，我就要還手，有所應對，這就像下象棋，當頭砲，把馬跳，出車拱卒是一套，兵來將擋，水來土掩，採取對等的行動。但以正應正，只能自保，不能取勝。取勝，一定要出奇，以奇破正，以奇破奇，打破僵局與平衡。

下面的話，主要是講奇正相生，變化無窮。

作者認為，制勝是靠出奇，出奇是靠奇正相生，即奇和正相互搭配，相輔相成。奇正相生，就像天地永在、江海長流，日月盈虧、四時輪迴，無法窮盡其變化。它是一種可以反覆進行的排列組合，就像五聲、五色、五味的排列組合。音階，只有角、徵、宮、商、羽。顏色，只有青、赤、黃、白、黑。味道，只有酸、苦、甘、辛、鹹。但五種東西搭配起來，它們組成的音樂旋律、畫面形象和美食美味，卻變化無窮。戰勢只有奇、正兩個要素，但奇用多少、正用多少，哪個方向多一點、哪個方向少一點，這個配方，也是變化無窮，就像個圓圈，你順著這個圓圈轉，轉來轉去，總是沒有開端，也沒有結尾。

古人的世界觀，就是喜歡轉圈。寒來暑往，秋收冬藏。他們習慣的是這種時間、這種歷史。五行相生，五行相克，是典型的循環論。

原文說「戰勢不過奇正」，《長短經．奇正》作「戰勝不過奇正」，《太平御覽》卷二八二引作「戰數不過奇正」，但《後漢書．皇甫嵩傳》李賢注作「戰勢不過奇正」，「勢」指奇正之數是肯定的。勢有兩層概念，奇正是第一層次，虛實是第二層次。奇正是勢的核心概念，虛實不過是擴大的奇正。

這是奇正的一般概念。

下面要帶大家讀一點有關材料、講一點有關話題。

（一）銀雀山漢簡〈奇正〉的解釋

銀雀山漢簡〈奇正〉，是一篇保存比較完整的古佚書。古代兵書，失傳者多，有些名氣大，題名作者的名氣很大，但寫得未必高明，後人把它淘汰掉了。但這篇不一樣，它是寫得真好，言簡意賅，富於哲理性，除了《孫子》，沒有哪篇可與之相比。如果不是失而復得，真是太可惜了。此篇原有篇題，就叫〈奇正〉，正好可以解《孫子》。

(1)「天地之理，至則反，盈則敗，日月是也。代興代廢，四時是也。有勝有不勝，五行是也。有生有死，萬物是也。有能有不能，萬生是也。有所有餘，有所不足，形勢是也。」

上面的話，和這裡很相似，但不是講奇正，而是講形勢。「萬物」是人以外的東西，包括生物和非生物。「萬生」，疑讀「萬姓」《書．立政》說：「式商受命，奄甸萬姓。」「萬姓」指人。作者對形勢的解釋是「有所有餘，有所不足」，可見它是講數量分配。

(2)「故有形之徒，莫不可名。有名之徒，莫不可勝。故聖人以萬物之勝勝萬物，故其勝不屈。」

這是講「形勝」，即有形的東西都會有名，有名的東西都會有克服它的辦法。此處的兩個「徒」字，都是類、屬的意思。《老子》第五十章：「出生入死，生之徒十有三，死之徒十有三，而人之生，動之死，亦十有三。」馬敘倫說：「徒即途、塗本字也。」應該讀為道途之途，[1]不對。《韓非子．解老》：「屬之謂徒也。」《老子》河上公注：「言生死之類各有十三。」這些解釋才是正確的解釋。「以萬物之勝勝萬物」，是說一物降一物，每種東西都有克服它的辦法，只要你掌握其相生相剋的道理，就能克服它。

---

1 馬敘倫《老子校詁》，北京中華書局，一九七四，中冊，頁四四七。

(3)「戰者，以形相勝者也。形莫不可以勝，而莫知其所以勝之形。形勝之變，與天地相敝而不窮。形勝，以楚越之竹書之而不足。形者，皆以其勝勝者也。以一形之勝勝萬形，不可。所以制形壹也，所勝不可壹也。故善戰者，見敵之所長，則知其所短；見敵之所不足，則知其有餘。見勝如見日月。其錯勝也，如以水勝火。」

這段也是講「形勝」。「形勝」是「以形相勝」，即以其可勝而勝之。這種「形勝」既然是「制形」、「錯勝」，可見都是「勢」。「制」、「錯」都含有人為之義，凡人所製造的勝都屬於勢。作者說：「所以制形壹也，所勝不可壹也。」意思是所有人為製造的形都靠奇正，但奇正相生卻是千變萬化，每次都不一樣。

(4)「形以應形，正也；無形而制形，奇也。奇正無窮，分也。分之以奇數，制之以五行，鬥之以形名。分定則有形矣，形定則有名〔矣〕。」

前人對奇正的概念爭論不休，這段話不能忽略。「形以應形」，是用看得見的形對付看得見的形，這種形是現成的形。「無形而制形」是本來沒有這個形，為了對付敵人才將它特意製造出來。前者是「正」，後者是「奇」。「奇正無窮，分也。分之以奇數，制之以五行，鬥之以形名。分定則有形矣，形定則有名〔矣〕。」這段話很重要，它說明奇正之分，是以分數為基礎。

(5)「同不足以相勝也，故以異為奇。」

「形以應形」是「同」；「無形而制形」是「異」。「同」很單調，不能製造變化，只有「異」才能製造變化。比如上面講的五聲、五色、五味，只有將這些不同的東西排列組合，才有變化。如果一首歌，從頭到尾只有一個音，誰也受不了。「奇」永遠是反常的東西。

(6)「是以靜為動奇，佚為勞奇，飽為飢奇，治為亂奇，眾為寡奇。」

這五句話是什麼意思？恐怕不能理解為「奇」就是靜、就是佚、就是飽、就是治、就是眾。實際上，正可以是奇，奇也可以是正；形可以是勢，勢也可以是形，端看你從哪個角度去強調。這裡說的「奇」，主要是和敵人不一樣。「異」，就是和敵人作對，處處比敵有優勢，有可破敵的辦法。

(7)「發而為正，奇發而不報，則勝矣。有餘奇者，過勝者也。」

戰爭是「接受美學」，對方是否中計、是否就範，最關鍵。來而不往非禮也，往而不來也是白搭。作者強調，「奇」、「正」的區別不在於「發」，而在於「發」了以後，對方有沒有反應。你出招，他接招，有來有往，這都是「正」。只有對方招架不住，你出招，他無法回報，才是「奇」。「奇」是什麼？就是留一手。關鍵的一拳，才叫「奇」。作者把這關鍵的一擊、略勝的一籌叫「餘奇」。什麼叫「餘奇」，接下來會說明。

（二）曹操的解釋

曹操的解釋，主要見於兩份史料：一是他為《孫子》寫的注，一是他的著作《曹公新書》。前者只有兩條：一是「先出合戰為正，後出為奇」，一是「正者當敵，奇兵從旁擊不備」。後者只有一條，即「己二而敵一，則一術為正，一術為奇；己五而敵一，則三術為正，二術為奇」（《唐太宗李衛公問對》卷上引）。他的解釋很通俗、很簡練，但也容易被人誤解。有人過於拘泥，以為先就是正、後就是奇；當敵就是正，旁擊就是奇。或者以為奇正的比例是固定的。這都沒抓住奇正的本質。奇正的本質到底是什麼？這要看什麼是正常、什麼是反常。比如李靖，他對曹操就有所批評，認為奇正不是這麼簡單，可以一清二楚分開來。

（三）李靖的解釋

曹操以後，《唐太宗李衛公問對》很重要。此書分為上中下三卷，上卷就是以「奇正」為主要話題。

李靖談奇正，有兩點很突出。第一，他反對重奇輕正。第二，他反對簡單的奇正劃分。

李靖認為，沒有正兵，奇兵也無所用之，兩者不可偏廢。兵貴出奇，但不能不看對手是誰，一味出奇。比如，唐平突厥靠奇兵、討高麗用正兵，就是兩種辦法。正兵，是靠堂堂之陣、正正之旗，有強大實力做後盾，大兵壓境，三下五除二，解決問題，這是強弱不成比例時，常有的情況。如果勢均力敵，甚至反過來，對方比自己強大的多，用詐出奇，就顯得格外重要。他說，正兵是古人所重（如諸葛亮和馬隆）。自古兵法，都是「先正而後奇，先仁義而後權譎」。克勞塞維茲也說，詭詐對弱方更重要。[2]

先正後奇，是兵家反覆強調的原則，也是政治家反覆強調的原則。政治家比兵家更強調。戰國以來，兵家尚詭詐，對政治是衝擊，對道德是衝擊。《老子》說：「以正治國，以奇用兵。」（第五十七章）這話很有名，可反映政治和軍事的關係、政治和軍事的不同。大家都說，兵家固然用奇，但奇還得放在正下，由正管著。但戰爭是不流血的政治、政治是不流血的戰爭，兩者的區別，其實有限。

這是李靖對奇正的第一個看法。

第二點，李靖說，奇正非素分，乃臨時制之，沒有固定標準。料到的就是正，料不到的就是奇。哪怕是歪打正著這也是奇。過去，我講兵不厭詐，最喜歡拿空城計做例子。諸葛一生唯謹慎，大開城門，是一反常態，這是出奇，但到底是不是奇，要看司馬懿的反應。司馬懿怕有伏兵，不敢進，得，這就是奇了。可見，什麼是正，什麼是奇，往往只是一念之差。李靖認為，曹操講的三條，先出後出，正擊旁擊，幾術為正，幾術為奇，都不是關鍵。關鍵是，要給對方一個「驚喜」。如果非講區別，也只是大概，即分兵力大部，與敵接戰，形成牽制，是正；將軍留少數精兵銳卒在手中，用於機動和關鍵性打擊，是奇。奇就是王牌。他的定義是「大眾所合為正，將所自出為奇」。

李靖講奇正，是和陣法結合著講。他講陣法，是從黃帝到唐代。這裡，有意思的是，他還談到番漢用兵的不同。唐太宗問，蕃兵靠馬，是不是奇？漢兵靠弩，是不是正？李靖說，不是。他說，番兵長於馬，漢兵長於弩，各有奇正。唐太宗的分法太簡單，但並非毫無道理。番兵騎馬，流動性大，突襲性強，比起漢兵，確實更有「奇」的味道。軍事對抗、任何武器，都有反制。馬是草原地區馴化，弩是南方起源。漢兵以弩解馬，是一種南北對抗。李將軍解匈奴圍，就是靠強弩。李靖的解釋很靈活。

（四）林彪的「一點兩面」戰術

埃德加．斯諾（Edgar Snow）的《西行漫記》（*Red Star Over China*）稱許林彪是紅軍中有名的常勝將軍。但林彪事件發生後，牆倒眾人推，大家說他根本不會打仗，這是罔顧歷史事實。後來，評十大軍事家，他名列其中。遼沈戰役，林彪講過「一點兩面」戰術，主要是講圍城攻堅，他說，一點就是要有精銳的打擊力量、要有突破點，兩面不一定是兩面，也可能是三面、四面。這種戰術，其實就是古代的奇正。「一點兩面」戰術，中國有，外國也有。林彪在蘇聯學習軍事，蘇聯有「鐮刀斧頭」戰術。鐮刀斧頭，是蘇維埃的標誌，代表工農；做為戰術，則是以鐮刀為正、斧頭為奇。鐮刀用來摟草割草，像正兵鉗制；斧頭用來打鐵，像奇兵突破。

（五）魏立德的解釋

法國學者魏立德（François Wildt）寫過一篇文章《關於〈孫子兵法〉中的數理邏輯》。是關於奇正，說得最好的解釋。前文所講的銀雀山漢簡〈奇正〉、曹操的說法、李靖的說法，他都考慮到了。但他走得更遠、想得更深。他說，「奇」就是「餘奇」，「餘奇」和《易經》擺草棍的演算方法有關。他說，中國的數學傳統，一直看重「餘奇」。「大衍之數五十」，要拿出一根放到一邊，這根放在一邊的草棍，絕不是可有可無，而是非常重要。「餘奇」的重要性在哪？它是製造一切變化的關鍵。所有偶數加上這個「奇」，就會變成奇數；所有奇數減

---

2 克勞塞維茲《戰爭論》，頁二一八。

去這個「奇」，就會變成偶數。另外，他還提到，中國古代統治者，喜歡自稱「孤」、「寡」、「餘一人」。這個「孤家寡人」，這個孤零零的人，也是「奇」。

中國古代的「奇」，還有個說法，是叫「零」。《說文解字．雨部》：「零，餘雨也。」古書中的「零」和「霝」有關。本來都是雨點的意思。雨是點點滴滴的下，引申有孤立、分散等義。秋天，大樹飄零，「無邊落木蕭蕭下」（杜甫〈登高〉），樹葉一片一片掉下來，就是像雨點那樣。還有「孤苦伶仃」的「伶仃」，也作「零丁」，「惶恐灘頭說惶恐，零丁洋裡嘆零丁」（文天祥〈過零丁洋〉），也是孤零零的意思。中國的「零」是odd number（既是奇數，也是餘數）的one（一），而不是zero（零），它與西方的零完全不一樣。[3]西方的零，是無，附於其他數字後，表示進位元。這種零，一般推始於西亞；亦有一說是從印度引進。中國古代，進位後的餘數，有時用又字為隔，有時用空格表示，空格可以畫成圈，這個圈並不是零，本來意義上的零是餘奇。比如專講陣法的《握奇經》，「握奇」的「奇」，就是「餘奇」。唐太宗問李靖，「握奇」的「奇」是什麼意思，李靖說：「餘奇為握機。奇，餘零也。」唐太宗再問，也提到「陣數有九，中心零者，大將握之，四面八向，皆取準焉」（《唐太宗李衛公問對》卷上）。都把大將所居、處於八陣中心的陣，叫「零」。零陣可不是空陣，而是做為王牌的陣，就如象棋盤上的那個九宮格，老將躲在裡面。可見零是餘奇。

餘奇是一切數字的中心，就像太一居於宇宙的中心，皇帝居於天下的中心；也是一切數字的歸宿，一千是一，一萬是一，不斷進位的一，都可歸入它的概念。它既是開端，也是結尾；既是中心，也是全體。

（六）陣法的奇正

陣法就是隊形排列的方式。克勞塞維茲的「幾何要素」，就是指它。這種東西，不僅古人練，現代也練。比如上體育課，先要集合，稍息立正，向右看齊，向前看，就是陣法的遺產。古代戰鬥是靠陣法。奇正是用於面對面的戰鬥，和陣法直接有關。

《孫子》十三篇，沒有一篇是專門講陣法，但「紛紛紜紜，鬥亂而不可亂；渾渾沌沌，形圓而不可敗」，前人都說，這是講陣法。

戰鬥不是貴族決鬥、不是流氓打群架，而是項羽想學的「萬人敵」。凡集團對抗，刀對刀、槍對槍，近距離肉搏，有陣沒陣不一樣。陣法，古今中外都有。農業民族長於步戰，喜歡密集方陣，最典型。遊牧民族長於騎戰，喜歡散鬥游擊，表面看，好像沒陣法，其實，人家有人家的陣法。密集方陣對騎兵馳突，以靜制動，往往很被動。

古代陣法，花樣很多，其實不外乎橫豎、方圓、曲直、疏密，有各種形狀；配合天地陰陽、三才五行、八卦九宮和十二辰，有各種名稱。《三國》、《水滸》一類小說，把它講得神乎其神，其實道理很簡單。研究陣法，臺灣學者李訓祥的博士論文《古陣新探》有很好的討論。

幾種重要的陣說明如下：

(1)常山蛇陣，俗稱「一字長蛇陣」，是一字排列的縱隊或橫隊。《武經總要前集》卷八有此陣，名字是從《孫子．九地》來的。《九地》有「率然」。「率然」是「常（恒）山之蛇也」，能首尾相救。這種隊形，也是有頭有尾，可做犄角之勢，自環而相救。此陣名稱雖晚，但隊形不晚。三才陣就是由此陣形變出。這是演練陣法的基本隊形，即使現代閱兵，也得從這兒練起。

(2)三才陣，是三分的佇列。《武經總要前集》卷七、卷八有此陣，叫「太公三才陣」或「三才陣」，名字是從《六韜．虎韜．三陳》來的。〈三陳〉有「天陳、地陳、人陳」，原來是指用兵布陣，要上應天之時、下順地之利、中合人之用，不是具體的陣。三才陣，也是名稱晚、隊形不晚。陣法，基礎是參伍之法（圖六八）。參

3 羅伯特．卡普蘭《零的歷史》，馮振傑等譯，北京中信出版社，二〇〇五。

是三人，伍是五人。三人，可左、中、右排列，可前、中、後排列，這是參法。五人，是合併二者，做前、後、左、右、中排列。《通典》卷一四八講古代軍制，提到一人為獨、兩人為比、三人為參。古代軍制，有伍沒參，但伍法的基礎是參法（詳下五行陣）。參法，既是最小，也是最大。比如最高一級的軍，不管是左、中、右三軍，還是前、中、後三軍，都是用參法。參法，是縱隊、橫隊的三分法。它是變陣的核心。所有陣法，只要有左、中、右或前、中、後，就必定有參法。銀雀山漢簡〈八陣〉（收入《孫臏兵法》），八陣是哪八陣，原文沒說，但它有一句話，叫「用陣參分」。八陣，不管橫著看、豎著看，每一行，每一列，都是三分，就包含這種陣。三分的陣，又分兩種：一種是三點成一線，做直線形；一種是三點成一角，做三角形。直線形，就是上面說的行列或常山蛇陣。三角形是它的變形。三角形也分兩種：或一人突前，兩人殿後，呈正三角形；或兩人突前，一人殿後，呈倒三角形。突前者叫鋒，殿後者叫後，好像一把劍，前有劍鋒，後有劍柄。銀雀山漢簡〈勢備〉（收入《孫臏兵法》）以劍比陣，說陣形像劍，就是有取於此。原文說：「鬥一守二，以一侵，以二收。」做正三角形，這是步兵的陣。車騎，「分以為三，一在於右，一在於左，一在於後。」則是倒三角形。

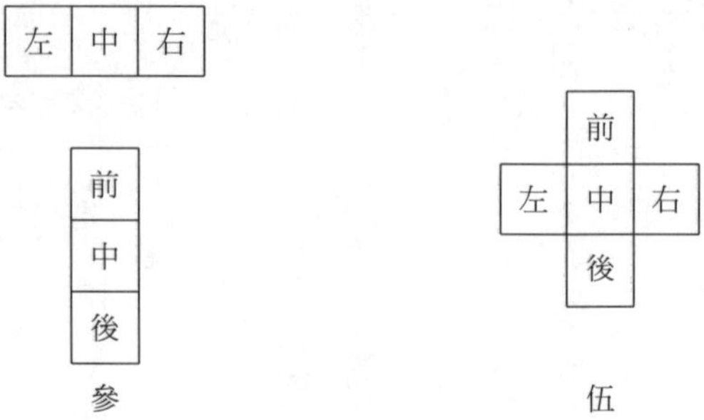

圖六八　參伍之法

(3)五行陣（圖六九），是按前、後、左、右、中排列，它是用左、中、右，加前、中、後，交午而成，做十字形，兩中合一中，基礎是參法。《武經總要前集》卷七、卷八有此陣，叫「黃帝五行陣」或「五行陣」。三才配五行，是古代的宇宙論，三皇五帝就是配合這種學說。這種陣，是以形狀命名。《武經總要前集》的五行陣，是直、銳、曲、方、圓五陣。直陣，舉青旗，當木；銳陣，舉朱旗，當火；曲陣，舉黑旗，當水；方陣，舉白旗，當金；圓陣，舉黃旗，當土（「朱旗」，卷七〈陣法總說〉誤作「白旗」，卷八〈裴子法〉不誤）。此說

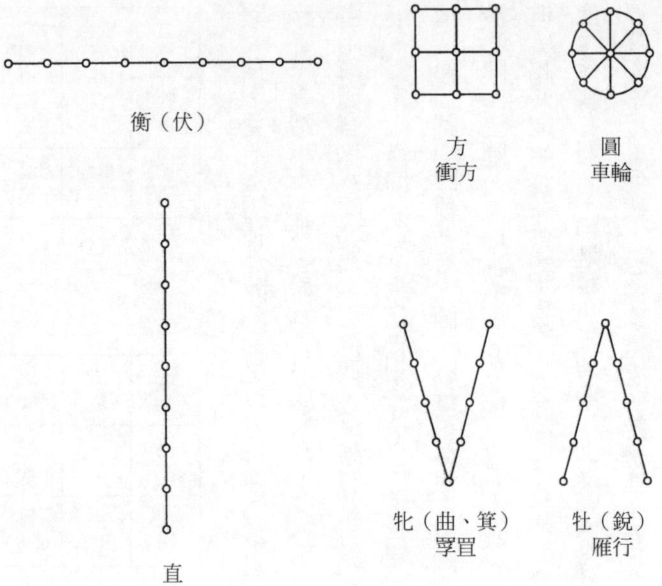

圖六九　五行陣的構成要素

與《黃帝玄女兵法》、《太公軍鏡要術》等古書佚文相符。《周書》佚文也有五行陣，方、圓二陣一樣，但銳作牡、曲作牝、直作伏。銀雀山漢簡〈十問〉提到十種陣，有圓、方、銳、衡、箕五陣，直作衡，曲作箕。這一類的各種陣，方、圓比較簡單。牝是凹形或倒三角形，左右和後面封閉，前面開口。牡是凸形或正三角形，前面和左右封閉，後面開口。曲是凵形，箕是簸箕形，其實就是牝。銳是銳角三角形，其實就是牡。衡，據吳起八陣，相當孫子八陣的車輪；據諸葛亮八陣，相當孫子八陣的雁行。直，與衡相反，據吳起八陣，相當孫子八陣的衡方（《武經總要前集》卷七、卷八）。伏陣，可能就是衡陣。以上各陣，方、圓、牝、牡最基本。李靖說：「諸家兵法，唯伍法為要。」（《唐太宗李衛公問對》卷中）下面的八陣就是從這種陣法變出。

(4)八陣（圖七〇），其實是九宮陣。九宮陣是五行陣的擴大，除前、後、左、右、中，又加了四個角。古陣中，八陣最有名。據說黃帝有風後八陣，西周有太公八陣，春秋戰國有司馬穰苴八陣、孫子八陣、吳起八陣，西漢有公孫宏授霍光八陣，東漢有諸葛亮八陣，西晉有馬隆八陣，等等。但唐代所傳，主要分兩個系統：一個系統是裴緒《新令》所傳，來源是孫子八陣。《隋書．經籍志》有《孫子八陣圖》和《吳孫子牝牡八變陣圖》，都是《吳孫子兵法》的佚篇。它是以陣形定名，即方、圓、牝、牡，加衡方、車輪、罘罝、雁行。前四種來自五行

方（兌）	雁行（乾）	罦罝（巽）
牡（离）		牝（坎）
沖方（震）	車輪（坤）	圓（艮）

（先天卦位）

罦罝（巽）	牡（离）	車輪（坤）
沖方（震）		方（兌）
圓（艮）	牝（坎）	雁行（乾）

（後天卦位）

裴緒八陣

虎（兌）	天（乾）	風（巽）
鳥（离）		蛇（坎）
龍（震）	地（坤）	雲（艮）

（先天卦位）

風（巽）	鳥（离）	地（坤）
龍（震）		虎（兌）
雲（艮）	蛇（坎）	天（乾）

（後天卦位）

握奇八陣

圖七〇　陣法示意

陣（中陣沒有講，可能是直陣或衡陣）。後四種是其副陣。衝方是某種方陣。車輪是中有握奇、如輻輳轂的圓陣。罦罝類牝，雁行類牡。另一個系統是《風後握奇經》傳授的八陣。李筌《太白陰經》和獨孤及《八陣圖記》都是這種八陣。這種八陣，據說是玄女授風後，非常古老，其實是講式法的數術家所依託。因為玄女和風後，都是傳說中的式法發明者，式法中的太乙、遁甲也使用九宮圖。它是以卦位定名，也是四正四奇各一套：天、地、風、雲配乾、坤、坎、離；龍、虎、鳥、蛇（青龍、白虎、朱雀、玄武）配震、巽、艮、兌。這兩種八陣，都是以五行陣為基礎，五行陣有中陣，八陣也有。它們都是以中陣為樞紐。中陣就是餘奇。李靖說：「數起於五，而成於八。」（《唐太宗李衛公問對》卷上）九陣中，已經包含五行陣和三才陣。銀雀山漢簡有〈八陣〉篇，和孫武、孫臏有關，是非常重要的發現，但可惜的是，它沒講這八陣是哪八陣。學者懷疑，銀雀山漢簡〈官一〉（也和孫武、孫臏有關）的索、雲、方、封、圜、雁行、錐行、浮沮就是這種八陣。這種八陣，其中四種，方、圜、雁行、浮沮，應即裴緒所傳方、圓、雁行、浮沮。其他四種，索陣不詳，可能相當於牝陣；雲陣，或即《六韜．豹韜．鳥雲山兵》的「鳥雲山陣」，則相當於牡陣；封陣，或即吳起八陣的卦陣，但吳起八陣的卦陣是相當孫子八陣的罦罝陣（《武經總要前集》八卷）；錐行，見銀雀山漢簡〈十陣〉（也和孫武、孫臏有關），疑是銳角三角形。上孫家寨漢簡也有八種陣，是做方、圓、牡、衝方、浮苴、兌武、縱、橫。浮苴即罦罝；兌武，恐怕不是銳（銳是牡，簡文已經有牡），反而可能是牝；縱即直，橫即衡。這兩種八陣，都屬於前一系統。

(5)十陣，銀雀山漢簡有〈十陣〉（收入《孫臏兵法》），其實是每組兩陣，共五組，一共十陣。包括枋（方）、員（圓）、疏、數、錐行、雁行、鉤行、玄襄、火、水。方、圓是第一組，疏、數是第二組，錐行、雁行是第三組，鉤行、玄襄是第四組，火、水是第五組。第一組，不用解釋。第二組，數是密集的陣形，疏是疏散的陣形。第三組，都是三角形，錐行是銳角三角形，雁行是鈍角三角形。第四組，似是兩種迷魂陣。第五組，《續武經總要》卷八說，水陣就是牝陣，火陣就是牡陣。它也是五行陣的變形。

(6)六花陣（圖七一），是李靖的發明（《唐太宗李衛公問對》卷中）。這種陣有六個角，比較特殊，每個角和兩角間的平分線各代表一位。照理說，一、三、五、七、九是一個序列（奇數的序列），一、三、五和九，古陣都有，唯獨沒有七，李靖加了這種陣，就全了，但它和這些陣都不一樣，它是用六條線平分圓面，代表十二位。所謂六陣，其實是七陣，就像八陣加中陣，其實是九陣。《武經總要前集》卷八對這種陣法有介紹，六陣是配十二辰，即大黑配子，破敵配醜，左突配寅，青蛇配卯，摧凶配辰，前衝配巳，大赤配午，先鋒配未，右擊配申，白雲配酉，決勝配戌，後衝配亥，中陣叫中黃。大黑對大赤，破敵對先鋒，左突對右擊，青蛇對白雲，摧凶對決勝，前衝對後衝。

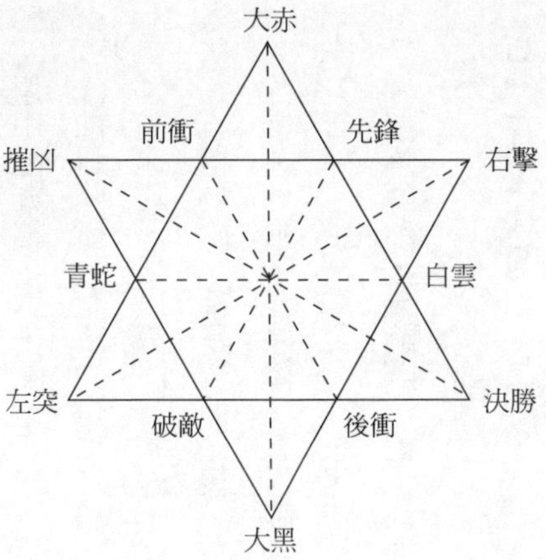

圖七一　李靖六花陣

這些陣法，總結起來，有五個特點：

(1)前述陣形多取規則的幾何圖形，如橫線、豎線、三角行、正方形、六角形和圓形等，便於按圓面切分，四面受力等，很符合力學結構。上文所說「形圓」，就是指這種結構。

(2)前述陣形與古代的式圖相對應，可配三才、四象、五行、五音、八卦、八風、太乙九宮、遁甲八門和十二辰。古代式法，太乙、遁甲配九宮，六壬配十二辰。這類陣形的解釋，往往都與兵陰陽的天文、地理之說有關。

(3)前述陣形，有所謂畫地之法，其幾何劃分，往往與丘井制田法相合，也被說成是井田法。

(4)前述陣形是以伍法為基礎，與古代的軍制也有關係，如五人為伍，二伍為什，五伍為兩，四兩為卒。五人為伍、五伍為兩，都是按前、後、左、右、中排列。

(5)前述陣形，三才陣、五行陣和八陣是一個系統。八陣，每邊三分，含左、中、右和前、中、後，可理解為兩套五行陣（中宮重合）。六花陣是另一個系統，則是與十二辰相配。

(6)前述陣形，無論哪一種，都很強調「中陣」。上面說過，這個「中陣」，就是控制一切變化的餘奇。

（七）五花八門

明清小說有個詞，叫「五花八門」，[4]這個詞也和陣法有關。「五花」就是「五花陣」，[5]「八門」就是「八門陣」。[6]五花陣，是中花加四花，其實就是前、後、左、右、中的五行陣，[7]與李靖的六花陣沒關係。八門陣，就是八卦九宮陣，或八卦陣，[8]則屬於風後八陣的系統。

戚繼光講陣法，也提到五花陣和八陣，如「夫營陣之法，全在編派伍什隊哨之際，計算之定，若無預於營陣然。伍什隊哨之法則，或為八陣，或九軍、七軍、十二辰，古人各色陣法，皆在於編伍時已定。一加旌旗立表，則雖畎畝之夫，十萬之眾，一鼓而就列者，人見其教成之易，而知其功出於編伍者鮮矣。故營陣以伍法隊哨為首，乃以〈束伍〉貫諸篇，庶使知次第也。今法：長牌一面，藤牌一面，狼筅兩把，長鎗四枝，短兵兩件，火兵一名，為一隊。方而為九，直之為二伍，分而為三才、為五花。」（《紀效新書·束伍篇·原束伍》）

（八）奇正和奇駭術

奇正的奇，不僅和奇數的概念有關，也含有奇怪反常之義。出奇制勝，就兼有這兩重含義。

古書有奇駭術，就是一種用奇之術：

(1)數術有刑德奇賌術。如「明於星辰日月之運，刑德奇賌之數，背鄉左右之便，此戰之助也」（《淮南子·兵略》），奇賌即奇駭。高誘注：「奇賌，陰陽奇祕之要、非常之術。」遁甲式有三奇八門，也叫「奇門」，此術或與之有關。

(2)方技有奇咳術。如「受其脈書上下經、奇咳術、揆度陰陽外變、藥論、石神、接陰陽禁書，受讀解驗之，可一年所」（《史記·扁鵲倉公列傳》），奇咳也是奇駭。《集解》：「奇，音羈。咳，音該。」中醫脈學，除十二經脈，還有奇經八脈。

(3)兵書也有五音奇胲術。如《漢志·兵書略》兵陰陽類有《五音奇胲用兵》二十三卷，顏師古注引許慎說：「胲，軍中約也。」不詳何義。《說文解字·人部》：「侅，奇侅，非常也。」段玉裁注：「奇侅與今雲奇駭音義皆同。」

兵家之術，最忌千篇一律、固守不變，奇正是以反常取勝。李靖所言極是。

這是古人對奇正的解釋。

4 如《儒林外史》第四十二回、《兒女英雄傳》第三十七回。
5 如《隋唐演義》第六回、《兒女英雄傳》第十八回、《野叟曝言》第一百二十二回。
6 如《東周列國志》第八十八回、《薛剛反唐》第一回、《平山冷燕》第十六回。
7 據《野叟曝言》第一百二十二回。
8 據《水滸傳》第七十六回、《三國演義》第一百回。

奇正的比例沒有一定。奇正的概念也時常換位。但正是多數，用以接敵，製造對立和相持；奇是少數，用以決勝，打破僵局和困境，這是基本劃分。銀雀山漢簡〈奇正〉：「形以應形，正也；無形而制形，奇也。」「發而為正，其未發者為奇。奇發而不報，則勝矣。有餘奇者，過勝者也。」奇的概念來自餘奇。它是置於正外、藏於正後、駕於正上，故意留下的一手，用以製造對立、超越對立、控制對立、解除對立，永遠讓對方感到意外的一種特殊力量。

【五・三】

激水之疾，至於漂石者，勢也；鷙鳥之疾，至於毀折者，節也。故善戰者，其勢險，其節短。勢如彍弩，節如發機。

這段話，包含兩組比喻，都是講「勢險節短」。

第一組是以激水和鷙鳥為喻：

(1)激水之疾。蓄水深，則衝擊力猛，喻勢險。

(2)鷙鳥之疾。如鷹鷂盤旋於天空，猛然下撲，喻節短。

第二組是以張弩和發矢為喻（圖七二）：

(1)勢如彍弩。控弦待發，如積水於高山，喻勢險。

(2)節如發機。扣動扳機，是關鍵的一擊，喻節短。

這裡的「勢險節短」，「勢險」是把自己偽裝好、隱蔽好，積聚力量，跟隨盯緊目標；「節短」，是把勢釋放出去，實施致命打擊，快速、突然、出人預料。還有，

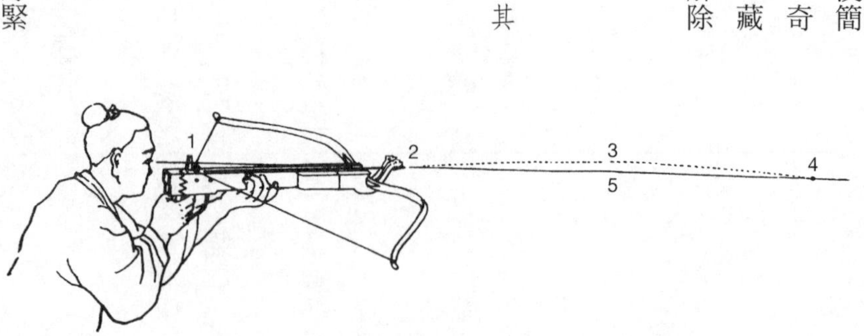

圖七二　勢如彍弩，節如發機

定時炸彈，滴滴答答讀秒，是「勢險」；突然爆炸是「節短」。香港功夫片的想像，是人能飛起來；好萊塢電影的想像，則是讓你看見子彈出膛、砲彈追人跑。「勢險」、「節短」，都是經過定格，才能看出來。

蓄勢待發的勢還是形，釋放出去的勢才是勢。

【五．四】

紛紛紜紜，鬥亂而不可亂；混混沌沌，形圓而不可敗。亂生於治，怯生於勇，弱生於強。治亂，數也。勇怯，勢也。強弱，形也。

「紛紛紜紜，鬥亂而不可亂；混混沌沌，形圓而不可敗」，前人都說，這是講陣形。「鬥亂而不可亂」、「形圓而不可敗」，不是行家，看不出來。大家看到的，全是「紛紛紜紜」、「混混沌沌」。

「治亂，數也。勇怯，勢也。強弱，形也。」這段話還是講開頭的眾寡之數，「數」就是「分數」。「勢」、「形」就是「形勢」。但這裡沒提「形名」和「虛實」。

它是說，治亂取決於分數，即軍隊的建制管理；勇怯取決於戰勢，即人為的態勢和作戰環境；強弱取決於兵形，即雙方的實力。

勢是人為製造的態勢。這種態勢很微妙，擺出一個陣形來，能看到的只是「形」，看不見的才是「勢」，表面亂，其實不亂。上面的話，司馬遷引過，在〈報任安書〉裏。人受侮辱，宮刑為最。他說，他住監獄，是備嘗恥辱，「見獄吏則頭搶地，視徒隸則心惕息」，原因不是別的，全是因為「勢」沒有了，這就像猛虎在深山，百獸震恐，但關在籠子裡，卻搖尾乞食。他慨嘆說：「由此言之，勇怯，勢也；強弱，形也。審矣，曷足怪乎。」俗話說，狗仗人勢，狐假虎威，虎落平陽被犬欺，人也一樣。何謂「勢」？

（一）銀雀山漢簡〈孫臏兵法〉論勢

《呂氏春秋．不二》說，「孫臏貴勢」。孫武和孫臏是一家之學，它的論述很重要。

(1)它是以「權」、「勢」、「謀」、「詐」並說（〈威王問〉），把「勢」和權謀、詭詐列為一類，說它們都是有助獲勝的手段，但並不是迫切的東西。

(2)它說，兵貴選卒，「其巧在於埶（勢）」（〈篡（選）卒〉）。

(3)它用兵器打比方，說「黃帝做劍，以陳（陣）象之；笄（羿）做弓弩，以埶（勢）象之」；劍是每天佩帶在身上，「旦莫（暮）服之，未必用也」。弓弩不一樣，它是「發於肩應（膺）之間，殺人百步之外，不識其所道至」。弩的特點是射程遠，你看不見它，被射中了也不知道箭從哪來（〈勢備〉）。

（二）《韓非子》論勢

兵家講勢，法家也講勢。先秦法家，是講刑名法術的專家。這一派的理論基礎是道家哲學，即順應自然、無為而治。無為不是無所作為，而是高高在上，以道術當控制工具，讓天下的臣民百姓，依最合理的秩序各行其是，不加干涉，而坐觀其成。法家，古代叫「法術之士」。大家注意最多，只是法和術，其實還有勢。大家莫忘，法家還有一派是專門講勢。商鞅貴法，申不害貴術，慎到貴勢，這是三派的代表人物。慎到的東西，現已失傳，只有輯本。英國漢學家譚樸森（P. M. Thompson）寫過一本《慎子逸文》（*The Shen Tzu Fragments*）。韓非是法術之學的集大成者，他綜合了這三派，法、術、勢都講。韓非和李斯都是荀子的學生。李斯跟荀子學「帝王之術」（《史記．李斯列傳》），韓非學的也是這一套。但他更關心制度問題，除了儒家，還迷道家，對老子的東西更是用心。他的思想裡，既有道家，也有儒家。他認為，法、術、勢都重要，皆治術之一端，缺一不可。法、術、勢，各有各的用。

韓非說，御臣有二柄：一是刑，二是德；刑是殺戮，德是慶賞。這兩手，一硬一軟，就是術。韓非說，虎能制狗，是靠爪牙。假如老虎放棄爪牙，反為狗用，虎就會反制於狗。人主失二柄，也會反制於臣（〈二柄〉）。法和術不同，術是君主控制臣下的，法是官吏控制百姓的。有法，才會四海無閒人，皆致力於耕戰（〈和氏〉）。

勢的意思又不一樣。勢有兩個意思：一是權勢，二是形勢，其實是政治格局。這是控制整個國家的，即使君主和官員，也要受制於它。韓非說，國是君主的車，勢是君主的馬。它是拉著國家走，決定國家走向的東西。沒有勢，等於放著馬車不坐，非下車步行，太笨。（《韓非子．外儲說右上》）

關於勢，他提到惠子的一個說法。惠子說，如果把猿猴關在籠子裡，猿猴就和豬一樣（〈說林下〉）。因為勢變了，猴子再頑皮，也鬧不起來。這個籠子就是勢。

韓非有〈難勢〉篇，最重要。它是圍繞著慎到的說法在討論勢。辯題是：勢與賢，哪個更重要。文章分三段，第一段是「慎子曰」，代表辯方；第二段是「應慎子曰」，代表反方；第三段是「復應之曰」，是作者回答反方。慎子說，勢位比賢智更可靠，「賢智未足以服眾，而勢位足以詘賢者也」，「堯為匹夫不能治三人，而桀為天子能亂天下」。這是貴勢說。反方是尚賢說。其說以為，堯、桀同為天子，而勢位等，為什麼一治一亂，還是不一樣。可見，「釋賢而專任勢」，是本末倒置。最後，作者說，尚賢說成心抬槓，故意把賢、勢對立起來，乃悖論之說。其實，勢和勢不一樣，勢有自然之勢、有人為之勢，「夫勢者，名一而變無數者也。勢必於自然，則無為言於勢矣；吾所為言勢者，言人之所設也」；人和人也不一樣，大好人和大壞人，幾千年都不一定出一個，「吾所以為言勢者中也。中者，上不及堯、舜而下亦不為桀、紂」，就一般情況而言，「抱法處勢則治，背法去勢則亂」，還是真理。

前文說，「吾所為言勢者，言人之所設也」，這句話很重要。「勢」和「設」，上古音都是書母月部字，讀音完全一樣。上一講，我們已經提到，裘錫圭教授考證，古書中的這兩個字經常通假。是用音訓的方法來解釋。韓非強調，勢是人為設置的東西，這點很重要。一直跟大家強調，「形」是素備固有的東西，「勢」是人為做出來的東西，就像下棋布子，有棋盤，有棋子，有規則，但到底怎麼下，還要靠你自己去設。

讀《韓非子》，可以看到這樣的詞句：

> 釋規而任巧，釋法而任智，惑亂之道也。（〈飾邪〉）
>
> 釋法術而任心治，堯不能正一國；……（〈用人〉）
>
> 夫治法之至明者，任數不任人。……故有術之國，去言而任法。……故實有所至，而理失其量，量之失，非法使然也，法定而任慧也。釋法而任慧者，則受事者安得其務？（〈制分〉）

韓非的主張很清楚，他要放棄的東西是「巧」、「智」、「心治」、「言」、「慧」，而要依靠的東西是「規」、「法」、「數」。上面說，尚賢說反對貴勢說，貴勢說是「釋賢而專任勢」。這些與本篇的說法相吻合。

韓非論勢，有權勢之勢（即勢位之勢和威勢之勢）或形勢之勢。前者是權力、權威、合法性；後者是秩序、格局與平衡（權有平衡之義）。《呂氏春秋．不二》：「老耼貴柔，孔子貴仁，墨翟貴廉，關尹貴清，子列子貴虛，陳駢貴齊，陽生貴己，孫臏貴勢，王廖貴先，兒良貴後。」法家貴勢，孫臏也貴勢，先後的概念可能也與勢有關。

法家的特點是釋情而任法，兵家的特點是釋人而任勢。這種想法，和道家的想法更接近。儒家提倡以德治國，法家和兵家都不講以德治國。不講以德治國，不等於不講道德，但他們給人留下的印象，往往是不講道德，讓人想起西方的馬基維利。

法家是老實人。他們的特點，就是盡講大實話，嚇人一跳的大實話。實話是什麼，就是大道理管小道理，而不是小道理管大道理。國家是龐大的社會組織，不能用個人和家裡的道理去管。以德治國不靈，以禮治國也不靈，只有以國治國才順理成章。法、術、勢，就是用國家的道理治國家，這很符合現代國家的理念。

《孫子》和《老子》是什麼關係？現在還說不清。漢畫像石上，有孫武和老子同時出現的例子，但找來一看，他們並不在同一個畫面裡（圖七三）。

法家的「勢」，過去的理解比較單薄，兵家的說法是重要補充。比如這裡講的奇正，對治術的研究就很有意義。

奇正是個哲學概念。中國哲學的特點，是喜歡強調製造兩極又折中兩極，當坐山觀虎鬥的第三者。「極高明而道中庸」（《禮記．中庸》），就是高高在上，給下面的人摻沙子、和稀泥。

政治家、外交家、軍事家，他們都知道，控制局面的最好辦法，就是製造矛盾又消滅矛盾、折中矛盾又打破矛盾，永遠當二上面的一、二背後的一，即第三者。和這類道理有關，有四句話值得玩味。

（一）姜太公釣魚——願者上鉤

道家的特點是無為而治，其典型說法是「黃帝垂衣而天下治」。黃帝坐在那，一動不動，靠什麼？靠專家治國，我比為「一個大笨蛋管所有聰明人」。大笨蛋為什麼能調動這些聰明人、調動天下所有的人，主要是利用人性的弱點。太公書，現在只有《六韜》，它一開篇，就是拿太公釣魚做引子。俗話說，姜太公釣魚——願者上鉤，就是講這個道理。

人的弱點是什麼？無非是貪財好色、追名逐利、怕苦怕死等等。太公說，釣魚和釣人差不多，釣人是靠「三權」，「祿等以權，死等以權，官等以權。」《漢志．諸子略》把太公書歸在道家，是很有道理的。《孫子．九地》講「愚兵投險」，就是利用士兵怕死，讓他們自動送死。

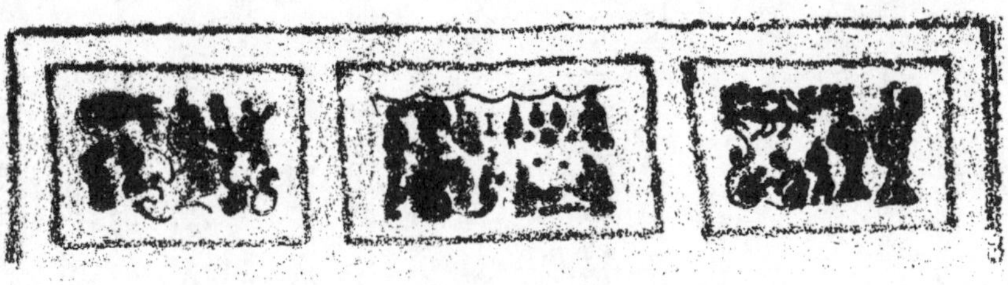

（一）

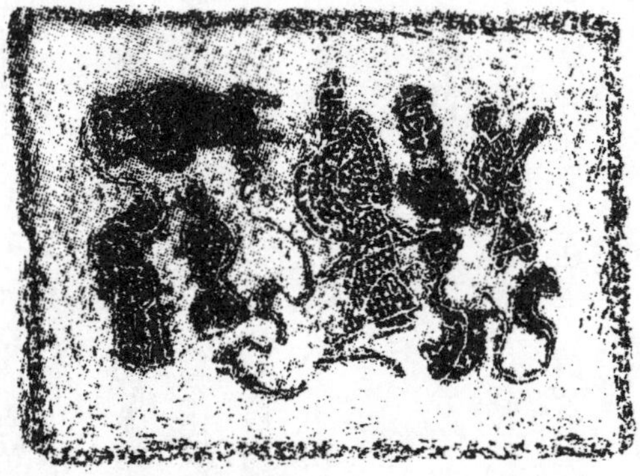

（二）

（三）

圖七三　漢畫像石上的老子和孫子

（一）畫象石全圖
（二）老子（榜題〔老子〕）
（三）孫武（榜題〔孫武〕）

（二）以子之矛，陷子之盾

韓非子說，楚人有個賣矛、盾的人，一會兒吆喝說，他的矛最鋒利，什麼樣的盾都扎得透；一會兒又吆喝說，他的盾最很堅固，什麼樣的矛都扎不透。有人就問了，請用你的矛扎你的盾，結果會怎樣？他答不上來（《韓非子》的〈難一〉、〈難勢〉）。這個詞，後來變成哲學概念，其實是武器史的深刻道理。武器史就是矛盾史，任何武器，都有反制武器，道高一尺，魔高一丈。

（三）螳螂捕蟬，黃雀在後

動物做愛，速度很快，因為旁邊老有偷窺者。古人說，蟬的後邊有螳螂，螳螂的後邊有黃雀，黃雀的後邊有人拿著彈弓（《說苑．正諫》）。生物鏈，人是「終結者」。誰都想超越對立，可是對立的後面還有對立。上博楚簡有〈恒先〉，它講過一個道理，凡是對立面，一定有先後，一個是先，一個是後，但先的後面還有先，終極的先，就是「恒先」，就是道。同樣的道理，後的後面，也是山外青山樓外樓，誰笑到最後，誰笑得最好。

（四）鷸蚌相持，漁人得利

還有一個故事，可以反映中國哲學裡的「一」是什麼意思，這就是「鷸蚌相持，漁人得利」（《戰國策．燕策二》）。大家都很熟悉。政治家就是這種漁翁。政治家、外交家都懂得，「除惡」不能「務盡」，永遠要留反對黨。

【五・五】

故善動敵者，形之，敵必從之；予之，敵必取之。以利動之，以（本）〔卒〕待之。故善戰者，求之於勢，不責於人，故能擇（釋）人而任勢。任勢者，其戰人也，如轉木石。木石之性，安則靜，危則動，方則止，圓則行。

「形之」是示形於敵，故意擺出一幅假相給敵人看，讓敵人上當受騙。「予之」，是用餌兵引誘敵人，也是引導敵人犯錯誤。「以利動之，以（本）〔卒〕待之」，下句第二字，今本有兩種寫法，《魏武帝注》本和《武經七書》本作「本」，《十一家注》本作「卒」，字形相近。作「本」，大概是宋人根據《唐太宗李衛公問對》卷下改字，其實是誤改。簡本、古書引文和舊注都可以證明，「卒」才是本來的寫法，原文的意思是，用小利去引誘敵人，而用重兵去收拾它，並不是說，咱們還是守著老本，以小利誘敵，以老本勝敵。示形於敵，調動敵人，也是屬於勢。

「求之於勢，不責於人」，「求」和「責」的意思一樣，乃互文見義。求勢不求人，就是放棄人，依靠勢。

「故能擇（釋）人而任勢」，這句話，一直被人誤讀，以為是選擇人、適應勢，至少唐代以來就錯。比如《唐太宗李衛公問對》卷上，唐李筌以下的注家，他們都是這樣讀。這個錯誤，是裘錫圭教授糾正的。他說，「河海不擇細流」要讀「江海不釋細流」。[9]同樣，這裡的「擇」字也應讀為「釋」。[10]這個意見很正確。「釋」是放棄的意思，它是說不靠人、只靠勢。我對裘先生的意見做過一點補充：一是類似例子，日本學者瀧川資言有相同的看法；二是《六家要旨》也有這種話。[11]《六家要旨》說：「至於大道之要，去健羨，絀聰明，釋此而任術。」這句話最重要，最能代表道家精神。因為「去健羨，絀聰明」就是釋人，「任術」就是相信道術可以左右人，這是刑名法術的根本。比如《韓非子》，就有很多精采論述。他要放棄的是人，是人的聰明才智、爭強好勝；要依靠的是道、法、術、勢。《孫子》的釋人任勢說，和這類思想一脈相通。

作「民」。

「其戰人也」，「戰人」是一個詞，即上篇的「戰民」，是使民戰的意思。「人」是避唐太宗諱改字，原來應作「民」。

【五・六】

故善戰人之勢，如轉圓石於千仞之山者，勢也。

這是用高山滾石為喻，為全篇作結，和上篇的形式一樣。「善戰人」，「戰人」同上，是善於使人投入戰鬥的人。上文說，滾石頭，方的容易停下來，不如圓的容易滾。任勢，就像滾圓石下山，地勢愈險愈好滾。這裡強調的是山勢，不是石頭。

9 求是《說「河海不擇細流」》，《文史》第七輯，北京中華書局，一九七九，頁一〇四。案：求是是裘先生的筆名。

10 求是《說「擇人而任勢」》，《文史》第十一輯，北京中華書局，一九八一，頁一七八。

11 李零《孫子古本研究》，頁三二一—三二二。

第八講　虛實第六

這是形勢組的最後一篇。形勢是講眾寡之用，有所有餘，有所不足。這種眾寡之用分四種：分數、形名、奇正、虛實，虛實是最後一種。作者講形勢，很有條理，一步接一步，一環扣一環。從形到勢，是從靜到動、由表及裡；從奇正到虛實，是從小到大、由點及面。講到虛實，是最後一步。

虛實是擴大的奇正，即通過分散集結、包抄迂迴，造成預定會戰地點上我眾敵寡、己實彼虛、以眾擊寡、避實擊虛，好像用石頭砸雞蛋。面上，可能我不如敵；點上，一定數倍於敵。講到這一步，勢才發揮到極點，但作者反而回到形，將此類運用之妙叫「形兵」。銀雀山漢簡〈奇正〉說：「戰者，以形相勝者也。形莫不可以勝，而莫知其所以勝之形。」本篇也說：「人皆知我所以勝之形，而莫知吾所以制勝之形。」這裡的「我所以勝之形」是直接作用於敵的形、明擺著的形，易見易知；「吾所以制勝之形」是人為製造，藏在形背後，敵人看不見、摸不著的形。說的是形，其實是勢。這兩種形結合在一起，互為表裡，才是形勢一詞的完整含義。「形兵」是形勢之學的集中體現，所有運用之妙，都包含在這兩個字裡。

對前面的內容加以回顧，再講虛實，會比較清楚。

奇正和虛實，都是形勢，都是形勢中的勢。它們的共同點是，兵力部署，不可能面面俱到，總是這個地方多一點、那個地方就少一點。銀雀山漢簡〈奇正〉說：「有所有餘，有所不足，形勢是也。」但兩者不一樣的是，奇正主要是點上的分配，虛實是面上的分配，範圍大小不一樣。面上的虛實是走出來的，和運動的關係更大。

讀〈虛實〉篇，有一點要注意。簡本《孫子》十三篇，它的篇題木牘，這一篇是叫〈實虛〉，不叫〈虛實〉。古代辭彙，有時是反過來的。「實虛」可能是強調實，即避實擊虛、以實擊虛，所以把「實」字擺在前面。

虛和實，關係很微妙，比如圍棋，就是專在「虛實」二字上做文章，「闊不可太疏，密不可太促」（張擬《棋經十三篇》），非常講究。《老子》不是講過嗎？「三十輻共一轂，當其無有，車之用。埏埴以為器，當其無有，器之用。鑿戶牖以為室，當其無有，室之用。有之以為利，無之以為用。」（第十一章）車輪，輻條之間的空，有用；器物，空虛的地方，正好盛東西；屋子，不能光有牆，沒有門窗，沒有門窗，人無法出入，光進不來。畫家、書法家都知道「留白」的意義，虛實要用得恰到好處。

虛實和奇正是什麼關係？《唐太宗李衛公問對》卷中有所討論：

太宗曰：「朕觀諸兵書，無出孫武；孫武十三篇，無出虛實。夫用兵，識虛實之勢，則無不勝焉。今諸將中，但能言避實擊虛，及其臨敵，則鮮識虛實者，蓋不能致人，而反為敵所致故也。如何？卿悉為諸將言其要。」

靖曰：「先教之以奇正相變之術，然後語之以虛實之形可也。諸將多不知以奇為正，以正為奇，且安知虛是實，實是虛哉？」

太宗曰：「『策之而知得失之計，做之而知動靜之理，形之而知死生之地，角之而知有餘不足之處。』此則奇正在我，虛實在敵歟？」

靖曰：「奇正者，所以致敵之虛實也。敵實，則我必以正；敵虛，則我必以奇。茍將不知奇正，則雖知敵虛實，安能致之哉？臣奉詔，但教諸將以奇正，然後虛實自知焉。」

太宗曰：「以奇為正者，敵意其奇，則吾正擊之；以正為奇者，敵意其正，則吾奇擊之。使敵勢常虛，我勢常實。當以此法授諸將，使易曉耳。」

靖曰：「千章萬句，不出乎『致人而不致於人』而已。臣當以此教諸將。」

李靖認為，奇正是用來探虛實，不一定對，但奇正是虛實的基礎，道理相通，很對。唐太宗說，兵書，《孫子》十三篇最好；十三篇，〈虛實〉最重要；〈虛實〉的奧妙，又全在「致人而不致於人」，可謂是抓住了要點的要點。

軍事上的真理都是樸素的真理。《老子》說：「信言不美，美言不信。善者不辯，辯言不善。」（第八十一章）

〈虛實〉篇，道理最重要，但講起來，卻像白開水。今天，我們就請大家喝白開水。普通的水，古人叫玄酒，只有到過沙漠的人才知道，美酒可以不喝，水絕對不能少。

在此將《虛實》篇分為五章：

第一章，講「致人而不致於人」。

第二章，講「以眾擊寡，避實擊虛」。

第三章，是一句插入語，是說越人之兵雖多，但通過形兵，總體我劣於敵，無害局部我優於敵。

第四章，講知虛實，勝可為。

第五章，講「兵無常勢，水無常形」。

【六・一】

孫子曰：

凡先處戰地而待敵者佚，後處戰地而趨戰者勞。故善戰者，致人而不致於人。能使敵人自至者，利之也；能使敵人不得至者，害之也。故敵佚能勞之，飽能饑之，安能動之。出其所（不）〔必〕趨，趨其所不意。

「凡先處戰地而待敵者佚，後處戰地而趨戰者勞」這兩句話，「先」、「後」很重要。古代兵法，有貴先和貴後兩派，比如「王廖貴先，兒良貴後」（《呂氏春秋・不二》），就是這兩派。戰術展開，分「走」和「打」。「走」有「先發」、「後發」，「先至」、「後至」，即先出發還是後出發，先到達還是後到達，「打」也有誰先動手的問題。先動手，可能好，也可能不好，先發還是後發，也不一定。但一般說，先到達總是占便宜。這裡的「先處戰地」、「後處戰地」，就是先到達會戰地點還是後到達會戰地點。先到的一方，以逸待勞，有先機之利，大家都是「爭先恐後」。

先後的問題，是〈軍爭〉篇的重要話題。軍爭爭什麼？就是爭先至、後至。下面的〈軍爭〉篇還要講。這兩篇，也是一環扣一環。

「致人而不致於人」，是講誰主動誰被動、誰能調動誰。主動的一方是「致人」，被動的一方是「致於人」。「致」和「至」是從同一字分化，使人來是「致」，自己來是「至」，本身就有主動被動之分。「能使敵人自至者，利之也；能使敵人不得至者，害之也」，這是製造主動和被動。

主動和被動，是不平衡關係。只有打破平衡，才有主動和被動。奇就是製造差異，打破平衡。銀雀山漢簡〈奇正〉篇說：「同不足以相勝也，故以異為奇。是以靜為動奇，佚為勞奇，飽為飢奇，治為亂奇，眾為寡奇。」這裡說的「敵佚能勞之，飽能飢之，安能動之」，就是變被動為主動，使整個形勢倒轉。

主動和被動，平衡和不平衡，除力量對比，還有心理較量。你比敵人高明，高明在什麼地方？最重要的就是出人意料。你能想到的，敵人想不到。想不到，就已經輸了大半。「出其所必趨」，今本作「出其所不趨」，這是個錯誤。你要出擊的方向，應該是敵人必定會去的地方，敵人不去，豈不是撲空？簡本和古書引文作「必趨」，這才是正確的寫法。後人看見下文是「不意」，就把這句也改成「不趨」，其實是改錯了。一字之差，謬以千里。

【六・二】

行千里而不勞者，行於無人之地也。攻而必取者，攻其所不守也；守而必固者，守其所（不）〔必〕攻也。故善攻者，敵不知其所守；善守者，敵不知其所攻。微乎微乎，至於無形；神乎神乎，至於無聲，故能為敵之司命。進而不可御者，沖其虛也；退而不可追者，（速）〔遠〕而不可及也。故我欲戰，敵雖高壘深溝，不得不與我戰者，攻其所必救也；我不欲戰，雖畫地而守之，敵不得與我戰者，乖其所之也。故形人而我無形，則我專而敵分。我專為一，敵分為十，是以十攻其一也，則我眾敵寡。能以眾擊寡，則吾之所與戰者約矣。吾所與戰之地不可知，（不可知）則敵所備者多；敵所備者多，則吾所與戰者寡矣。故備前則後寡，備後則前寡；備左則右寡，備右則左寡；無所不備，則無所不寡。寡者，備人者也；眾者，使人備己者也。故知戰之地，知戰之日，則可千里而會戰；不知戰地，不知戰日，則左不能救右，右不能救左，前不能救後，後不能救前，而況遠者數十里，近者數里乎？

「行千里而不勞者，行於無人之地也。攻而必取者，攻其所不守也；守而必固者，守其所（不）〔必〕攻也」。上面說，戰術展開，可以概括為兩個字：「走」和「打」。這段話，「行」就是「走」，「攻」、「守」就是「打」。「走」和「打」不一樣，「走」，最好選擇敵人想不到的路線，沒有敵人阻截；「打」不一樣。我攻，必須是敵人疏於防守的地方；我守，必須是敵人意圖進攻的地方。攻是以實擊虛，守是以實備之，攻也好，守也好，都是我實敵虛，但虛不是沒人。如果沒人，還打什麼勁？今本「守其所不攻也」也不對，敵人不來攻，還守它幹嗎？這句話，同樣有錯誤，根據簡本和古書引文，也要改成「必」。

「故善攻者，敵不知其所守；善守者，敵不知其所攻」，這就是「虛實」的意思。戰爭是活人和活人的全面較量，主觀能動性很重要，虛實的關鍵，不是有沒有虛實，而是知不知虛實。

「微乎微乎，至於無形；神乎神乎，至於無聲，故能為敵之司命」，下文說，「形人而我無形」、「形兵之極，至於無形。無形，則深間不能窺，智者不能謀」。此篇數言「無形」，都是講隱蔽意圖的重要性。勢就是這種隱蔽的意圖，就是深藏不露，躲在形背後的東西。敵人不摸虛實，看見的只是「形」，一點動靜都沒有，當然也就「無形」、「無聲」。「司命」，《孫子》談兵，強調人命關天，這是第二次講「司命」。司命是天上的星官，管人間的死生壽夭。〈作戰〉篇說「知兵之將，民之司命」，還只是當自己這一方的司命，這裡則是「為敵之司命」。「司命」二字很沉重，將軍殺人，醫生救人，固然是司命。其他很多事，也有司命。但將軍不一樣，他指揮千軍萬馬多少人的命，全在一個人的手中，豈能兒戲。

「進而不可御者」，「御」，簡本作「迎」，這兩個字，意義相同，讀音也相近，都是疑母字，魚、陽對轉。《墨子．迎敵祠》，「迎敵」就是「御敵」。

「遠而不可及也」，「遠」，今本作「速」，也是錯字，應從簡本和古書引文改正。遠是距離問題，速是快慢問題，不一樣。距離很重要，動物有「臨逃距離」，你離它太近，它就緊張，不是跟你玩命，就是逃跑。軍隊也有距離感，超過一定距離，就搆不著了。

「高壘深溝」，是古代的防禦手段之一。這種手段，包括陣法、壘法和城守之法。陣法是人牆，沒有牆。營壘，起碼要挖點溝、壘點牆，編個柵欄，或者環車為營。古代工事，最簡單，是以柵欄圍起來，其次是溝壘。溝壘，就是把土挖出來，堆在上面。挖下去的地方是溝，堆起來的地方是壘。壘的本義就是堆土。古代田畝，有溝壟，道路和溝洫相配的制度就是源於溝壟。古代長城，因山為勢，塹河為防，利用自然地勢，也是這種辦法。小到村落，大到城邑，都是這個辦法。牆，可以用土坯（古代叫墼）和磚，也可以用夯版築，俗話叫「乾打壘」。第一次世界大戰，各國打塹壕戰，就是到處挖戰壕，戰壕和戰壕相通。當時，因為機關槍發明，各國士兵，不敢硬衝，都是躲在戰壕裡，前面拉著鐵絲網。迫擊砲就是為了對付塹壕戰。魯迅說，中國多暗箭，挺身而出的勇士容易喪命，最好學歐戰時候的「壕塹戰」[1]。他把塹壕叫壕塹，塹壕就是現代的溝壘。

「我不欲戰，雖畫地而守之」，我對「畫地」做過考證。[2]「畫地」是中國古代的一個固定術語。道家講畫地，是一種特殊的防身手段。《抱朴子》說，道士入山，求仙訪藥，害怕狼蟲虎豹、鬼怪妖祥，有兩種防身手段：一種是鏡子（照妖鏡），他們相信，妖怪都怕鏡子照，一照就現原形；另一種是畫地，大家讀《西遊記》，孫悟空要出去化緣，先得給他師父畫個圈、念個咒，這種畫圈念咒的辦法，就是畫地。兵書所謂畫地，是指陣

1　魯迅致許廣平信（一九二五年三月十一日），收入《兩地書》，《魯迅全集》第九卷，北京人民文學出版社，一九五八，頁一一—一四。
2　李零《〈孫子〉古本研究》，頁三二二—三二四。

法，陣法是類似手段，沒牆，敵人進不來。比如李靖引《太公書》，有「太公畫地之法」，《司馬法》佚文講的陣法，就是屬於這一種（《唐太宗李衛公問對》卷中）。《太白陰經》卷九，也有李筌的畫地之法。

「敵不得與我戰者，乖其所之也」，「乖」，簡本作「膠」，「膠」與「謬」通，也是乖悖之義。它的意思是說，我之部署，跟敵人作對。

「形人而我無形」，是讓敵人的虛實暴露無遺，我方的虛實，敵人看不見、摸不著。〈計〉篇講「示形於敵」。「示形於敵」也是屬於「勢」。給敵人看，看到的東西都是假的。

「我專而敵分」，這種「專」字，《說文解字》是作女旁，簡本則作木旁。它是指集中優勢兵力。

「我專為一，敵分為十，是以十攻其一也，則我眾敵寡」，意思是說，不管總體上，敵我力量對比，到底怎麼樣，只要在某個地點上，我把力量凝聚成一，敵把力量分散為十，我就是十倍於敵。在〈謀攻〉篇讀過，「十則圍之」，十倍於敵，就可以包圍敵人了。這當然就是「我眾敵寡」。

「能以眾擊寡」至「使人備己者也」，是說只要能以眾擊寡，則令敵人疲於應付，無所不備，無所不寡，處處陷於被動。

「故知戰之地」至「近者數里乎」，是另一層。上面講眾寡之用。眾寡之用，屬於知人之用。知人之用，屬於「知彼知己」。這裡的「知戰之地」、「知戰之日」，按古人的概念，就是「知天知地」。《孫子》講「知勝」，包括四知，後〈地形〉篇說：「故曰：知彼知己，勝乃不殆；知天知地，勝乃可全。」就是這四條。

【六・三】

以吾度之，越人之兵雖多，亦奚益於勝哉？

吳、越是世仇。伍子胥說：「勾踐能親而務施，施不失人，與我同壤，而世為仇讎。」（《左傳》哀西元年）

這段話很重要。歷史上，有些國家是死對頭，如法國和英國、德國和俄國，還有中、韓和日本。現在的以、巴衝突，也是死結。這些老鄰居，都是老仇人。春秋時期的中國，晉和楚，吳和越，也是宿敵世仇。它說明，此書是替吳國出謀畫策，而以越國為假想敵，說話的背景在春秋晚期。

過去，辨偽學家懷疑《孫子》，認為此書不是吳孫子（孫武）所作，但此書有兩處講吳越相仇，一條在這裡，一條在〈九地〉，這兩條卻是以春秋晚期的吳國為背景，不管書的寫定或編定在什麼時候，講的事情，肯定是春秋晚期的事，至少也是依託春秋晚期的事。春秋晚期，大環境是晉、楚交爭，楚國和秦國聯盟（都是非姬姓國家），晉國和吳、蔡聯盟（都是姬姓國家）。當時的南方，忽然很熱鬧，楚、吳、越三國，是轉著圈地報仇，成為傳奇故事。首先是楚國，楚平王殺伍員父兄，子胥報仇，投奔吳王闔閭，搬吳師，伐楚入郢，楚一度亡國。其次是吳國，越王勾踐敗吳於槜李，闔閭傷重不治，臨死叫夫差報仇。三年後，夫差滅越。最後是越國，越國滅亡後，勾踐臥薪嘗膽，十年生聚，十年教訓，反過來滅吳，更為悲壯。這些故事，真是太有意思，不但《吳越春秋》、《越絕書》講，敦煌變文、後世的小說和戲劇也講，出土楚簡和漢晉銅鏡（紹興出土）也有這類內容。這些故事，前後關係值得注意。伍子胥、孫武伐楚入郢在西元前五〇六年。越王允常是趁吳師在楚，後方空虛，乘機伐吳。這是吳越相爭的序幕。越敗吳於槜李在西元前四九六年，吳滅越在西元前四九四年，越滅吳在西元前四七三年。越國變得強大起來，主要在西元前五〇六年後，特別是西元前四九四年後，事情距孫武見吳王和參與伐楚入郢已經有一段時間。這裡說：「以吾度之，越人之兵雖多，亦奚益於勝哉。」似乎越國已經很強大，這是後來的事情。我相信，《孫子》十三篇不會是西元前五〇六年以前的作品。

這裡講多少，是從整體上講、從計算的優勢講，角度是「形」。換個角度，從「勢」上講，情況可能相反。歷史上的胡漢之爭，胡仗騎射之利，速度和突襲之利，經常以少勝多，我們養兵再多，全都分散在各地，吃虧在無法集中。明朝末年，滿族只有八萬鐵騎，就把明朝滅了。下棋，雙方棋子一樣多，會下的可以讓你多少子，不會下照樣輸。關鍵是看，誰能製造多數。製造多數是屬於「勢」。

【六・四】

故曰：勝可為也，敵雖眾，可使無鬥。故策之而知得失之計，〔作〕〔候〕之而知動靜之理，形之而知死生之地，角之而知有餘不足之處。故形兵之極，至於無形。無形，則深間不能窺，智者不能謀。因形而措勝於眾，眾不能知。人皆知我所以勝之形，而莫知吾所以制勝之形。故其戰勝不復，而應形於無窮。

「故曰：勝可為也」，這句話很重要。本篇是講「制勝」、「措勝」，「制勝」、「措勝」都是人為製造的「勝」。前面，我引過荀悅的話，「形者言其大體得失之數也。勢者言其臨時之宜也，進退之機也。」（《前漢紀・高祖皇帝紀》卷二）大家不妨對比一下〈形〉篇的話。這裡的話，表面上看，好像與〈形〉篇有矛盾。〈形〉篇說「故曰：勝可知，而不可為」，明明說過「不可為」，怎麼又「可為」，大家會困惑。其實，〈形〉篇是講形，形是已所素備，所以說「不可為」；這裡是講勢，勢是因敵而設，所以說「可為」，彼此並不矛盾。

「故策之而知得失之計」，簡本作「計之〔而知〕得失之□」，也許原來是作「計之而知得失之策」。

「〔作〕〔候〕之而知動靜之理」，今本作「作之而知動靜之理」，簡本作「績之而知動〔靜之理〕」，「績」，整理者以為當讀為「跡」，但古書引文多作「候之而知動靜之理」。我想，簡本應讀「刺之而知動靜之理」。「績之」應讀「刺之」，「績」和「刺」都是從朿得聲，今本「作」可能是「候」字之誤。「候」是伺候之義，即守望和偵察一類意思，與「刺」同義。「刺候」的「候」和「諸侯」的「侯」本來是同一個字。古代諸侯，原意是鎮守邊關的軍事長官。漢代的邊防哨卡，仍叫「侯官」。

「形之而知死生之地」，「形之」即下「形兵」，是指兵力部署。兵力部署在地面上，才有死地和生地。

「角之而知有餘不足之處」，「角之」指實際較量。雙方的部署，哪個地方兵力有餘，哪個地方兵力不足，只有通過實際較量才能看出。

「故形兵之極，至於無形。無形，則深間不能窺，智者不能謀。因形而措勝於眾，眾不能知。人皆知我所以勝之形，而莫知吾所以制勝之形」，大家要注意，「形兵」的「形」是人為製造的形。這種形，是看不見、摸不著的形。不但敵人不知道，他們的間諜和謀士不知道，而且自己這一邊，廣大的士兵也不知道。除了將軍和將軍身邊最核心的人員，誰都不知道。

「故其戰勝不復，而應形於無窮」，戰勢是以形應形，以形勝形，但形的背後是看不見的勢，每次和每次都不一樣，變化是無窮無盡的。銀雀山漢簡〈奇正〉說：「戰者，以形相勝者也。形莫不可以勝，而莫知其所以勝之形。形勝之變，與天地相敝而不窮。形勝，以楚越之竹書之而不足。形者，皆以其勝勝者也。以一形之勝勝萬形，不可。所以制形壹也，所勝不可壹也。故善戰者，見敵之所長，則知其所短；見敵之所不足，則知其有餘。見勝如見日月。其錯勝也，如以水勝火。」

勢的特點就是不重複。

【六・五】

（夫）兵形象水，水之（形）〔行〕避高而趨下，兵之形避實而擊虛；水因地而制（流）〔行〕，兵因敵而制勝。故兵無常勢，水無常形。能因敵變化而取勝者，謂之神。故五行無常勝，四時無常位，日有短長，月有死生。

這裡講的「形」還是「形兵」之形、虛實之形。「水之（形）〔行〕避高而趨下」，今本的「水之形」，根據簡本和古書引文，應作「水之行」。「水因地而制（流）〔行〕」，今本的「流」字，根據簡本和古書引文，應作「行」。「水之行」改「水之流」，是為了通俗化。

「能因敵變化而取勝者，謂之神」，用兵如神在於勢。勢都是「因敵變化」，單方面的東西不能叫做勢。如同下棋，一旦走開來，這個棋局就叫勢，一切要靠「雙方合作」，一切勝利都要感謝你的敵人。

「五行無常勝」，五行，金、木、水、火、土，相生相剋，一物降一物，好像圓圈，沒頭沒尾，所以說「五行無常勝」。這種數術在軍事上也有應用，叫做兵陰陽。《漢志．兵書略》說：「陰陽者，順時而發，推刑德，隨鬥擊，因五勝，假鬼神為助者也。」「五勝」就是五行相勝。虎溪山漢簡有《閻氏五勝》，就是講這類學問。

「四時無常位」，四時，春夏秋冬，配東南西北，一個季節代替另一個季節，從東到南到西到北，一圈一圈轉下去，沒有固定的方位，所以說「四時無常位」。

「日有短長」，古代曆法，日子的長短不一樣。古人把一日分為十六份，叫「日夕十六分比」，「日」是白天，「夕」是晚上。日夕之比，從十一比五，到十比六，到九比七，到八到八，到七比九，到六比十，到五比十一，到六比十，到七比九，到八比八，到九比七，到十比六。春分、秋分，是八比八，日夕相等，各八分；夏至日最長，日十一分，夕五分；冬至日最短，日五分，夕十一分。這種日夕之比，每個月和每個月都不一樣，所以說「日有短長」。古代計時，主要工具有兩種：一種是日晷，一種是漏刻，都是用來計算日的短長。

「月有死生」，月亮從明到暗，從盈到虧的樣子，也是循環往復，這叫月相。陰曆，每月的開頭叫朔或朏，中點叫望，結束叫晦，分別相當初一、十五和三十。西周金文，過去常見，是四種月相，即初吉、既生霸、既望、既死霸。王國維考證，一個月是按這四個月相來劃分，分成四段，好像西曆的星期制，一月有四週，叫「四分月相說」，[3]但一月四等分，除不盡。學者對此有很多不同解釋，如定點說，二分二點說，二分一點說。近來，夏商周斷代工程專家組折中諸說，得出的結論是，初吉是初一至初十，既生霸是從新月初見到滿月，既望是滿月後月的光面尚未顯著虧缺，既死霸是從月面虧缺到月光消失。[4]這一解釋，現在看來也有問題。前述月相，文獻都有，如「初吉」見《詩．小雅．小明》，「既生魄」見《書．武成》，「既望」見《書．召誥》，「既死魄」見《逸周書．世俘》，不同只是，「霸」作「魄」（「霸」和「魄」是通假字，均指月亮的光面）。但這四種，並非全部。值得注意的是，還有三種月相，金文沒有，文獻有。「哉生魄」，見《尚書》的〈康誥〉、〈顧命〉，《漢書．律曆志》作「哉生霸」；「旁生魄」，見《逸周書．世俘》；「旁死魄」，見《書．武成》。從道理上講，有「哉生魄」，就有「哉死魄」。而最近，周公廟出土的甲骨上就有「哉死魄」。古代月相，是三點六段。朔、望、晦是三點。初吉可能指朔日（或朔日前後），既望可能指望日（或望日前後）。朔、望之間的十五天，可以整齊地分為三段：哉生魄、旁生魄、既生魄，各五天。望、晦之間的十五天也可以整齊地分為三段：哉死魄、旁死魄、既死魄，各五天。這樣劃分，可與計旬法相配。蘇東坡的中秋詠月詞，「人有悲歡離合，月有陰晴圓缺，此事古難全」（〈水調歌頭〉），所謂「陰晴圓缺」，古人叫「生霸」、「死霸」或「生魄」、「死魄」。這種月相變化也是循環往復，所以說「月有死生」。

以上就是〈虛實〉篇的大致內容。講完〈虛實〉，形勢組就結束了。希望大家把〈虛實〉和〈形〉、〈勢〉連在一起，好好回味一下。因為，講完這一講，哲學課也就結束了。

讀形勢組，概念的界限比較模糊。因為同件東西，從不同的角度看，結果可能很不一樣。蘇東坡的詩文很有禪意，如「橫看成嶺側成峰，遠近高低各不同。不識廬山真面目，只緣身在此山中」（〈題西林壁〉）、「自其變者而觀之，則天地曾不能以一瞬；自其不變者而觀之，則物與我皆無盡也」（〈前赤壁賦〉）。形勢組也是這樣。《孫子》講形勢，喜歡打比方。講形，它是以深谷決水為喻；講勢，它是以高山滾石為喻；講奇正，它是以彍弩發機為喻；講虛實，它是以以石擊卵為喻。

石頭砸雞蛋，一砸就破，這個比喻很生動。

3 王國維《生霸死霸考》，收入《觀堂吉林》卷一，頁一—四，《王國維遺書》，上海古籍書店，一九八三，第一冊。

4 《夏商周斷代工程一九九六—二〇〇〇年階段成果報告》，北京世界圖書出版公司，二〇〇〇，頁三五—三六。

◎專欄

古書中的勢

（一）銀雀山漢簡《孫臏兵法》論勢

「權、埶（勢）、謀、詐，兵之急者邪（耶）？」孫子曰：「非也。夫權者，所以聚眾也。埶（勢）者，所以令士必鬥也。謀者，所以令適（敵）無備也。詐者，所以困適（敵）也。可以益勝，非其急者也。」

（〈威王問〉）

孫子曰：兵之勝在於篡（選）卒，其勇在於制，其巧在於埶（勢），其利在於信，其德在於道，其富在於亟歸，其強在於休民，其傷在於數戰。

（〈篡（選）卒〉）

孫子曰：夫陷（含）齒戴角，前蚤（爪）後鋸（距），喜而合，怒而近（豆+斤）（鬥），天之道也，不可止也。故無天兵者自為備，聖人之事也。黃帝做劍，以陳（陣）象之；笄（羿）做弓弩，以埶（勢）象之；禹做舟車，以變象之；湯、武做長兵，以權象之。凡此四者，兵之用也。何以知劍之為陳（陣）也？旦莫（暮）服之，未必用也。故曰：陳（陣）而不戰，劍之為陳（陣）也。劍無封（鋒），唯（雖）孟賁〔之勇〕，不敢□□□。陳（陣）無蜂（鋒），非孟賁之勇也敢將而進者，不智（知）兵之至也。劍無首鋌，唯（雖）巧士不能進〔□〕□。陳（陣）無後，非巧士敢將而進者，不知兵之請（情）者。故有蜂（鋒）有後，相信不動，適（敵）人必走。無蜂（鋒）無後，……□券不道。何以知弓奴（弩）之為埶（勢）也？

發於肩應（膺）之間，殺人百步之外，不識其所道至。故曰：弓弩勢也。何以〔知舟車〕之為變也？高則……何以知長兵之權也？擊非高下非……盧毀肩。故曰：長兵權也。凡此四……所循以成道也。知其道者，兵有功，主有名。□用而不知其道者，〔兵〕無功。凡兵之道四：曰陳（陣），曰埶（勢），曰變，曰權。察此四者，所以破強適（敵），取孟（猛）將也。……埶（勢）者，攻無備，出不意，……中之近……也，視之近，中之遠。權者，晝多旗，夜多鼓，所以送戰也。凡此四者，兵之用也。□皆以為用，而莫衛（徹）其道。

（〈勢備〉）

＊　＊　＊

……□得四者生，失四者死，□□□□……

（二）《韓非子》論勢

明主之所導制其臣者，二柄而已矣。二柄者，刑、德也。何謂刑、德？曰：殺戮之謂刑，慶賞之謂德。為人臣者畏誅罰而利慶賞，故人主自用其刑德，則群臣畏其威而歸其利矣。故世之奸臣則不然，所惡則能得之其主而罪之，所愛則能得之其主而賞之。今人主非使賞罰之威利出於己也，聽其臣而行其賞罰，則一國之人皆畏其臣而易其君，歸其臣而去其君矣。此人主失刑、德之患也。夫虎之所以能服狗者，爪牙也。使虎釋其爪牙而使狗用之，則虎反服於狗矣。人主者，以刑、德制臣者也，今君人者，釋其刑、德而使臣用之，則君反制於臣矣。故田常上請爵祿而行之群臣，下大鬥斛而施於百姓，此簡公失德而田常用之也，故簡公見弒。子罕謂宋君曰：「夫慶賞賜予者，民之所喜也，君自行之；殺戮刑罰者，民之所惡也，臣請當之。」於是宋君子罕用之，故宋君見劫。田常徒用德而簡公弒，子罕徒用刑而宋君劫。故今世為人臣者兼刑、德而用之，則是世主之危甚於簡公、宋君也。故劫殺擁蔽之主，非失刑、德而使臣用之而不危亡者，則未嘗有也。

（〈二柄〉）

主用術則大臣不得擅斷，近習不敢賣重；官行法則浮萌趨於耕農，而游士危於戰陳；則法術者乃群臣士民之所禍也。人主非能倍大臣之議，越民萌之誹，獨周乎道言也，則法術之士雖至死亡，道必不論矣。

（〈和氏〉）

釋規而任巧，釋法而任智，惑亂之道也。

（〈飾邪〉）

伯樂教二人相踶馬，相與之簡子廄觀馬。一人舉踶馬，其一人從後而循之，三撫其尻而馬不踶。此自以為失相。其一人曰：「子非失相也。此其為馬也，踒肩而腫膝。夫踶馬也者，舉後而任前，腫膝不可任也，故後不舉。子巧于相踶馬而拙於任腫膝。」夫事有所必歸，而以有所。腫膝而不任，智者之所獨知也。惠子曰：「置猿於柙中，則與豚同。」故勢不便，非所以逞能也。

（〈說林下〉）

國者，君之車也；勢者，君之馬也。夫不處勢以禁誅擅愛之臣，而必德厚以與天下齊行以爭民，是皆不乘君之車，不因馬之利，釋車而下走者也。

（《韓非子．外儲說右上》）

造父方耨，得有子父乘車過者，馬驚而不行，其子下車牽馬，父子推車，請造父助我推車。造父因收器，輟而寄載之，援其子之乘，乃始檢轡持策，未之用也，而馬轡驚矣。使造父而不能禦，雖盡力勞身助之推車，馬猶不肯行也。令使身佚，且寄載，有德於人者，有術而御之也。故國者，君之車也；勢者，君之馬也。無術以禦之，身雖勞，猶不免亂；有術以御之，身處佚樂之地，又致帝王之功也。

（〈外儲說右下〉）

釋法術而任心治，堯不能正一國；去規矩而妄意度，奚仲不能成一輪；廢尺寸而差短長，王爾不能半中。使中主守法術，拙匠執規矩尺寸，則萬不失矣。君人者能去賢巧之所不能，守中拙之所萬不失，則人力盡而功名立。

（〈用人〉）

慎子曰：「飛龍乘雲，騰蛇遊霧，雲罷霧霽，而龍蛇與螾螘同矣，則失其所乘也。賢人而詘於不肖者，則權輕位卑也；不肖而能服於賢者，則權重位尊也。堯為匹夫不能治三人，而桀為天子能亂天下。吾以此知勢位之足恃，而賢智之不足慕也。夫弩弱而矢高者，激於風也；身不肖而令行者，得助於眾也。堯教於隸屬而民不聽，至於南面而王天下，令則行，禁則止。由此觀之，賢智未足以服眾，而勢位足以詘賢者也。」

應慎子曰：飛龍乘雲，騰蛇遊霧，吾不以龍蛇為不託於雲霧之勢也。雖然，夫釋賢而專任勢，足以為治乎？則吾未得見也。夫有雲霧之勢而能乘遊之者，龍蛇之材美之也。今雲盛而螾弗能乘也，霧醲而螘不能遊也；夫有盛雲醲霧之勢而不能乘遊者，螾螘之材薄也。今桀、紂南面而王天下，以天子之威為之雲霧，而天下不免乎大亂者，桀、紂之材薄也。且其人以堯之勢以治天下也，其勢何以異桀之勢也亂天下者也。夫勢者，非能必使賢者用己，而不肖者不用己也。賢者用之則天下治，不肖者用之則天下亂。人之情性賢者寡而不肖者眾，而以威勢之利濟亂世之不肖人，則是以勢亂天下者多矣，以勢治天下者寡矣。夫勢者，便治而利亂者也。故《周書》曰：「毋為虎傅翼，將飛入邑，擇人而食之。」夫乘不肖人於勢，是為虎傅翼也。桀、紂為高臺深池以盡民力，為炮烙以傷民性，桀、紂得乘四行者，南面之威為之翼也。使桀、紂為匹夫，未始行一而身在刑戮矣。勢者，養虎狼之心，而成暴亂之事者也，此天下之大患也。勢之於治亂，本末有位也，而語專言勢之足以治天下者，則其智之所至者淺矣。夫良馬固車，使臧獲御之則為人笑，王良御之而日取千里；車馬非異也，或至乎千里，或為人笑，則巧拙相去遠矣。今以國位為車、以勢為馬、以號令為轡、以刑罰為鞭筴，使堯、舜御之則天下治，桀、紂御之則天下亂，則賢不肖相去遠矣。夫欲追速致遠不知任王良，欲進利除害不知任賢能，此則不知類之患也。夫堯、舜亦治民之王良也。

復應之曰：其人以勢為足恃以治官。客曰「必待賢乃治」，則不然矣。夫勢者，名一而變無數者也。勢必於自然，則無為言於勢矣；吾所為言勢者，言人之所設也。今日堯、舜得勢而治，桀、紂得勢而亂，吾非以堯、桀為不然也。雖然，非一人之所得設也。夫堯、舜生而在上位，雖有十桀、紂不能亂者，則勢治也；桀、紂亦生而在上位，雖有十堯、舜而亦不能治者，則勢亂也。故曰：「勢治者則不可亂，而勢亂者則不可治也。」此自然之勢也，非人之所得設也。若吾所言，謂人之所得設也；若無所言，謂人之所得勢也而已矣。賢何事焉！何以明其然也？客曰：「人有鬻矛與楯者，譽其楯之堅：『物莫能陷也。』俄而又譽其矛曰：『吾矛之利，物無不陷也。』人應之曰：『以子之矛，陷子之楯，何如？』其人弗能應也。」以為不可陷之楯與無不陷之矛，為名不可兩立也。夫賢之為勢不可禁，而勢之為道也無不禁，以不可禁之勢，此矛楯之說也。夫賢勢之不相容亦明矣。且夫堯、舜、桀、紂千世而一出，是比肩隨踵而生也；世之治者不絕於中，吾所以為言勢者中也。中者，上不及堯、舜而下亦不為桀、紂，抱法處勢則治，背法去勢則亂。今廢勢背法而待堯、舜，堯、舜至乃治，是千世亂而一治也；抱法處勢而待桀、紂，桀、紂至乃亂，是千世治而一亂也。且夫治千而亂一，與治一而亂千也，是猶乘驥駬而分馳也，相去亦遠矣。夫棄隱栝之法，去度量之數，使奚仲為車，不能成一輪；無慶賞之勸，刑罰之威，釋勢委法，堯、舜戶說而人辯之，不能治三家。夫勢之足用亦明矣，而曰「必待賢」則亦不然矣。且夫百日不食以待粱肉，餓者不活；今待堯、舜之賢乃治當世之民，是猶待粱肉而救餓之說也。夫曰「良馬固車，臧獲御之則為人笑，王良御之則日取乎千里」，吾不以為然。夫待越人之善海遊者以救中國之溺人，越人善遊矣，而溺者不濟矣。夫待古之王良以馭今之馬，亦猶越人救溺之說也，不可亦明矣。夫良馬固車，五十里而一置，使中手御之，追速致遠，可以及也，而千里可日致也，何必待古之王良乎！且御非使王良也，則必使臧獲敗之；治非使堯、舜也，則必使桀、紂亂之。此味非飴蜜也，必苦菜亭歷也。此則積辯累辭、離理失術、兩末之議也，奚可以難夫道理之言乎哉！

（〈難勢〉）

夫治法之至明者，任數不任人。是以有術之國，不用譽則毋適，境內必治，任數也；亡國使兵公行乎其地、而弗能圍禁者，任人而無數也。自攻者人也，攻人者數也。故有術之國，去言而任法。凡畸功之循約者難知，過刑之於言者難見也，是以刑賞惑乎貳。所謂循約難知者，奸功也；臣過之難見者，失根也。循理不見虛功，度情詭乎奸根，則二者安得無兩失也。是以虛士立名於內，而談者為略於外，故愚怯勇慧相連而以虛道屬俗而容乎世，故其法不用，而刑罰不加乎僇人。如此，則刑賞安得不容其二？故實有所至，而理失其量，量之失，非法使然也，法定而任慧也。釋法而任慧者，則受事者安得其務？務不與事相得，則法安得無失、而刑安得無煩？是以賞罰擾亂，邦道差誤，刑賞之不分白也。

（〈制分〉）

（三）銀雀山漢簡《奇正》論奇正

奇正。

天地之理，至則反，盈則敗，日月是也。代興代廢，四時是也。有勝有不勝，五行是也。有生有死，萬物是也。有能有不能，萬生是也。有所有餘，有所不足，形勢是也。

戰者，以形相勝者也。形莫不可以勝，而莫知其所以勝之形。形勝之變，與天地相敝而不窮。形勝，以楚越之竹書之而不足。形者，皆以其勝勝者也。以一形之勝勝萬形，不可。所以制形壹也，所勝不可壹也。故善戰者，見敵之所長，則知其所短；見敵之所不足，則知其有餘。見勝如見日月。其錯勝也，如以水勝火。

形以應形，正也；無形而制形，奇也。奇正無窮，分也。分之以奇數，制之以五行，鬥之以形名。分定則有形矣，形定則有名〔矣〕。

同不足以相勝也，故以異為奇。是以靜為動奇，佚為勞奇，飽為飢奇，治為亂奇，眾為寡奇。發而為正，奇發而不報，則勝矣。有餘奇者，過勝者也。

故一節痛，百節不用，同體也；前敗而後不用，同形也。故戰勢，大陣不斷，小陣乃解。後不得乘前，前不得然後。進者有道出，退者有道入。

賞未行，罰未用，而民聽令者，其令民之所能行也。賞高罰下，而民不聽其令者，其令民之所不能行也。使民雖不利，進死而不旋踵，孟賁之所難也，而責之民，是使水逆流也。故戰勢，勝者益之，敗者代之，勞者息之，飢者食之。故民見敵人而未見死，蹈白刃而不旋踵。故行水得其理，漂石折舟；用民得其性，則令行如流。

四百八十七

（四）李靖論奇正

太宗曰：「高麗數侵新羅，朕遣使諭，不奉詔，將討之，如何？」靖曰：「探知蓋蘇文自恃知兵，謂中國無能討，故違命。臣請師三萬擒之。」太宗曰：「兵少地遙，何術臨之？」靖曰：「臣以正兵。」太宗曰：「平突厥時用奇兵，今言正兵，何也？」靖曰：「諸葛亮七擒孟獲，無他道也，正兵而已矣。」太宗曰：「晉馬隆討涼州，亦是依八陣圖，做偏箱車。地廣，則用鹿角車營，路狹，則為木屋施於車上，且戰且前。信乎，正兵古人所重也！」靖曰：「臣討突厥，西行數千里；若非正兵，安能致遠？偏箱、鹿角，兵之大要：一則治力，一則前拒，一則束部伍；三者迭相為用。斯馬隆所得古法深也！」

太宗曰：「朕破宋老生，初交鋒，義師少卻。朕親以鐵騎自南原馳下，橫突之，老生兵斷後，大潰，遂擒之。此正兵乎，奇兵乎？」靖曰：「陛下天縱聖武，非學而能。臣按兵法：自黃帝以來，先正而後奇，先仁義而後權譎。且霍邑之戰，師以義舉者，正也；建成墜馬，右軍少卻者，奇也。」太宗曰：「彼時少卻，幾敗大事，曷謂奇邪？」靖曰：「凡兵，以前向為正，後卻為奇。且右軍不卻，則老生安致之來哉？《法》曰：『利而誘之，亂而取之。』老生不知兵，恃勇急進，不意斷後，見擒於陛下。此所謂以奇為正也。」太宗曰：「霍去病暗與孫、吳合，誠有是夫！當右軍之卻也，高祖失色，及朕奮擊，反為我利。孫、吳暗合，卿實知言！」太宗曰：「凡兵卻皆謂之奇乎？」靖曰：「不然。夫兵卻，旗參差而不齊，鼓大小而不應，令喧囂而不一，此真敗卻也，非奇也。若旗齊鼓應，號令如一，紛紛紜紜，雖退走，非敗也，必有奇也。《法》曰：『佯北勿追。』又曰：『能而示之不能。皆奇之謂也。』」太宗曰：「霍邑之戰，右軍少卻，其天乎？」靖曰：「若非正兵變為奇，奇兵變為正，則安能勝哉？故善用兵者，奇正在人而已。變而神之，所以推乎天也。」太宗俛首。

太宗曰：「奇正素分之歟，臨時制之歟？」靖曰：「按曹公《新書》曰：『己二而敵一，則一術為正，一術為奇；己五而敵一，則三術為正，二術為奇。』此言大略耳。唯孫武云：『戰勢不過奇正，奇正之變，不可勝窮。奇正相生，如迴圈之無端，孰能窮之？』斯得之矣，安有素分之邪？若士卒未習吾法，偏裨未熟吾令，則必為之二術；教戰時，各認旗鼓，迭相分合。故曰：『分合為變。』此教戰之術耳。教閱既成，眾知吾法，然後如驅群羊，由將所指；孰分奇正之別哉？孫武所謂『形人而我無形』，此乃奇正之極致。是以素分者，教閱也；臨時制變者，不可勝窮也。」太宗曰：「深乎，深乎！曹公必知之矣。但《新書》所以授諸將而已，非奇正本法。」太宗曰：「曹公云：『奇兵旁擊。』卿謂若何？」靖曰：「臣按曹公注《孫子》曰：『先出合戰為正，後出為奇。』此與旁擊之說異焉。臣愚，謂大眾所合為正，將所自出為奇；烏有先後旁擊之拘哉？」太宗曰：「吾之正，使敵視以為奇；吾之奇，使敵視以為正；斯所謂『形人者』歟？以奇為正，以正為奇，變化莫測，斯所謂『無形者』歟？」靖再拜曰：「陛下神聖，迥出古人，非臣所及。」

太宗曰：「分合為變者，奇正安在？」靖曰：「善用兵者，無不正，無不奇，使敵莫測。故正亦勝，奇亦勝。三軍之士，止知其勝，莫知其所以勝。非變而能通，安能至是哉？分合所出，唯孫武能之。吳起而下，莫可及焉。」太宗曰：「吳術若何？」靖曰：「臣請略言之。魏武侯問吳起兩軍相向。起曰：『使賤而勇者前擊，鋒始交而北，北而勿罰，觀敵進取。一坐一起，奔北不追，則敵有謀矣。若悉眾追北，行止縱橫，此敵人不才，擊之勿疑。』臣謂吳術大率多此類，非孫武所謂以正合也。」太宗曰：「卿舅韓擒虎嘗言，卿可與論孫、吳，亦奇正之謂乎？」靖曰：「擒虎安知奇正之極，但以奇為奇，以正為正耳！曾未知奇正相變，迴圈無窮者也。」

太宗曰：「古人臨陣出奇，攻人不意，斯亦相變之法乎？」靖曰：「前代戰鬥，多是以小術而勝無術，以片善而勝無善；斯安足以論兵法也？若謝玄之破苻堅，非謝玄之善也，蓋苻堅之不善也。」太宗顧侍臣檢〈謝玄傳〉，閱之曰：「苻堅甚處是不善？」靖曰：「臣觀《苻堅載記》曰：秦諸軍皆潰敗，唯慕容垂一軍獨全。堅以千餘騎赴之，垂子寶勸垂殺堅，不果；此有以見秦師之亂。慕容垂獨全，蓋堅為垂所陷明矣。夫為人所陷而欲勝敵，不亦難乎？臣故曰無術焉，苻堅之類是也。」太宗曰：「《孫子》謂多算勝少算，有以知少算勝無算。凡事皆然。」

太宗曰：「黃帝兵法，世傳〈握奇文〉，或謂為〈握機文〉，何謂也？」靖曰：「奇，音機，故或傳為機，其義則一。考其詞云：『四為正，四為奇，餘奇為握機。』奇，餘零也，因此音機。臣愚，謂兵無不是機，安在乎握而言也？當為餘奇則是。夫正兵受之於君，奇兵將所自出。《法》曰：『令素行以教其民者，則民服。』此受之於君者也。又曰：『兵不豫言，君命有所不受。』此將所自出者也。凡將，正而無奇，則守將也；奇而無正，則鬥將也；奇正皆得，國之輔也。是故握機、握奇，本無二法，在學者兼通而已。」

太宗曰：「陣數有九，中心零者，大將握之，四面八向，皆取准焉。陣間容陣，隊間容隊；以前為後，以後為前；進無速奔，退無遽走；四頭八尾，觸處為首；敵衝其中，兩頭皆救。數起於五，而終於八。此何謂也？」靖曰：「諸葛亮以石縱橫布為八行，方陣之法即此圖也。臣嘗教閱，必先此陣。世所傳〈握機文〉，蓋得其精也。」

太宗曰：「天、地、風、雲、龍、虎、鳥、蛇，斯八陣何義也？」靖曰：「傳之者誤也。古人祕藏此法，故詭設八名爾。八陣本一也，分為八焉。若天、地者，本乎旗號；風、雲者，本乎旛名；龍、虎、鳥、蛇者，本乎隊伍之別。後世誤傳，詭設物象；何止八而已乎？」

太宗曰：「數起於五，而終於八，則非設象，實古制也。卿試陳之。」靖曰：「臣案黃帝始立丘井之法，因以制兵。故井分四道，八家處之，其形井字，開方九焉。五為陣法，四為間地；此所謂數起於五也。虛其中，大將居之，環其四面，諸部連繞；此所謂終於八也。及乎變化制敵，則紛紛紜紜，鬥亂而法不亂；混混沌沌，形圓而勢不散；此所謂散而成八，復而為一者也。」太宗曰：「深乎，黃帝之制兵也！後世雖有天智神略，莫能出其閫閾。降此，孰有繼之者乎？」靖曰：「周之始興，則太公實繕其法：始於岐都，以建井畝，戎車三百輛，虎賁三百人，以立軍制；六步七步，六伐七伐，以教戰法。陳師牧野，太公以百夫致師，以成武功，以四萬五千人勝紂七十萬眾。周《司馬法》，本太公者也。太公既沒，齊人得其遺法。至桓公霸天下，任管仲，復修太公法，謂之節制之師。諸侯畢服。」

太宗曰：「春秋荀吳伐狄，毀車為行，亦正兵歟，奇兵歟？」靖曰：「荀吳用車法耳，雖舍車而法在其中焉。一為左角，一為右角，一為前拒，分為三隊；此一乘法也。千萬乘皆然。臣案曹公《新書》云：『攻車七十五人，前拒一隊，左右角兩隊；守車一隊，炊子十人，守裝五人，廄養五人，樵汲五人，共二十五人。攻守兩乘，凡百人。』興兵十萬，用車千乘，輕重兩千，此大率荀吳之舊法也。又觀漢魏之間軍制：五車為隊，僕射一人；十車為師，率長一人；凡車千乘，將吏兩人。多多仿此。臣以今法參用之：則跳蕩，騎兵也；戰鋒隊，步騎相半也；駐隊，兼車乘而出也。臣西討突厥，越險數千里，此制未嘗敢易。蓋古法節制，信可重焉。」

太宗幸靈州回，召靖賜坐曰：「朕命道宗及阿史那社爾等討薛延陀，而鐵勒諸部乞置漢官，朕皆從其請。延陀西走，恐為後患，故遣李勣討之。今北荒悉平，然諸部蕃漢雜處，以何道經久，使得兩全安之？」靖曰：「陛下敕自突厥至回紇部落，凡置驛六十六處，以通斥候，斯已得策矣。然臣愚以謂，漢戍宜自為一法，蕃落宜自為一法，教習各異，勿使混同。或遇寇至，則密敕主將，臨時變號易服，出奇擊之。」太宗曰：「何道也？」靖曰：「此所謂『多方以誤之』之術也。蕃而示之漢，漢而示之蕃，彼不知蕃漢之別，則莫能測我攻守之計矣。善用兵者，先為不測，則敵乖其所之也。」太宗曰：「正合朕意，卿可密教邊將。只以此，蕃漢便見奇正之法矣。」靖拜舞曰：「聖慮天縱，聞一知十，臣安能極其說哉！」

太宗曰：「蕃兵唯勁馬奔衝，此奇兵歟？漢兵唯強弩犄角，此正兵歟？」靖曰：「案《孫子》云：『善用兵者，求之於勢，不貴於人，故能擇人而任勢。』夫所謂擇人者，各隨蕃漢所長而戰也。蕃長於馬，馬利乎速鬥；漢長於弩，弩利乎緩戰。此自然各任其勢也，然非奇正所分。臣前曾部蕃漢必變號易服者，奇正相生之法也。馬亦有正，弩亦有奇，何常之有哉！」太宗曰：「卿更細言其術。」靖曰：「先形之，使敵從之，是其術也。」太宗曰：「朕悟之矣！《孫子》曰：『形兵之極，至於無形。』又曰：『因形而措勝於眾，眾不能知。』其此之謂乎？」靖再拜曰：「深乎，陛下聖慮！已思過半矣。」

（《唐太宗李衛公問對》卷上）

（五）古陣對照表

(1)五行陣

五行	《周書》佚文中的五行陣	裴緒所傳黃帝五行陣	銀雀山漢簡〈十問〉中的五陣
金	方（形如□）	方（形如□）	方（形如□）
土	圓（形如○）	圓（形如○）	圓（形如○）
水	牝（形如∨）	曲（形如∨）	箕（形如∨）
火	牡（形如∧）	銳（形如∧）	銳（形如∧）
木		直（形如｜）	
木	伏（形如一）		衡（形如一）

(2)八陣甲種（十陣附）

裴緒所傳孫子八陣	裴緒所傳吳子八陣	裴緒所傳諸葛亮八陣	銀雀山漢簡〈官一〉中的八陣	上孫家寨漢簡中的八陣	銀雀山漢簡〈十陣〉中的十陣
方陣（金、兌、商、白獸）	車箱陣	同當陣	方陣	方陣	枋陣
圓陣（土、艮、宮、勾陳）	車釭陣	中黃陣	圜陣	圓陣	員陣

牝陣（水、坎、羽、玄武）	曲陣	龍騰陣	索陣	兌武陣	水陣
牡陣（火、離、徵、朱雀，太公之鳥雲陣）	銳陣	鳥翔陣	雲陣	牡陣	火陣
沖方陣（木、震、角、青龍）	直陣	折沖陣		沖方陣 縱陣	鉤行陣
車輪陣（坤，太公之地陣）	衡陣	握機陣		橫陣	玄襄陣
罣罝陣（巽，太公之人陣，一曰飛翼陣）	卦陣	虎翼陣（或魚麗陣、魚貫陣）	浮沮陣 封陣	浮苴陣	
雁行陣（乾，太公之天陣）	鵝鸛陣	衡陣	雁行陣		雁行陣
			錐行陣		錐行陣
					疏陣
					數陣

上表各名，凡畫線者，皆位置不能肯定，這裡只是根據我們的估計，暫時排在某一位置上，僅供參考，不一定可靠。又表中的各套名稱，本來還應有中陣，但各書都只講八陣，不講中陣，這裡只能闕如。

(3)八陣乙種

風後八陣	先天卦位	後天卦位
天陣（乾）	南	西北
地陣（坤）	北	西南
風陣（巽）	西南	東南
雲陣（艮）	西北	東北
龍陣（震）	東北	東
虎陣（兌）	東南	西
鳥陣（離）	東	南
蛇陣（坎）	西	北

(4)六花陣

子午陣	大黑（子）、大赤（午）
醜未陣	破敵（醜）、先鋒（未）
寅申陣	左突（寅）、右擊（申）
卯酉陣	青蛇（卯）、白雲（酉）
辰戌陣	摧凶（辰）、決勝（戌）
巳亥陣	前衝（巳）、後衝（亥）
中陣	中黃

第九講　軍爭第七

接下來是《孫子》外篇的部分。內六篇，外七篇，這麼分，是為了講述的方便。關於後七篇，要先說明，它與前六篇有什麼不同。

過去，史志著錄，《孫子》的分卷不一樣，有一卷本、兩卷本和三卷本。一卷本，是不分卷。兩卷本，是分前後兩半，具體怎麼分，不知道，有可能是卷上七篇、卷下六篇，或卷上六篇、卷下七篇。三卷本，宋以來的版本很清楚，是卷上五篇、卷中四篇、卷下四篇，或卷上四篇、卷中五篇、卷下四篇。兩卷本和三卷本，都是按篇數多少二分或三分，同內容的分組無關。

銀雀山簡本，從篇題木牘看，是分兩部分：前六篇是一組，後七篇是一組，表面看，似屬第二種。但這種劃分，不完全是卷帙的劃分，還和內容的分組有關。其後七篇，和今本不太一樣，篇次排列有點不同，但包含哪些篇，大體一樣。不同點，只是沒有〈行軍〉，而多了〈實虛〉（即〈虛實〉）。這裡，值得注意的是，簡本篇題木牘，是把後七篇叫「七勢」。也就是說，這一部分是和「勢」有關。前面說過，《漢志．兵書略》對「形勢」的定義，其實是出自〈軍爭〉。這部分，確實和「形勢」有關，特別是和「勢」有關。因為「勢」比「形」更切近實用。這是後七篇的特點。

今本後七篇比簡本後七篇，組織安排得更好。我即是照今本的順序講。

這一部分，主要是講戰術應用。我們可以把它看作形勢組的延續。形勢組，是講軍隊的開進和它在地面上的展開，靈活、機動、快速、多變。但前面講形勢，是講「形」、「勢」的概念和關係，所有討論，只是序幕，還停留在概念的層面上，比較抽象，講到這裡，我們才進入應用，靈活、機動、快速、多變的特點才表現出來。

今本前五篇文章：〈軍爭〉、〈九變〉、〈行軍〉、〈地形〉、〈九地〉。每篇都是三結合，即打與走相結合，人與地相結合，治兵與用兵相結合。

（一）打與走相結合。強調行軍路線的迂迴多變，強調奪取會戰的先機之利，強調發起攻擊的突然性和出人預料。所有兵力分配，都像行棋布子，必須走起來，才有結果。「打」是殲滅戰，「走」是運動戰。「走」是為了「打」，「打」要依靠「走」。「打」是一個點，「走」是一個面。點是受控於面。「走」比「打」更難。

（二）人與地相結合。它很強調戰場的主客形勢，強調戰線的縱深層次，強調行軍、作戰的地形要求，包括地形、地貌。「走」也好，「打」也好，都要以地面為依託。古代沒有空軍，天上的戰鬥，只發生在神話裡。水師，古代有，但《孫子》沒講。它講的戰鬥，都是平面作戰，在陸地上進行，不像今天的戰爭，是海陸空，三維立體。這五篇，每篇都涉及地理，空間感很強。

（三）治兵與用兵相結合。它很強調地理因素對士兵心理的作用，強調以勢屈性（讓士兵心理隨著戰場形勢的變化走，跟著「勢」的感覺走），強調將軍對整個協同的控制。將軍把士兵投入戰場，關鍵就在，如何愚弄其視聽，不知不覺，把他們帶到最危險的地方，讓他們效死拚命，膽小鬼也能變成勇士。這是一門大學問。協同是什麼？就是三得：將得吏，吏得卒，卒得地。

第三組，〈軍爭〉是第一篇。戰國形勢家言，〈軍爭〉最有代表性。選讀《孫子》，不可不讀。荀子和臨武君辯論軍事，臨武君說「後之發，先之至」是「用兵之要術」（《荀子·議兵》）。班固也說：「雷動風舉，後發而先至。離合背鄉，變化無常，以輕疾而制敵者也。」就是形勢家（《漢志·兵書略》）這些說法，都出自〈軍爭〉。第三組，〈軍爭〉最重要，〈九地〉次之。〈軍爭〉在前，可以代表這一組，我把這一組叫「軍爭組」。

接著，依序先講〈軍爭〉。

「軍爭」的意思很簡單，就是兩軍爭利，爭奪會戰的先機之利：有利的時間，有利的地點。看誰能搶先到達這個地點，在有利時間發起攻擊。有利時間，就是以逸待勞、戰機最好的時間。有利地點，就是我以優勢兵力投入敵人的薄弱環節，有利地形在我，得之則可牽制敵人的地點。如何用時間換空間，用空間換時間，速度、勞逸怎麼掌握，這裡面，學問很大。

現將〈軍爭〉篇分為六章：

第一章，講用兵之法，莫難於軍爭，軍爭之難，難就難在以迂為直、以患為利。

第二章，講以迂為直、以患為利，到底難在哪裡。以迂為直，矛盾是：走直道，容易遭敵阻截；走彎路，容易貽誤戰機。以患為利，矛盾是：把輜重扔掉，才能走得快，但沒有輜重也不行；速度太快，則有人掉隊，同時到達又太慢。關鍵在於折中迂直、折中利害，後人發，先人至。

第三章，講軍爭的要求和特點，結論是，關鍵的關鍵，還是迂直之計。

第四章，講金鼓旌旗之制，即「兵力配方」的第二種：形名。形名對行軍作戰的協同很重要，對指揮聯絡的保障很重要，沒有形名，軍隊就成了瞎子和聾子。

第五章，講治兵四要，即治氣（保持鬥志）、治心（調解心理）、治力（節約體能）、治變（對付意外）。治兵和協同有關，和前文的敘述有關。第六章是講用兵的八條禁忌，即「高陵勿向」等八句。

【七・一】

孫子曰：

凡用兵之法，將受命於君，合軍聚眾，交和而舍，莫難於軍爭。軍爭之難者，以迂為直，以患為利。

這段話主要是講軍爭在戰爭中的重要性和困難之處。

「將受命於君，合軍聚眾，交和而捨」是個過程，「將受命於君，合軍聚眾」是它的開頭，「交和而捨」是它的結尾。前面說過，戰爭全過程，不外兩個字，「走」和「打」（就像下棋，有行棋和吃子），「打」以前，從「將受命於君，合軍聚眾」到「交和而捨」，都是屬於「走」。

「將受命於君」，是說國君派將軍出征，這是廟算以後的第一件事。「合軍聚眾」，是說將軍開始組建軍隊，準備出征，這是廟算後的第二件事。它們都在出征之前。出征以後，還有個「由淺入深」的過程，這裡沒有講。我們講〈九地〉，才會涉及後一過程。

「交和而捨」，就是大家常說的兩軍對壘。古代營壘，正門叫和。天子六軍，分左右二偏，每偏各有一個壘門，左邊三軍的壘門叫左和，右邊三軍的壘門叫右和。諸侯三軍，只有一個壘門，也叫和。交和而舍，就是我方的壘門和敵方的壘門，兩個壘門互相對著，這是雙方交戰前的狀態。

雙方開戰，是「打」。「打」以前，是「走」。這種「走」，很像賽跑或競走，看誰先到會戰地點，作者叫「軍爭」。

兩軍出征後，兩軍對壘前，軍爭最難。軍爭難，難在什麼地方？主要是兩條：

（一）「以迂為直」

軍爭很像賽跑或競走。但和田徑場裡的比賽不一樣，雙方不在同一競技場，大路朝天，各走各的，這樣比賽，路線的問題最重要。路線對了，才能後發先至。

路線，走弓弦，還是走弓背？這是第一個難題。

軍爭，一般想法，兩點之間，最短距離是直線，走直線，肯定最占便宜。但戰場上，哪有這種好事？山不平，水不直，路是繞著走。敵人不是傻子。抄近道，直奔目標，容易暴露意圖，遭敵阻截。

把彎路當直路，這叫「以迂為直」。

（二）「以患為利」

這個問題又可分為兩個問題，一個問題是輜重，一個問題是協同。

輜重，是隨軍攜帶的軍用物資，包括最低限度的武器裝備和糧草衣被。要速度，就得丟輜重；要輜重，就得降速度。如何折中速度和輜重，這是「以患為利」的第一條。拿破崙打俄國，為了快速挺進，不帶帳篷，讓士兵露營，速度是有了，但時間長了不行，行軍途中，減員損耗很大。特別是俄國國土遼闊，冬天天寒地凍。「以患為利」的第二條，是協同。這裡也有矛盾。三軍之眾有三萬多人，如果以最快的速度行軍，整個團隊，體力不均衡，必然會首尾脫節。要速度，就會有人掉隊；要同時到達，就得降速度。如何折中速度和協同，這也是「以患為利」。

把不利當有利，這叫「以患為利」。

【七·二】

故迂其途而誘之以利，後人發，先人至，此知迂直之計者也。故軍爭為利，（眾）〔軍〕爭為危。舉軍而爭利則不及，委軍而爭利則輜重捐。是故卷甲而趨，日夜不處，倍道兼行，百里而爭利，則擒三將軍，勁者先，疲者後，其法十一而至；五十里而爭利，則蹶上將軍，其法半至；三十里而爭利，則三分之二至。是故軍無輜重則亡，無糧食則亡，無委積則亡。

「以迂為直」是「故迂其途而誘之以利，後人發，先人至」。路要走彎路，這是肯定的。因為直路，實際上沒有，有也未必可以走。但彎路有的是，我們不是故意走彎路，愈遠愈好，而是在很多彎路中，千挑萬選，選一條表面曲折，其實最合理的路線，這是第一。第二，是前面有誘人的目標，讓士兵疲於奔命，但樂於奔命。最後效果是，出發晚，卻到達早。

這裡講先後。先後是個耐人尋味的好問題。

軍爭最像賽跑、競走。賽跑、競走，當然是爭先恐後。雙方搶速度，誰都想比對方先到達終點。軍爭也一樣，誰都想比對方先到達會戰地點。軍爭是長跑，而且還負重，跋山涉水，好像鐵人賽。它不像體育比賽，是在同一起跑線上。體育比賽要體現公平競爭，戰爭不講這個。

戰爭講先後，先發好還是後發好，不能一概而論。古代兵法，有貴先和貴後兩派，比如「王廖貴先，兒良貴後」（《呂氏春秋．不二》），就是代表人物。貴先，「先聲奪人」有心理優勢，「先發制人」有先機之利。這兩個詞，各有出典。《左傳》引〈軍志〉「先人有奪人之心，後人有待其衰」（《左傳》文公七年、宣公十二年和昭公二十一年），就是「先聲奪人」的出典；而「先發制人」則出自項梁的話。項梁說：「先發制人，後發制於人。」（《漢書．陳勝傳》），來源是《孫子．虛實》的名言，即前所講的「凡先處戰地而待敵者佚，後處戰地而趨戰者勞」。

戰爭，「打」和「走」不一樣。賽跑像「走」，球類先開球的，都想借此機會，一上來就壓著對方打。但不一定會如願以償。軍事也是如此。兵家講奇正，正兵用於正面接敵，奇兵用於出奇制勝，奇兵往往都是最後才投入戰鬥，比如曹注，就有「先出合戰為正，後出為奇」之說。當然，李靖說過，奇兵先出，還是後出，不可拘泥，指揮者要「以奇為正，以正為奇」（《唐太宗李衛公問對》卷上），但「正兵貴先，奇兵貴後」，畢竟還是占了多數。這就像打牌，王牌到了關鍵時刻才出手。軍爭是長跑，搶在前面跑得快，不一定就先到終點。龜兔賽跑，沒準烏龜是冠軍。

這是講「以迂為直」。接著是講「以患為利」。

為什麼要「以患為利」？因為天底下的事，多半都是有其利，必有其害。軍爭也是如此。「軍爭為利，軍爭為危」，兩軍爭的是利，當然有好處，但同時也是高風險。風險有兩條：一是輜重、另外是協同。「舉軍而爭利則不及，委軍而爭利則輜重捐」，軍爭，速度很重要，但速度和輜重有矛盾。如果把輜重全都帶上，當然有利於作戰，這是「利」，但速度肯定上不來，這又是「患」。如果破釜沉舟，把罎罎罐罐扔掉，當然跑得快，這是「利」，但沒吃沒喝沒武器，怎麼打仗，這又是「患」。

「輜重」這個詞，現在還在用。「輜」和「重」本來都是指輜重車，即輜車和重車。戰車是馬車，輜重車是牛車。用來裝糧草、衣裝、武器這些東西。春秋戰國，攜帶輜重，總趨勢是愈帶愈多。怎麼能盡量少帶還夠用，這叫「以患為利」。

另外，關於協同問題，這裡分快慢三種情況：

(1)「是故卷甲而趨，日夜不處，倍道兼行，百里而爭利，則擒三將軍，勁者先，疲者後，其法十一而至」，是日行一百里，最快，但跑得快的衝在前面、跑得慢的落在後面，只有十分之一的人能趕到，十分之九的人都掉隊，情況最糟。

(2)「五十里而爭利，則蹶上將軍，其法半至」，是日行五十里，次之，二分之一到達，二分之一掉隊，也只有一半人趕到。

(3)「三十里而爭利，則三分之二至」，是日行三十里，三分之二到達，三分之一掉隊，也不全。

古代諸侯，一般都有三軍。縱隊，是上、中、下三軍；橫隊，是左、中、右三軍。三軍之帥，都叫「將軍」。第一種情況，三軍之帥被俘，其實是全軍覆沒。第二種情況，上將軍被俘，則是先頭部隊陷敵，恐怕也是損失過半。最後一種，損失如何，作者沒有說，恐怕也不理想。

戰國時期，大規模包抄迂迴，遠距離長途奔襲，在軍事行動中日益突出。高速度的強行軍是家常便飯，但軍事裝備也超過以往。兩者的矛盾很突出。

讀《左傳》，常見一個軍事術語，叫「舍」。「舍」的意思就是安營紮寨，讓軍隊住下來。當時行軍的常規速度，就是以「舍」來計算。一舍有多大？距離是三十里。每行三十里，就要住下來。古里和今里，都是三百步（六尺為一步），但古尺為二十三．一釐米，今尺為三十三．三釐米。古代的三十里，大約只有今天的二十五里。當時，雙方要談判，一定要退舍求平，即後撤一舍、兩舍或三舍。一舍是三十里。雙方後撤九十里，中間有三天的路，就算徹底脫離接觸了。

《左傳》的「舍」是常規速度，不是破釜沉舟、背水一戰的那一種。

戰爭最動物。動物對距離很敏感。你從牠的身邊經過，一定要保持距離，讓牠感到很安全。距離近了，牠會做出反應，或攻擊，或逃跑。肉食性動物，是一有動靜就追，攻擊的可能比較大；草食性動物，是一有動靜就跑，逃跑的可能比較大。我們要接近動物，就要知道它的距離感。當年，重耳流亡楚國，楚王說，我現在收留你，你將來怎麼報答我？重耳說，假如託您的福，我能回到晉國，有天，不幸兵戎相見，我會「避君三舍」（《左傳》僖公二十三年），這就是「退避三舍」一詞的來源。

「卷甲而趨」，是把盔甲捲起來，打成行軍背包，背在身上，屬於輕裝前進。「日夜不處，倍道兼行」，則是形容速度快。但日行一百里，會全軍覆沒；日行五十里，只有一半到達；日行三十里，也只有三分之二到達。這個速度並不快，其實比《左傳》中的速度還慢。

說到行軍中的輜重，咱們還是用賽跑、競走打比方。軍爭最像什麼？我說，最像負重競走。這場比賽，不是百米短跑，而是野外長途負重競走，體力的分配是大問題。

戰國晚期，魏國有一種特種兵，叫「武卒」。武卒的考核標準，是「衣三屬之甲，操十二石之弩，負服矢五十個，置戈其上，冠軸（冑）帶劍，贏三日之糧，日中而趨百里」（《荀子．議兵》），應試者不是「卷甲而趨」，而是把全套盔甲都穿在身上，手拿一副強弩（十二石之弩），背上背一個裝滿五十支箭的箭囊，把戈橫在上面，腰間佩劍，帶三天的的乾糧。這種考核，必經超強訓練，才有可能通過。體力好的和體力不好的，擱一塊跑，協同的重要性就顯出來了。

這裡講了兩大矛盾。「迂」、「直」是一個矛盾，「患」、「利」是一個矛盾。第二個矛盾又分成兩個矛盾：一是速度和輜重的矛盾，二是速度和協同的矛盾。「以迂為直」、「以患為利」，是從壞處著眼、折中利弊，選擇最佳方案。

【七·三】

故不知諸侯之謀者，不能豫交；不知山林、險阻、沮澤之形者，不能行軍；不用鄉（向）導者，不能得地利。故兵以詐立，以利動，以分合為變者也。故其疾如風，其徐如林，侵掠如火，不動如山，難知如陰，動如雷震。掠鄉分眾，廓地分利，懸權而動。先知迂直之計者勝，此軍爭之法也。

軍爭組的五篇，全和「地」有關，但此篇只提到「故不知諸侯之謀者，不能豫交；不知山林、險阻、沮澤之形者，不能行軍；不用鄉導者，不能得地利」，沒有講具體的地形、地貌和空間劃分，只有籠統概念，沒有分類描述。還有兩句，就是篇末的「高陵勿向」和「背丘勿逆」。

前述兵陰陽的特點是「順時而發，推刑德，隨鬥擊，因五勝，假鬼神而為助者也」（《漢志·兵書略》）。這個定義，是講天文曆算，但大家知道，兵陰陽是數術之學在軍事上的應用，中國早期，天文、地理是同一門學問，兩者都屬於數術之學。這類學問，不光講時間，也講空間。諸葛亮「上知天文，下知地理」，就是屬於這類學問。地形研究，也屬於兵陰陽。

兵陰陽，迷信很多，但軍事氣象學和軍事地理學的東西，主要都集中在這門學問裡。研究古代兵學，這方面的知識，也要懂一點。

古代的軍事地理，首先是國與國的地緣關係，其次是一國之內的縱深層次，然後才是具體的地形、地貌。本篇對這類問題，有所涉及，但不太多。更詳細的描述，是在後面的〈九變〉、〈行軍〉、〈地形〉、〈九地〉四篇裡。

「故不知諸侯之謀者，不能豫交」，和〈九地〉的交地、衢地有關。交地是兩國交界的地方，衢地是多國交界的地方。戰國時期，很多戰爭都是國際戰爭，外交作用很突出，特別是在國界交錯的地帶。〈九地〉說交地要控制戰略要地，衢地要搞好和鄰國的外交。這裡也一樣。作者說，如果你不了解各國的預謀，就沒法提前做好外交工作。一旦軍隊開拔，麻煩就大了。特別是，有的開進，還不是從本國直接進入被攻擊的國家，而是從第三國借道。比如晉國的假虞伐虢（借道虞國打虢國），就是先伐交，把虞國打點好，讓它同意借道，等把虢國滅掉，再來收拾虞國。這就是有「豫交」。

「不知山林、險阻、沮澤之形者，不能行軍」，「山林、險阻、沮澤之形」都是難以行軍的地形。「山林」，是山地和森林，翻山越嶺、穿越森林，不好走；「險阻」，「險」是崖壁接近九十度，高下懸殊的地形；「阻」是道路不通的地形，也不好走；「沮澤」，是低溼之地，如鹽鹼地、沼澤地，人馬容易陷在裡面，路走不快。這些地形，都難以行軍。〈行軍〉講四種處軍之地，山地、河流、平陸、斥澤，其中就包括這些難以行軍的地形。〈九地〉說：「山林、險阻、沮澤，凡難行之道者，為（圮）〔氾〕地。」則把這類地形統稱為「氾地」。

「故兵以詐立，以利動，以分合為變者也」，「兵以詐立」，即詐為謀本，〈計〉篇說「兵者，詭道也」，俗話叫「兵不厭詐」；「以利動」，〈九地〉、〈火攻〉都說：「合於利而動，不合於利而止。」「以分合為變者也」，即所有變化都是靠兵力的分配，有些地點要分散，有些地點要集結。《兵書略》講形勢家，有「離合背向」一句，就是講這個意思。「離合背向」，其實就是「分合為變」。

「故其疾如風，其徐如林，侵掠如火，不動如山，難知如陰，動如雷震」，「疾」、「徐」相對，「侵掠」、「不動」相對，「難知」、「動」相對。日本戰國時期的名將武田信玄最喜歡這幾句話，他把風、林、火、山寫在旗子上。《兵書略》講形勢家，有句話叫「雷動風舉」，就是出典於此。《兵書略》講形勢家，不是下定義，而是講直觀印象。機動、靈活、快速、多變，就是形勢家給人的直觀印象。

「掠鄉分眾，廓地分利，懸權而動」，這是講「搶」，包括搶人、搶東西。我在〈作戰〉篇，已經講過，無後方作戰，運輸補給是大問題，一切要就地解決，搶是為了補充自己。「掠鄉分眾」，是抄掠敵國的農村，瓜分敵國的人力。「廓地分利」，是擴大自己的領土（占領敵人的國土）、瓜分敵國的物力。前文說「侵掠如火」，這裡說「掠鄉分眾」，〈九地〉說「重地則掠」、「掠於饒野，三軍足食」。前後加起來，《孫子》一共用了四個「掠」

字。宋儒批評孫子，這也是備受攻擊的一點。話說回來了，孫子的時代，孫子學生的時代，他不這麼講，又怎麼講。「懸權而動」，「權」是秤鉈，所以稱輕重。戰國時期，人們經常用「權」和「輕重」指權術和兵術的運用，特別是指斟酌利害。「懸權而動」，也就是「合於利而動，不合於利而止」。

這些話，都是補充上文。上文，什麼最重要？作者說，首先還是路線問題，即「迂直之計」。

【七・四】

〈軍政〉曰：「言不相聞，故為之金鼓；視不相見，故為之旌旗。』夫金鼓、旌旗者，所以一（人）〔民〕之耳目也。（人）〔民〕既專一，則勇者不得獨進，怯者不得獨退，此用眾之法也。故夜戰多（火）〔金〕鼓，晝戰多旌旗，所以變人之耳目也。

《軍政》是一本古書。古人稱軍法或軍中的管理曰「軍政」，軍中執法的官員也叫「軍政」或「軍正」，漢代仍有此職）。如晉隨武子說：「見可而進，知難而退，軍之善政也。兼弱攻昧，武之善經也。」（《左傳》宣公十二年）又楚子伐吳，「不為軍政，無功而還」（《左傳》襄公二十四年）。其中的「軍政」就是這類意思。此書早已失傳，下文「此治變者也」，張預注說，：《軍政》曰：「見可而進，知難而退。又曰：『強而避之。』」，這段話其實就是抄《左傳》宣公十二年，並非另有所見。

我們從書名和引文看，此書當是一部軍事法典類的古書，類似《司馬法》的古書。同類的書，《左傳》裡有〈軍志〉。如：

(1)「楚子曰：『……〈軍志〉曰：允當則歸。又曰：知難而退。又曰：有德不可敵。』……」（《左傳》僖公二十八年）；

(2)「孫叔曰：『……《軍志》曰：先人有奪人之心。』……」（《左傳》宣公十二年）

(3)「廚人濮曰：『〈軍志〉有之：先人有奪人之心，後人有待其衰。』……」（《左傳》昭公二十一年）

《黃石公三略》，〈上略〉引〈軍讖〉（二十四條），〈中略〉引〈軍勢〉（五條），也是模仿這種形式。

這種書很重要。我認為，後世所謂兵法，原來就是從這類古書提煉。軍法是兵法的基礎。中國也好，外國也好，用兵的基礎都是治兵。誰都是有兵在手，有組織好、裝備好、訓練好的軍隊，才談得上用兵。中國的兵法，優點是謀略發達，缺點也是謀略發達。有一利必有一弊。中國，謀略用舊典，兩千多年不變；制度、技術，用新法，隨時更新，兩者有巨大的時間差，容易前後脫節。

「言不相聞，故為之金鼓；視不相見，故為之旌旗」，金鼓旌旗（圖七四），金鼓是聽的，旌旗是看的。前者憑耳朵，後者憑眼睛，所以說「所以一民之耳目也」。比如《周禮·夏官·大司馬》講蒐狩校閱、坐作進退、左旋右轉，主要就是靠一套。

圖七四　金鼓旌旗：山彪鎮一號墓出土銅鑒上的紋飾

古代的營陣最像什麼？最像大型音樂、舞蹈的排練。古今中外，很多音樂、舞蹈都是模仿戰陣，比如祖魯人的舞蹈，周樂的〈大武〉，都是如此。將軍是排練的總指揮。他坐在戰車上，擊鼓而進，鳴金而退，一切動作都是憑這兩樣來指揮。

「金鼓」，《周禮·地官·鼓人》有所謂「六鼓四金」。「六鼓」是雷鼓、靈鼓、路鼓、鼖鼓、鼛鼓、晉鼓；「四金」是金錞、金鐲、金鐃、金鐸。《武經總要》、《武備志》也有這類器物，可參看。

「旗幟」，《周禮·春官·司常》有所謂「九旗」，通通都是紅旗，有些有圖案，有些沒有。有圖案的，日月為飾叫常，交龍為飾叫旂，熊虎為飾叫旗，鳥隼為飾叫旟，龜蛇為飾叫旐。這是一類。沒圖案的，全紅叫旃，紅底白邊叫物。這是又一類。還有一類，是以鳥羽為旗，全羽（羽毛完整）為飾叫旞，析羽（羽毛被分開）為飾叫旌。《左傳》也有很多旗，如鄭莊公有蝥弧之旗（隱公十一年）、魯有三辰之旗（桓公二年）、齊景公有靈姑銔之旗（昭公十年）、越有姑蔑之旗（定公十二年）、趙簡子有蜂旗（哀公二年）。

古代還有專門的信號旗。比如《墨子·旗幟》講的十六種旗，就是屬於信號旗：蒼旗（青旗）代表木，赤旗（紅旗）代表火，黃旗代表薪樵（柴草），白旗代表石，黑旗代表水，困旗（原作「菌旗」，困是圓形的糧倉）代表食物，蒼鷹（原作「倉英」）之旗代表死士（敢死隊），虎旗（原作「雩旗」）代表競士（原作「竟士」，競士是戰鬥力最強的部隊），雙兔之旗代表多卒（指敵人多，或己方需要增援），童旗代表五尺以下（一·一五米以下）的小孩，姊妹之旗（原作「梯末之旗」）代表婦女，狗旗代表弩，莅旗（疑即《周禮》的「旌」）代表戟，羽旗（疑即《周禮》的「旞」）代表劍盾，龍旗代表車，鳥旗代表騎。

旗幟上的圖案，古人叫「徽號」、「徽識」或「徽章」。

歐洲的紋章（coat of arms）是類似之物，他們的盾牌，上面往往有用鷹獅等物作裝飾的族徽，這種盾飾也被畫在旗幟上。

前面說，協同很重要。這裡說，指揮三軍作戰，要靠金鼓旌旗，就是屬於協同。它是用信號來指揮。金鼓是聽覺信號，旌旗是視覺信號。兩者都是信號。〈勢〉篇的「形名」就是這種東西。曹注說：「旌旗曰形，金鼓曰名。」意思是看見的叫「形」、聽見的叫「名」。但曹注的解釋不一定對。因為「形名」的「形」是代表可視之形、可見之物，「名」是代表它們的概念或符號。旌旗和金鼓都是符號或信號。

「形名」，是名家術語。名家也叫形名家。

形名之學並非只是研究名實關係的邏輯學，或玩弄名實關係的詭辯術。這樣理解，窄了點。形名，亦作刑名，本來和法律有關、和打官司有關。這種學問，本來叫刑名之學或刑名法術之學。形名用於管理，是符號管理。也被推廣於治術和兵法。

軍隊定編，設官分職，實行科層化管理，數字很重要。漢代文書有所謂「伍籍」，每一級有多少人、姓什麼、叫什麼、老家什麼地方，都要登記。有了這個名冊，才能「治眾如治寡」。這叫「分數」。有了「分數」，就有了軍隊。下一步，是用什麼指揮他們去戰鬥，讓他們「鬥眾如鬥寡」？這叫「形名」。「形名」，就是用金鼓旌旗作信號。

銀雀山漢簡〈奇正〉篇說：

> 故有形之徒，莫不可名。有名之徒，莫不可勝。故聖人以萬物之勝勝萬物，故其勝不屈。戰者，以形相勝者也。形莫不可以勝，而莫知其所以勝之形。形勝之變，與天地相敝而不窮。形勝，以楚越之竹書之而不足。形者，皆以其勝勝者也。以一形之勝勝萬形，不可。所以制形壹也，所勝不可壹也。故善戰者，見敵之所長，則知其所短；見敵之所不足，則知其有餘。見勝如見日月。其錯勝也，如以水勝火。形以應形，正也；無形而制形，奇也。奇正無窮，分也。分之以奇數，制之以五行，鬥之以形名。分定則有形矣，形定則有名〔矣〕。

這段話就是講兵家的「形名」。它的意思是說，看得見的東西都有名，有名的東西都有對付它的辦法。用看得見的東西對付看得見的東西，是正；用看不見的東西來製造看得見的東西是奇。一支軍隊有多少人？哪些算正，哪些算奇？怎麼才能把奇和正分開來，讓它如五行相勝，克服對方的形，這是屬於「分」。「分」以「數」分，應當就是〈勢〉篇所謂的「分數」。「分」定下來，才有「形」。「形」定下來，才有「名」。「鬥之以形名」，就是〈勢〉篇所說「鬥眾如鬥寡，形名是也」。

形名，就是用「名」控制「形」的學問。

古代的指揮手段，主要是旗鼓。我們常說「旗鼓相當」，意思是兩邊的實力差不多；「大張旗鼓」是興兵討伐；「偃旗息鼓」，是放棄戰鬥。但古代的「形名」還不止這些。

戰場上，士兵和將軍隔得遠，只能靠金鼓旌旗來指揮。如果兩股部隊，各在一方，指揮聯絡，問題就大了。其實，更大範圍的指揮聯絡，古代是靠郵驛和烽燧。郵驛是用驛馬接力，傳遞軍中文書，彌補「言不相聞」的遺憾。烽燧是用煙火傳遞信號，彌補「視不相見」的遺憾。

古代郵驛制度，有兩樣東西很重要：一樣是符節，一樣是文書。

符節，類似合範，比如新郪虎符、陽陵虎符，都是做成老虎的形狀，從中一破兩半，兩半對在一起，才能發兵；鄂君啟節，則是做成竹筒的形狀，從中一破五份，做為通行證。楚璽有三合璽，也是把一個圓形的印章，一破為三，用來封存儲藏檔的典匱。它們都是用合符的形式來驗證。

文書，則用簡牘（或帛紙）書寫，外面用檢覆蓋，封以泥繩，加蓋印章。

這些都是保密措施。《六韜．龍韜》有〈陰符〉和〈陰書〉，陰者，保密之謂也。

〈陰符〉講的符，是一種簡，長三寸到一尺，凡八等，實物未見，估計類似九〇年代以前自行車存車處的存車牌，竹製，上面寫一行字，一破兩半，現在沒人用了。陰書和陰符不一樣，它是用文字寫成，用於祕密通訊。〈陰書〉說：「引兵深入諸侯之地，主將欲合兵，行無窮之變，圖不測之利，其事繁多，符不能明，相去遼遠，言語不通。」則用書不用符。

另外，為了分敵我、辨等級，軍人的服飾也極為講究，現代軍人有制服、帽徽、領章和肩章。美國兵，脖子上面還掛塊小牌，上面有姓名和血型。據說，西服的領帶，也是從軍隊來的。我國的制度是什麼？這個問題值得研究。比如秦俑坑的秦俑，服飾各有區別，有什麼含義？晚期有號衣，是怎麼演變？這些都可納入形名的概念來研究。

「故夜戰多（火）〔金〕鼓，晝戰多旌旗，所以變人之耳目也」，「變」的意思是互相調換，即夜裡主要靠耳朵聽、白天主要靠眼睛看，要換一下。信號對軍隊很重要。現代戰爭，資訊戰，原型是這類東西。

【七·五】

三軍可奪氣，將軍可奪心。是故朝氣銳，晝氣惰，暮氣歸。善用兵者，避其銳氣，擊其惰歸，此治氣者也。以治待亂，以靜待譁，此治心者也。以近待遠，以佚待勞，以飽待飢，此治力者也。無邀正正之旗，勿擊堂堂之陳，此治變者也。

這段話，可以叫「治兵四要」。「四要」，是治四樣：氣、心、力、變。

治氣和治心，兩者不一樣。氣是生理水準，心是心理狀態。

作者說，「三軍可奪氣，將軍可奪心」，意思是說，三軍的士氣，將軍的意志，有可能突然就徹底崩潰，被對手擊垮。但孔子說：「三軍可奪帥也，匹夫不可奪志也。」（《論語·子罕》）一個普通人，意志堅強，有時卻不可動搖。生理水準和心理狀態，對打仗很重要。「治氣」，是行氣家的術語。行氣，現在叫氣功。古人說，一年四季，每個季節和每個季節，天地之氣不一樣，有好有壞。同樣，一日之內，氣也不一樣。行氣者要知道，什麼樣的氣可食，什麼樣的氣當避，這叫「治氣」。[1]

「朝氣銳，晝氣惰，暮氣歸」，人，一天二十四小時，生理水準不一樣，早上精神狀態最好，白天逐漸下降，傍晚，氣就洩得差不多了。為將者要懂這個道理。我們都知道，長勺之戰，曹劌就是用治氣之術，打敗來勢洶洶的齊國軍隊（《左傳》莊公十年）。當時：

公與之乘。戰於長勺。公將鼓之。劌曰：「未可。」齊人三鼓，劌曰：「可矣。」齊師敗績。公將馳之。劌曰：「未可。」下，視其轍，登，軾而望之，曰：「可矣。」遂逐齊師。既克，公問其故。對曰：「夫戰，勇氣也，一鼓作氣，再而衰，三而竭。彼竭我盈，故克之。夫大國難測也，懼有伏焉。吾視其轍亂，望其旗

1 李零《〈孫子〉古本研究》，頁三一五—三一七。

靡，故逐之。」

善用兵者，要避開敵人士氣最旺的時候，抓住他們精神疲勞、情緒低落、產生抑制的時候再打，這叫「避其銳氣，擊其惰歸」。

「以治待亂，以靜待嘩，此治心者也」，這個「心」就是〈九地〉著重強調的「人情之理」。士兵心理，什麼時候害怕，什麼時候不害怕，這是隨環境而變化的。「以治待亂」，是用秩序對付混亂，敵亂我不亂；「以靜待譁」，是用安靜對付喧譁，對方大呼小叫，我一聲不吭。自古軍隊就需要醫生，不僅需要外科醫生，也需要心理大夫。戰爭不僅傷及皮肉，而且摧殘靈魂。靈魂的傷害更厲害。《六韜．龍韜．王翼》、《墨子．迎敵祠》講，軍隊裡有方士和巫醫，他們除給士兵治病，還搞迷信活動。古代的迷信活動，往往有心理治療作用。

「以近待遠，以逸待勞，以飽待飢，此治力者也。」戰爭非常消耗體力，保持體力也很重要。

「無邀正正之旗，無擊堂堂之陣，此治變者也」，兩漢文字，「陣」本來寫成「陳」，「陣」是西晉以來才有的寫法，唐代盛行這樣寫。「正正」，簡本的寫法比較怪，到底是什麼字，還值得研究。

【七．六】

故用兵之法：高陵勿向，背丘勿逆，佯北勿從，銳卒勿攻，餌兵勿食，歸師勿遏，圍師必闕，窮寇勿迫，此用兵之法也。

這裡的八句話，是八條禁忌，七句帶「勿」字，一句帶「必」字，都是警告為將者。

頭兩句「高陵勿向」、「背丘勿逆」，這是一類。它們和地形有關。地形，有陰陽、向背、順逆。以上攻下是順勢，以下攻上是逆勢。這個道理很簡單。敵人占領制高點，居高臨下，等於水往低處流，我不可仰攻，仰攻如遏水流，必被水淹，這叫「高陵勿向」。「背丘勿逆」，也是兵家的一種講究。兵家講地形，喜歡左面和前面開闊，右面和背面高峻。簡化一點，只講兩個面，是前面要有出口，後面要有屏障，〈行軍〉叫「視生處高」。敵背丘而陳是順勢，我迎之是逆勢。這是講地形。

接著，講六種敵人。

「佯北勿從」、「銳卒勿攻」、「餌兵勿食」，這三種是一類。一種是假裝逃跑的敵人，故意賣個破綻，騙你追他，後面可能是拖刀計，千萬不要上當。「從」是軍事術語，本來的意思是跟蹤追擊。這種敵人不能追。一種是精兵銳卒，跟他交手，必然吃虧，也不能攻。一種是敵人派小股部隊，吸引調動我方，好像魚餌，敵人想釣大魚，你不要上鉤。

這三種是不能搭理的敵人。

還有三種，是豁出命來的敵人。古代作戰，都是背井離鄉，誰不盼望早點回家。敵人要回家，歸心似箭，勢不可當，你不要擋他的路，這叫「歸師勿遏」。敵人被包圍，做困獸之鬥，你一定要留下缺口，讓他們跑出來再打，這叫「圍師必闕」。敵人陷入絕境，走投無路，你不要往死逼他，這叫「窮寇勿迫」。有些人不了解古人，不了解古代戰爭，認為對死硬之敵，絕不能東郭先生，心慈手軟。其實，在當時的環境下，這種說法還是有它的道理。

上面八句話，最後一句是「窮寇勿迫」。

「窮寇勿迫」，歷來的引文都這麼寫，宋代的三個版本也這麼寫。惟一例外，是明代的趙本學，他認為「迫」是錯字，把它改成了「追」字。

這個改動，沒有根據，肯定是誤改，但圍繞這個改動，有件事值得一提。

中國的兵書，明清最多。特別是講江防海防的書，驟然增多。其背景，一是明末抗倭抗清，二是對付西方入侵。發達是因為挨打。趙本學就是這一時代的奇人（在前面介紹過，見第二講）。

窮寇該不該迫，《孫子》的答案是否定的。

解放軍占領南京，毛澤東寫過一首詩，反用此典。他說：「宜將剩勇追窮寇，不可沽名學霸王。」上句的「窮寇」，前面是「追」字，和趙注本一樣。

毛澤東的詩，似乎透露出一點，他讀的《孫子兵法》，可能是趙注本。因為《孫子》古本都是「窮寇勿迫」，只有趙注本是「窮寇勿追」。「迫」和「追」有點像，經常混淆，但這種寫錯的本子，幾乎沒有。我在《孫子古本研究》三十一頁蒐集到一條引文，引文是出自《後漢書．皇甫謐傳》中董卓的話，標點本的底本是「窮寇勿迫，歸眾勿追」，校點者據汲古閣本和殿本把它改成「窮寇勿追，歸眾勿迫」，說「下云『是迫歸眾，追窮寇也』，明當作『窮寇勿迫，歸眾勿迫』」。這段話，有學者指出，見於年代更早的袁宏《後漢紀》卷二五，原文作「卓曰：兵法：『窮寇勿迫，歸眾勿追。』今我追國，是追歸眾，迫窮寇也。……」[2]可見校點者正好改錯了，上下都錯。趙注本在日本影響很大。

「迫」和「追」，意思不同，前者是逼迫，後者是追擊。克勞塞維茲特別強調追擊，因為很多戰鬥，都是因傷亡慘重、疲憊不堪，勝而不追，功虧一簣。在他看來，乘勝追擊，擴大戰果，比戰鬥本身還重要，斬獲往往數倍於前。追是很大的學問。雖然能不能追是一個問題，但從總的原則來說，他也強調「追窮寇」。[3]

---

2 韓偉表《「窮寇勿追」考辨》，稿本，作者寄贈。

3 克勞塞維茲《戰爭論》，第一卷，頁三〇五—三一九。

第十講　行軍第九

這一講，本來應該講〈九變〉。但〈九變〉很特殊，它的內容和〈九地〉有關，題目也和〈九地〉有關，不講〈九地〉，就無法理解。所以，我把它放在〈九地〉後面講。

這裡先講〈行軍〉，是為了講述的方便，不是原書如此。現在，要討論的是具體怎麼「走」。「走」分兩方面：一是周圍的地形、地貌怎麼樣；二是周圍的敵人有什麼情況。

《孫子》的這一組，講「地」必講「兵」，講「兵」必講「地」。幾乎每篇都和「地」有關。作者講「地」，不是焦點透視，而是散點透視，針對不同問題，從不同角度講，有關討論是散在各篇。他講的「地」，不是純自然的「地」，與人無關的「地」，而是和軍事行動有關的「地」。有些是地形、地貌，有些是地區或地域。行軍有行軍的「地」，作戰有作戰的「地」，國與國的關係，國以內的深淺，也各有各的「地」。

研究《孫子》，地理學的概念很重要，在這一講的後面加了個附錄，就是介紹相關背景。

〈行軍〉篇，主要是圍繞兩個問題：一個是「處軍」，一個是「相敵」。

「處軍」是講四種與宿營有關的地：山、水、平陸、斥澤。四種地，都是比較具體的地形、地貌。古人講地形、地貌，主要有四大類：山、水、原、隰。山，包括淺山、丘陵和高地，就是這裡的「山」。水，包括河流、湖泊，就是這裡的「水」。原，是平原，也包括黃土高原上的原區，則相當這裡的「平陸」。隰，是低溼之地的統稱，則相當這裡的「斥澤」。

地球本身，總是凹凸不平。山，都是高高低低；水，都是曲曲折折，沒有地圖看不清。凡是搞地理的都知道，兩山之間，會有河谷；河流衝擊過的地方，會有平原和低溼之地；道路是沿河谷、河床走，它們彼此交會的地方，往往有聚落和城市。古人把這些東西記下來，畫在地圖上，對軍事很有用。

一九七三年，馬王堆漢墓三號墓出土的兩種古地圖（圖七五、圖七六），就是古代的軍事地圖。

《孫子》講地形，主要有三種講法：一種和行軍有關，涉及具體的地形、地貌，如這裡的四種「處軍」之地；一種和作戰有關，則只講地理形勢，如遠近、險易、廣狹、高下，以及順逆、向背、死生。遠近等形，主

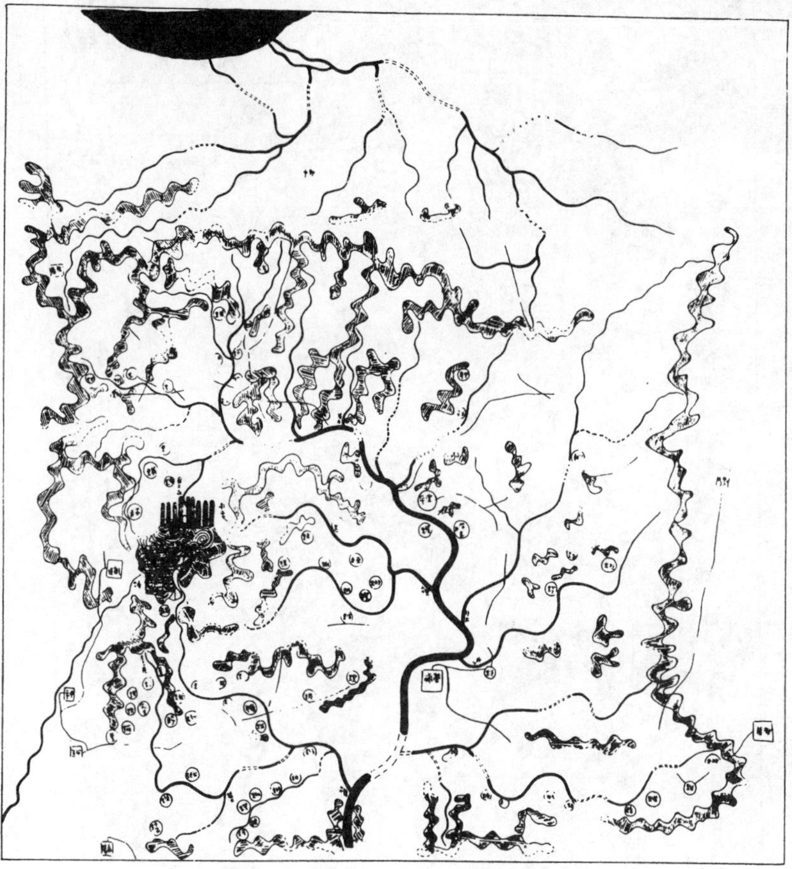

圖七五　馬王堆漢墓三號墓出土的《地形圖》

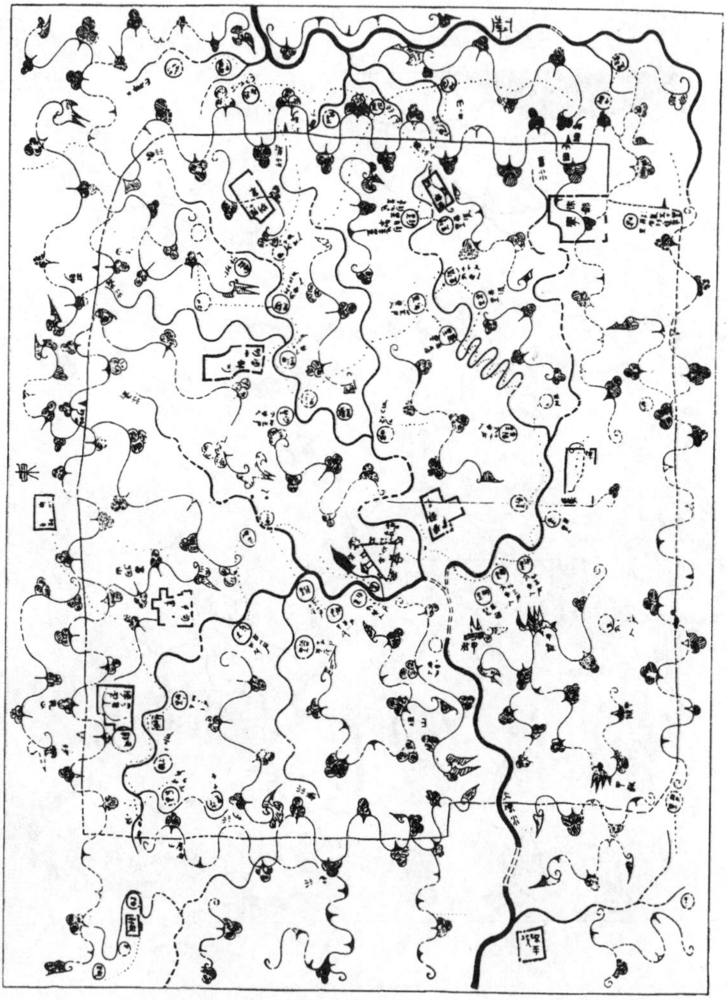

0 10厘米

圖七六　馬王堆漢墓三號墓出土的《駐軍圖》

要見於下一篇。順逆等形，主要見於此篇，後面的〈九地〉篇也講了一點。還有一種是國土的區域概念和空間概念，則只見於〈九地〉。

「相敵」，是觀察敵情。這種技術，屬於廣義的相術。

我把〈行軍〉篇分為三章：

第一章，講「處軍」（行軍中的宿營），它分四種地形：山、水、斥澤、平陸。

第二章，講「相敵」（行軍中的觀察敵情），它分三十三種情況。

第三章，講「法令孰行」，即各種約束規定。

【九・一】

孫子曰：

凡處軍相敵：絕山依谷，視生處高，戰（隆）〔降〕無登，此處山之軍也。絕水必遠水。客絕水而來，勿迎之於水內，令半渡而擊之利；欲戰者，無附於水而迎客；視生處高，無迎水流，此處水上之軍也。絕斥澤，唯亟去無留；若交軍於斥澤之中，必依水草而背眾樹，此處斥澤之軍也。平陸處易，右背高，前死後生，此處平陸之軍也。凡四軍之利，黃帝之所以勝四帝也。凡軍好高而惡下，貴陽而賤陰。養生處實，軍無百疾，是謂必勝。丘陵隄防，必處其陽而右背之。此兵之利，地之助也。上雨水，（水）（沫）〔流〕至，欲涉者，待其定也。凡地有絕澗、天井、天牢、天羅、天陷、天隙，必亟去之，勿近也。吾遠之，敵近之；吾迎之，敵背之。軍旁有險阻、潢井、蒹葭、（林木）〔小林〕、翳薈者，必謹覆索之，此伏奸之所〔處〕也。

這一章，可以分成前後兩段：前一段是講四種「處軍」之地，一條一條分開講；後一段是進行總結，把有關要求合起來講。

我們先講前一段。

「凡處軍相敵」，是提示全文，「處軍」是這一段，「相敵」是下一段。「處軍」是宿營，它分四種地形：「山」、「水」、「斥澤」、「平陸」。每種地形前都加了一個「絕」字，「絕」是穿越的意思。

第一是「絕山」，穿越山地，不是從山上穿，而是從谷裡穿，因為道路都是沿著山間的谷地走，所以說「絕山依谷」。沿著谷地走，一是好走，二是有水草之利，但危險在於，兩側可能有伏兵。如果在這種地方宿營，一定要「視生處高」。「視生」是向陽，前有出口，視野開闊；「處高」是背陰，後有依託，居高臨下。這是屬於順逆、向背、死生的概念。「視生處高」，是前低後高、前死後生，這是順勢。敵來攻我，他們是逆勢。「戰降無登」，則是反過來說。如敵先我占領高地，居高臨下，我不可登山仰攻。仰攻，整個位置就調過來了，我成了逆勢，敵成了順勢。這句話，今本有誤，寫成「戰隆」，應照銀雀山漢簡和各種古書的引文，改成「戰降」。漢代，「降」、「隆」二字常混淆。「戰降」，是說與從上往下攻的敵人交戰。「絕山」，制高點最重要。克勞塞維茲說，制高點有三大好處：一是扼制進出之路，有交通之便；二是便於火力發揮，從上往下射擊，比從下往上射程遠（古代沒有火器，但從上往下射箭和投擲重物，和地心引力的方向一致，也是上比下好）；三是可以居高臨下，瞰制地形（山下最好沒有密林遮蔽），有觀察之利。[1]「視生處高」，就是有這三大好處。古代，占領山頭，就是占領了制高點。今天不一樣，制高點已經不是山頭。大家爭奪的是制空權，是衛星定位系統的制高點，制高點已經跑到天上去了。但制高點的重要性依然存在。

第二是「絕水」，「絕水」是渡河。渡河最怕兩件事，一是敵人從上游放水，像《三國演義》講的「水淹七軍」；二是渡水渡到一半，被敵人從岸上打。「遠水」，是說渡河前，在水邊宿營，一定要離水遠點，否則容易被水淹。如果敵人正在渡河，我不可在水裡應戰，而是應該在岸上等，讓他渡到一半再打。如果敵人尚未渡河，我不可在岸上迎候，那樣，敵人就不肯渡河了。水和山不同，山高水低，但也講順逆、向背、死生。人在有水的地方，只有站在高處，才能不被淹，故也講「視生處高」。水往低處流，人不能在低處迎之，也和「戰降無登」是同一道理。水雖然低，但有河岸，同樣也是制高點。這裡，「令半渡而擊之利」很重要。春秋時期，什麼是正規戰法，什麼是不正規戰法，遊戲規則在發生變化，但古風猶存。最初，只有雙方擺好陣勢，像體育比賽正大光明，才配叫「戰」，凡設伏偷襲、乘亂取勝，都不叫「戰」，只叫「崩」、「敗」、「克」、「取」（《左傳》莊公十一年）。泓之役，宋國有先機之利，宋軍擺好陣勢，楚軍還在渡河，司馬子魚說：「彼眾我寡，及其未既濟也請擊之。」但宋襄公不讓打。楚軍渡過河，還沒擺好陣勢，司馬子魚請求打，他也不讓打。最後，楚軍擺好陣勢，雙方交手，宋軍大敗。宋襄公的戰法，就是《司馬法》裡追論的古戰法，貴族決鬥式的老戰法。司馬子魚的戰法，才是講究實際，代表潮流的新戰法。宋國戰敗後，國人都怨他，他還頑固辯解說：「君子不重傷，不禽二毛。古之為軍也，不以阻隘也。寡人雖亡國之餘，不鼓不成列。」司馬子魚很氣憤，說他根本不懂軍事（《左傳》僖公二十二年）。其實，這是「古代」和「現代」兩種不同戰法的鬥爭。《孫子》反對這種古戰法，主張「半渡而擊」，和宋襄公完全相反。後世兵家都是追隨《孫子》。如《吳子》就兩次提到此說，一次是「涉水半渡，可擊」（〈料敵〉），一次是「敵若絕水，半渡而薄之」（〈勵士〉）。〈料敵〉講十三種「可擊」，除了「涉水半渡，可擊」，還有「敵人遠來新至，行列未定，可擊」、「險道狹路，可擊」，這些都和宋襄公的說法正好相反。古代戰爭，水火之用甚廣，但《孫子》只有〈火攻〉篇，沒有〈水攻〉》篇。涉及水攻，只有這一處。

第三是「絕斥澤」。「斥澤」，「斥」是鹽鹼地，「澤」是沼澤地，兩者都是低溼之地。低溼之地，古人也叫「隰」。黃河流域有很多鹽鹼地。都是些難走的地形，一旦被敵人發現，麻煩就大了，必須迅速通過。穿越斥澤，沒有可依託的東西，只能「依水草而背眾樹」，這也是「視生處高」。「依水草」，是人馬所安；「背眾樹」，是背有依託。上一講，「凡山林、險阻、沮澤之形者」，其中的「沮澤」，就是這種地形。

1 克勞塞維茲《戰爭論》，第二卷，頁四六九—四七三。

第四是「絕平陸」。「平陸」，古人也叫「原」，包括高原的原。古人講「險易」，「險」是山地，「易」是平地，水和斥澤是更低下的地形。這裡的要求，也很簡單，只有七個字，「右背高」和「前死後生」。古代兵陰陽，是以左前為陽、右背為陰，「右背高」的意思，就是負陽而抱陰，左前開闊，右背高峻，其實，也還是「視生處高」的意思。但「前死後生」這句話，在理解上有點麻煩。「視生處高」，從字面上講，本來是以臉對的方向為「生」、背對的方向為「死」，這裡怎麼反而說是「前死後生」呢？舊注因此有爭議。李筌說：「前死，致戰之地；後生，我自處。」即前有敵阻，只有死戰，突破敵人，才能出去，所以叫「前死」；背有依託，無需戰，所以叫「後生」。但王晳說：「凡兵皆向陽，既後背山，即前生後死。疑文誤也。」他認為，原文肯定寫錯了，本來應該是「前生後死」。後說好像很有道理，但銀雀山漢簡出來後，我們發現，原文還是「前死後生」。看來，李筌的解釋還是對的。李筌注，是根據《孫子》本身的解釋，〈九地〉講「死地」，有兩條解釋：一條是「疾戰則存，不疾戰則亡」，一條是「無所往者」。第二條解釋，簡本有異文，分成兩句，是作「背固前敵者，死地也。無所往者，窮地也」。這一解釋更清楚，「前死」就是指前有敵阻。可見「死生」是指需戰不需戰。前有敵人擋，不戰就出不去，才叫「死」；後有依託，很安全，不需戰，才叫「生」。

下面一段，是講三「凡」：

（一）第一凡，是總結上文

「凡四軍之利」的「四軍」，即上文的四種「處軍」。「軍」做動詞，本身就有安營紮寨的意思，和「處軍」是一個意思。

「黃帝之所以勝四帝也」，這是依託黃帝傳說。戰國秦漢時期，數術、方技、兵書，所有技術書，都喜歡依託黃帝。古代的兵陰陽，也是如此。如《漢志·兵書略》的兵陰陽，著錄兵書十六種，其中七種就是依託黃帝君臣：

《黃帝》十六篇。（圖三卷。）
《封胡》五篇。（黃帝臣，依託也。）
《風後》十三篇。（圖二卷。黃帝臣，依託也。）
《力牧》十五篇。（黃帝臣，依託也。）
《鵊冶子》一篇。（圖一卷。）
《鬼容區》三篇。（圖一卷。黃帝臣，依託。）
《地典》六篇。

黃帝君臣有所謂「七輔」、「六相」，如上面的「風後」、「力牧」、「地典」，就是屬於「七輔」。「黃帝勝四帝」，屬於黃帝傳說。黃帝傳說，屬於古代的帝系傳說。

古代帝系有兩套五帝：一套是周系的五帝，即黃帝、顓頊、帝嚳、堯、舜（《大戴禮．帝系》）；一套是秦系的五帝，即太昊、炎帝、黃帝、少昊、顓頊（《呂氏春秋》十二紀、《史記．封禪書》）。後一套五帝，配以方色，就是青、赤、黃、白、黑五帝。

中國的五帝，是中國早期的「五族共和」。早先，各族祭各族的祖宗，別人的祖宗，絕對不能祭；滅誰的國家，就殺誰的人民、挖誰的祖墳，這是笨辦法。後來，他們發現，要建大地域國家，族的概念必須打破打亂，同處一國的各族，要想把他們捏在一塊兒，最好的辦法，就是把他們的祖宗牌位都請出來，放在一起祭祀。

五色帝，各有方位。太昊在東，是因為他的後代是風姓，風姓小國，是集中在今曲阜一帶；少昊在西，是因為他的後代是嬴姓，嬴姓各國秦為大，秦在今陝甘地區；炎帝在南，是因為他的後代是姜姓，姜姓有四大分支，齊、呂、申、許，原來在今河南南陽一帶；顓頊的後代，是堯、舜，堯、舜的故墟，傳說都在今山西南部。五色帝，是以五族後代之強大者的方色而命名。

這裡的「黃帝勝四帝」，是以五色配五位。馬王堆帛書有「黃帝四面」的傳說。（《經・立政》）黃帝居中央，好像湖南出土的大禾方鼎，長著四張臉。四帝在四方，青帝在東，赤帝在南，白帝在西，黑帝在北。所謂「黃帝勝四帝」，就是中央打敗四方。

古人有一種根深柢固的觀念，文明的民族，天生就該占據中心，占據適於農業發展的好地方，把野蠻的民族趕到邊遠荒涼的地方，和野獸和鬼怪去做伴。傳說堯、舜把本為同姓骨肉的四大凶族「投諸四裔，以遇魑魅」（《左傳》文公十八年），就是這類想法。四凶，一說是渾敦、窮奇、檮杌、饕餮（同上），一說是共工、三苗、伯鯀、驩兜（屬於所謂古文《尚書》的〈舜典〉），都是邪惡的化身。「黃帝勝四帝」，也是把不如己者邊緣化。

銀雀山漢簡有〈黃帝伐四帝〉（原書標題如此）。文章開頭有「孫子曰」，整理者以為《吳孫子》佚篇，就是解釋這一說法。它講黃帝勝四帝，每一條都有「右陰、順術、背沖」六個字。我們懷疑，「右陰」就是這裡的「右背高」，指依託西北，面向東南；「順術」則是順著黃帝的面向，即由內向外的方向；「背沖」則是逆著四帝的面向，即由外向內的方向。黃帝伐四帝，戰而勝之，是按陰陽、順逆、向背。

為了理解的方便，我畫了個示意圖（圖七七）。五帝，赤帝在上，居南；黑帝在下，居北；青帝在左，居東；白帝在右，居西；黃帝在中間。這個圖是上南下北，跟現在的地圖不一樣。古代的地圖，什麼方向都有，早期，上南下北多；晚期，上北下南多。這裡畫成上南下北、左東右西，是按中國建築的方位概念。我們講陰陽、順逆，前後左右的概念是以此而定。一般都是南為前、北為後、東為左、西為右。你找不著北，還找不著背嗎？北字像兩人相背，本意就是背對的方向。

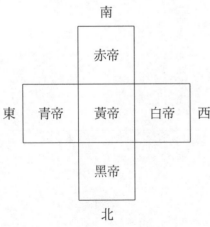

圖七七　黃帝勝四帝

古代兵陰陽，從這種方位出發，喜歡講「右背山陵，前左水澤」（圖七八）。比如韓信戰井陘，故意背水而陳，破趙後，諸將皆賀，他們問韓信說，你這麼做，不是違反了兵法上講的「右倍山陵，前左水澤」嗎？韓信說，我這麼做，也是照兵法上講的，兵法上不是有「陷之死地而後生，置之亡地而後存」嗎？（《史記．淮陰侯列傳》）諸將問的「右倍山陵，前左水澤」，現在知道，也是出自《孫子兵法》。銀雀山漢簡《吳孫子》佚篇，其中有一篇叫〈地刑（形）二〉，就有這句，是作「右負（背）山陵，左前水澤」。負和倍，都應讀為背。水澤是出口，山陵是依託。這一方面是觀念上的偏好，另一方面也有實用的意義。

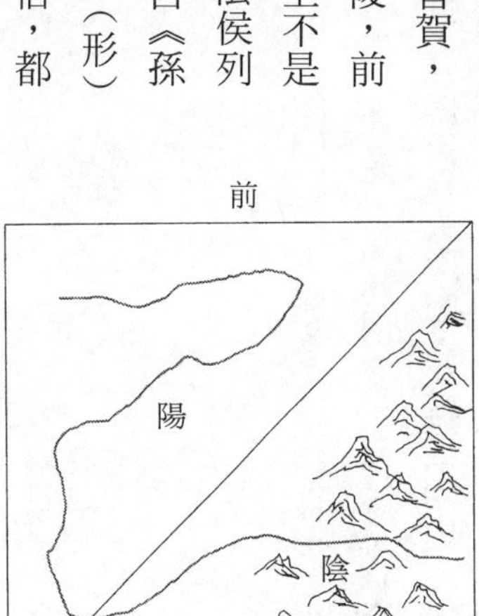

圖七八　右背山陵，前左水澤

人為什麼要以右面和後面為依託，這個問題很有意思。右面的問題比較複雜，可能和左右手、左右腳的關係有關。人一般是用右手右腳。人走路，一般都是順著右側走。中國古代，從左往右按順時針方向轉（左行），叫順行；從右往左按逆時針方向轉（右行），叫逆行。寫字也是從右往左寫，是順行；從左往右寫，是逆行。轉圈走，繞道走，都習慣按順時針的方向走，即從右邊向左邊繞。總的情況，傍右是主流，傍左是例外。左前開闊，右背高峻，其實就是以右為順的習慣。

過去，大家要抬高孫子，總是說，孫子不講陰陽五行這一套，不對。比如，這裡的「黃帝勝四帝」，就是典型的兵陰陽說，不但有陰陽，而且配五行。

（二）第二凡，是講處軍之宜

「好高而惡下，貴陽而賤陰」，是講處高陽。如上面講的「視生處高」就是處高，「右背高」，就是處陽。陰陽，以方位論，是左前為陽，右背為陰。山的陰陽是以日照論。山之南向陽，叫陽；山之北背陰，叫陰。水的陰陽是和水的流向有關。中國的水，多半是從西往東流，或從北往南流。水之西北，往往是上游，叫陽；水之東南，往往是下游，叫陰。居山北，容易受凍（冬天）；居水南，容易被淹。

「養生處實，軍無百疾，是謂必勝」，行軍和打仗不同，打仗受兵刃矢石的傷害，行軍受地形（如泥濘之地）、氣候（如雨雪風暴）、飲食（如缺乏飲用水）和居住條件（如風餐露宿）的傷害。

「丘陵隄防，必處其陽而右背之」，這也是講處高陽。絕水、絕斥澤、絕平陸，無險可依，也要盡量擇高陽。如斥澤、平陸，可依樹木；河流、湖泊，可依堤岸。

「上雨水，〔水〕〔沫〕〔流〕至，欲涉者，待其定也」，是講絕水，要防洪水。今本「沫」是錯字，隸書和草書的寫法與「沫」相似，應據簡本改為「流」。

（三）第三凡，是講處軍之忌

可分二點說明：

(1)第一，是講六種非常危險的地形。「絕澗」，是刀劈斧削，兩山之間夾流水。這種地形，很可怕。上面講，制高點有三大好處，它都沒有，沒有好處，只有壞處，只有三大壞處。馬陵道、華容道，光是路窄，就很危險，它是徹底夾在當中，看，看不見；出，出不去；打也沒法打，「馬行在夾道內，我難以回馬」（《捉放曹》）。

它後面，有五個詞，前面都有「天」字，簡本〈行軍〉寫法不同。銀雀山漢簡的〈地刑（形）二〉（收入簡本《孫子兵法》佚篇）和〈地葆（保）〉（收入簡本《孫臏兵法》）也有這些名稱。這四個本子，可以互相比較：

簡本〈行軍〉	簡本〈地形二〉	簡本〈地葆〉	今本〈行軍〉
天井	天井	天井	天井
天窖	天宛	天宛	天牢
天離	〔天〕離	天離	天羅
天翹	—	天柖	天陷
天郄	—	天垒	天隙

上表的五種地形，〈地葆（保）〉叫「五地之殺」和「五墓」，都是非常危險的地形，必須迅速離開，千萬別在它旁邊待。如果躲不開，也最好是我離它遠點，敵離它近點；我面對著它，敵背對著它。人最怕後邊，前有敵兵，後有陷阱，很可怕。

「天井」，各本都一樣，顧名思義，是形狀像井的大地坑。

「天牢」，「牢」、「窖」、「宛」字形相近，或有混淆。「窖」是方形的地穴。「宛」，是四邊高、中間低的地形。「牢」是牛棚或關人的地方。這幾個字，哪個正確，還很難下結論，估計也是一種大地坑。

「天羅」，「天離」就是「天羅」。羅是捕獸的羅網，大概是一種草木叢生，陷入其中就難以脫身，或妨礙觀察，容易有敵兵埋伏的地方。

「天陷」，「翹」、「柖」皆從召，召與臽相近，我們也不知哪個本子更正確。陷是捕獸的陷阱，大概也是一種陷入其中就難以脫身的地形。

「天隙」，「郄」，「㕁」都是「隙」的假借字，估計是一種大地縫。

前述地形，主要是地坑、地縫兩大類，研究地質、地理的很感興趣。大地坑，可以深達幾百米，裡面的動植物，長年不見陽光，顏色是白的。大地縫，也是很深很長。西南地區，這種地形很多，經常有人在山上採藥，走著走著，突然掉進洞裡。

這些地形的共同點是深陷和低下，屬於「好高而惡下」的「下」。

(2)第二條，是講行軍所過，有「險阻、潢井、蒹葭、（林木）（小林）、翳薈」，可能埋伏著敵人的偵察兵。

「險阻」，是高峻的地形，敵人有可能藏在上面。

「潢井」，是低下的地形，敵人有可能藏在下面。

「蒹葭」，是蘆葦塘。

「小林」，是灌木叢。簡本和《太平御覽》卷二九一引是這樣，今本作「林木」（《魏武帝注》本和《武經七書》本）、「山林」（《十一家注》本），都是錯字。

「翳薈」，也是草木叢生的地方。

這些地方，容易有伏兵，要特別小心。

【九・二】

〔敵〕近而靜者，恃其險也。遠而挑戰者，欲人之進也。其所居（易者）〔者易〕，利也。眾樹動者，來也。眾草多障者，疑也。鳥起者，伏也。獸駭者，覆也。塵高而銳者，車來也。卑而廣者，徒來也。散而條達者，樵采也。少而往來者，營軍也。辭卑而益備者，進也。辭強而進驅者，退也。輕車先出居其側者，陳也。無約而請和者，謀也。奔走而陳兵者，期也。半進半退者，誘也。杖而立者，饑也。汲而先飲者，渴也。見利而不進者，勞也。鳥集者，虛也。夜呼者，恐也。軍擾者，將不重也。旌旗動者，亂也。吏怒者，倦也。殺馬肉食者，軍無糧也。懸（缻）（甀）不返其舍者，窮寇也。諄諄諭諭，徐與人言者，失眾也。數賞者，窘也。數罰者，困也。先暴而後畏其眾者，不精之至也。來委謝者，欲休息也。兵怒而相迎，久而不合，又不相去，必謹察之。

這一章，主要講「相敵」。「相敵」的「相」，就是「相法」的「相」。古人了解世界，有兩種辦法，一種靠眼睛觀察，一種靠推算推理。前者是「相」，後者是「蔔」。比如，仰觀天象，俯察地理，就是靠眼睛觀察；卦象和兆象，也是用眼睛。但古代天文，無論觀察還是推算，都是單獨的一類，不入於相法。相法，包括相地形、相人畜、相刀劍，有很多種，但首推還是相地形，漢代叫「形法」，後世叫看風水，包括相宅、相墓。這些都是很古老的數術。

〈行軍〉，上面是講宿營。古代宿營，和現代一樣，營地周圍，要派哨兵站崗、放哨和巡邏；方圓多少里，設警戒區，派偵察兵四處偵察。哨兵和偵察兵，古人叫「斥候」。漢代名將，李廣和程不識，程、李將兵不同，主要就是，程不識喜歡布崗布哨，李廣不喜歡。一個謹小慎微，一個粗枝大葉。後人，文學家都喜歡李廣，但軍事家卻頗有微辭，至少是學不來。如《何博士備論》就批評他「治軍不用紀律」。軍事不是兒戲，還是小心一點好。

這三十三種「相」，有什麼值得注意的地方。我想，這些敵情，可以大致分為五類：

(1)與地形有關。如「（敵）近而靜者，恃其險也。遠而挑戰者，欲人之進也。其所居（易者）（者易），利也」。這些地形，有近有遠，有險有易，可參看〈地形〉篇。

(2)與草木的動靜和鳥獸的活動有關。如「眾樹動者，來也。眾草多障者，疑也。鳥起者，伏也。獸駭者，覆也」。

(3)與車轍、馬跡、人蹤有關。如「塵高而銳者，車來也。卑而廣者，徒來也。散而條達者，樵采也。少而往來者，營軍也」。

(4)與敵方行動的跡象有關。如「辭卑而益備者，進也。辭強而進驅者，退也。輕車先出居其側者，陳也。無約而請和者，謀也。奔走而陳兵者，期也。半進半退者，誘也」。

(5)與敵方的體力、士氣、心理和上下級關係有關。如「杖而立者，飢也。汲而先飲者，渴也。見利而不進者，勞也。鳥集者，虛也。夜呼者，恐也。軍擾者，將不重也。旌旗動者，亂也。吏怒者，倦也。殺馬肉食者，軍無糧也。懸（缻）〔甀〕不返其舍者，窮寇也。諄諄諭諭，徐與人言者，失眾也。數賞者，窘也。數罰者，困也。先暴而後畏其眾者，不精之至也。來委謝者，欲休息也。兵怒而相迎，久而不合，又不相去，必謹察之」。

第三項，是很古老的觀察方法，一是看路土，二是看痕跡。這是動物擅長的辦法。牠們的感官，比我們敏銳。這裡講路土，塵土高而尖，是車兵留下的痕跡（車轍）；淺而寬，是步兵留下的痕跡（腳印）；分散，一條條，是打柴留下的痕跡；腳印稀稀拉拉，走過來走過去，是在安營紮寨，就是屬於這類技術。我國北方，乾燥季節，路土很虛很厚，一到春天，就翻漿，又很泥濘。皇帝出行，要沿路鋪土灑水。這裡的描寫，好像是北方。

【九・三】

兵非貴益多，雖無武進，足以並力、料敵、取人而已。夫唯無慮而易敵者，必擒於人。卒未親附而罰之，則不服，不服則難用。卒已親附而罰不行，則不可用。故（令）〔合〕之以文，齊之以武，是謂必取。令素行以教其民，則民服；令（不素）〔素不〕行以教其民，則民不服。令素行者，與眾相得也。

最後一章，是作者的總結。

作者說，兵不在多，只在善用，關鍵是不要輕舉妄動。凡是缺心眼，少主意，大意輕敵的，都沒有好下場，非讓敵人活捉了不可，一定要小心謹慎。

怎麼小心謹慎？作者說，主要是辦好兩件事：第一是得人心，得士卒心，贏得他們的信任和愛戴；第二是賞罰明，約束先定，法令素行。

作者說，「法令素行」，前提是要「與眾相得」，不能一上來就玩橫的，要先得到他們的信任。這是軟。但取得信任後，就要申明約束，醜話講在前面，而且要嚴格照法令辦。這是硬。

◎專欄

中國古代的軍事地理著作

過去，大家都說，諸葛亮「上知天文，下知地理」，這是受了《三國演義》的影響。其實，古代兵家要學兵陰陽，這是傳統，很多數術書都有講用兵的內容，很多兵書也有講數術的東西，研究兵書著錄的人，往往沒法將兩者截然劃分開來。天文、地理，是兵家必修的課程，並不只是諸葛亮才玩這套東西。

「天文」，本來的意思是說天上的日月五星、二十八宿，排列有序，好像一幅圖。比如《史記・天官書》，天上的星官，中間是太一、三一、北斗，外面有日月、五星、二十八宿，環而拱之，就像皇帝住在紫禁城裡，外面是他的臣民百姓，這樣的圖畫，就是古人理解的「天文」。星圖就是這樣的圖。

「地理」也一樣，李白說：「陽春召我以煙景，大塊假我以文章。」（〈春夜宴從弟桃花園序〉）「大塊」是大地，大地的「文章」，不是大地上面寫著什麼字，而是大地本身，山山水水，高高低低，曲曲折折，好像一幅圖畫。它和「天文」是對稱概念。

地理學，在中國古代，本來不是獨立的東西，它是以星野的概念，對應於天文。《淮南子》有〈天文〉和〈墬（地）形〉，兩者就是對應的。《史記》只有〈天官書〉，沒有〉地理書〉，它講「地」，是在〈河渠書〉。《漢書》始有〈地理志〉，但地理書，當時還沒有成為單獨的一類。

古代地理書，分山經和水經，各有側重。講水，是祖述〈禹貢〉；講山，則以《山海經》最著名。

〈禹貢〉是《尚書》的一篇，本來是講大禹治水，「芒芒（茫茫）禹跡，畫為九州」（《左傳》襄公四年引〈虞人之箴〉）。後世講地理的書，多推始於〈禹貢〉。過去，顧頡剛先生辦禹貢學會，印《禹貢》雜誌，就是研究地理。〈禹貢〉是以大禹治水為話題，當然偏重於水。《史記·河渠書》和《漢書·溝洫志》，也是講治水。著名的《水經注》，就是屬於這一系統。

《山海經》，劉秀（劉歆）《上山海經表》說，它是祖述〈禹貢〉，後世也當地理書。整個漢代，地理還不是單獨的一類。但漢代和魏晉南北朝，講當代歷史的書驟然增多，講當代地理的書驟然增多，原來的春秋類，早就裝不下。《隋書·經籍志》把這類書分出來，獨立為史部，地理附史部而傳，才有專收地志的一類。此類，本來應把〈禹貢〉列為第一部，但〈禹貢〉在《尚書》內，是隨《尚書》，列在經部，不在這一類，《山海經》才是它的第一部。《山海經》以山為主，山是代表大陸板塊，四周有四海四荒。這本書，《漢書·藝文志》已經著錄，本來列在《數術略》的形法類，即相地形、相宅墓和各種相術的一類，帶有神祕色彩。其實，古代講山的書，多與尋仙訪藥有關，故與本草、博物、志怪相出入。它與水經類的古書不同，主要是在這個地方。

這是中國古代地理書的兩大系統。

中國古代講軍事地理的書，主要都保存在兵書類的兵陰陽裡，但可惜的是，《漢志·兵書略》，它的兵陰陽類，一本書也沒有保存下來，只有《地典》，失傳兩千多年，突然又在銀雀山漢墓中發現。

銀雀山漢簡，是出土兵書最多的發現。其中與兵陰陽有關，主要有以下四篇：

（一）《黃帝伐四帝》

《孫子·行軍》說「凡四軍之利，黃帝之所以勝四帝也」，此篇內容與這兩句有關，整理者把它編入《孫子兵法》的佚篇。它講黃帝伐四帝，是以黃帝居中央，南伐赤帝、北伐黑帝、西伐白帝、東伐青帝，順序克之。黃帝勝四帝，據說是靠了「右陰、順術、背沖」。「右陰」，就是前左為陽、右背為陰。「順術」，可能是順鬥擊，鬥在中央，指向四方，鬥勺所向是順，相反的方向是逆。「背沖」，沖就是逆，背沖就是背逆。這些，都是講方向的數術。

（二）〈地形二〉

此篇殘缺較甚，但有些地方可據文義補字。它的詞句，有些地方和《孫子》十三篇是一樣的。如「死地」，見於〈九地〉；「天離、天井、天宛」，見於〈行軍〉；「九地之法，人請（情）之裡（理）」，見於〈九地〉。整理者把它編入《孫子兵法》佚篇，有一定道理。但它還有一些內容，為十三篇所無，是否就是《孫子》佚篇，還有疑問。

此篇一開頭，就是講地形的前後左右，後面也是以此為主。如：

(1)「凡地刑（形），東方為左，西方為右，〔南方為前，北方為後〕」。

(2)「〔後之〕，是胃（謂）重利。前之，是胃（謂）厭守。右之，是胃（謂）天國。左之，是胃（謂）〔□□〕」。

(3)「左水曰利，右水曰積，〔前水為□，後水□□〕」。

(4)「右負（背）山陵，前左水澤」。

這裡的最後兩句，就是《史記．淮陰侯列傳》引用的兵法。兵陰陽愛講陰陽、順逆、向背，這句話是名言。

（三）〈地葆（保）〉

此篇有篇題和字數，保存很完整。它的開頭有「孫子曰」，整理者認為是屬於《孫臏兵法》。原文是講「軍與陳」，「軍」就是「處軍」，所謂「地保」是指軍隊安營紮寨的各種地形保障，和〈行軍〉篇的「處軍」是一回事。這篇文章，可分為以下十一點：

(1)「凡地之道，陽為表，陰為裡，直者為剛（綱），術者為紀。紀剛（綱）則得，陣乃不惑。直者（毛）〔純〕產，術者半死」。

(2)「凡戰地，日其精也，八風將來，必勿忘也」。

(3)「絕水、迎陵、逆溜（流）、居殺地、迎眾樹，鈞舉也，五者皆不勝」。

(4)「南陳之山，生山也。東陳之山，死山也。東注之水，生水也。北注之水，死水」。

(5)「五地之勝曰：山勝陵，陵勝阜，阜勝陳丘，陳丘勝林平地」。

(6)「五草之勝曰：藩、棘、椐、茅、莎」。

(7)「五壤之勝曰：青勝黃，黃勝黑，黑勝赤，赤勝白，白勝青」。

(8)「五地之敗曰：谿、川、澤、斥」。

(9)「五地之殺曰：天井、天宛、天離、天𡎼（隙）、天柖。五墓，殺地也，勿居也，勿□也」。

(10)「春毋降，秋毋登」。

(11)「軍與陳，皆毋政前右，右周毋左周」。

第一，「陽為表，陰為裡」是負陰抱陽，左前開闊，右背高峻；「直者為剛（綱），術者為紀」，是縱向為綱（即經），橫向為紀（即緯）。縱向，面南背北，完全是生，最好；橫向，坐西朝東，半死半生，差一點。

第二，是說要與八風的方向相配。

第三，是講五種不好的方向和位置：一是與水流的方向交叉，二是從山下攻山上，三是面對水流的方向，四是待在下面說的五種殺地上，五是背對樹木。這些都是處軍的忌諱。

第四，是講山水的方向。「南陳之山」是縱向的山，「東陳之山」是橫向的山；「東注之水」是橫向的水，「北注之水」是縱向的水。原文是說，山是豎的好，水是橫的好。

第五，是說險比易好。

第六，是說長的草比矮的草好。

第七，是講五色土的相克關係。

第八，是五種最低的地，即所謂「下」，下比易又不如。原文只有四種，疑有脫文。

第九，就是〈行軍〉講的五種最危險的地形，這裡叫「五地之殺」，或「五墓」，或「殺地」。

第十，春天，地氣上升，降則逆地氣，故曰「春毋降」；秋天，地氣下降，登亦逆地氣，故曰「秋毋登」。

第十一，「軍與陳」，是營軍布陣。「毋政前右」，可能是說不要從前往右轉，從前往右轉，是屬於左旋。「右周毋左周」，是要右旋，不要左旋。古人有「天道左旋，地道右周」的說法，如《逸周書．武順》「吉禮左還，順天以立本；武禮右還，順地以立兵」，《白虎通義．天地》「天道所以左旋、地道右周何？以為天地動而不別，行而不離。所以左旋、右周者，猶君臣、陰陽相對之義」，就是這種說法。

（四）〈地典〉

即《漢志》著錄，失而復得的古書。〈地典〉是黃帝和地典的對話，因為簡文殘缺較甚，有些看不清，但從開頭的一段話看，似乎主要是講「秋冬為陰，春夏為陽」、「南北為經，東西為緯」、「（□□為勝，□□為）敗」、「高生為德，下死為刑」。「南北為經，東西為緯」，就是〈地葆（保）〉講的「綱紀」。「高生為德，下死為刑」，則可說明，高是生，下是死。

另外，我們還應提到的是，《管子》中也有一些講地形的篇章。如：

> 凡立國都，非於大山之下，必於廣川之上。高毋近旱而水用足，下毋近水而溝防省。因天材，就地利，故城郭不必中規矩，道路不必中準繩。
>
> （《管子．乘馬》）

凡兵主者，必先審知地圖。轘轅之險，濫車之水，名山、通谷、經川、陵陸、丘阜之所在，苴草、林木、蒲葦之所茂，道裏之遠近，城郭之大小，名邑、廢邑、困殖之地，必盡知之。地形之出入相錯者，盡藏之。然後可以行軍襲邑，舉錯知先後，不失地利，此地圖之常也。

（《管子・地圖》）

〈乘馬〉的幾句話，是中國築城學的基本原則。我國的築城傳統，和歐洲不一樣，他們的城，真正設防的城，往往都是修在山上，如雅典的衛城、中世紀的貴族城堡，都是修在山上。山下，真正住老百姓的地方，則往往沒有城牆，只是村鎮類的聚落。中國的聚落，從很早，就是選擇大河支流的二級臺地，高不能太高，放在山上；低不能太低，貼近水邊。太高沒水喝，太低被水淹。我們的城，往往是選在「大山之下」、「廣川之上」，四方輻輳、道路便利、人口眾多的地方，城和市，宮和廟，都在一起，外面有城圈，城圈多為正南正北，四四方方，但也不是處處都合於規矩準繩。

〈地圖〉，則強調軍事地圖的重要性。閱讀〈行軍〉等篇，這些出土文獻，都是必要的參考。

第十一講　地形第十

〈地形〉和〈行軍〉不一樣，〈行軍〉是講「走」，〈地形〉是講「打」，兩者都講地，但地和地不一樣，前面的「四地」是和行軍有關，這裡的「六地」是和作戰有關。兩者的區別很明顯。

這篇東西，內容比較單純，主要是藉兩條線索展開：一條是地（地形），一條是兵（治兵）。地有「六地」，兵有「六敗」，兩個問題，是交叉著講，最後總結，說兩者都重要，缺一不可。

《孫子》講地形，特點是強調人地相得。它不是就地論地，而是就人論地，特別是把地當帶兵的手段。這種觀點，不僅見於此篇，之後也反覆講。

把〈地形〉篇分成五章：

第一章，講「六地」，即通、掛、支、隘、險、遠。

第二章，講「六敗」，即走、弛、陷、崩、亂、北。

第三章，是對應於第一章，強調地形的重要性。

第四章，是對應於第二章，強調訓練的重要性。

第五章，強調為將要「四知」，不僅要「知彼知己」，還要「知地知天」，只有做到「四知」，才有「全勝」，人和地都重要。

【十・一】

孫子曰：

地形有通者，有掛者，有支者，有隘者，有險者，有遠者。我可以往，彼可以來，曰通。通形者，先居高陽，利糧道，以戰則利。可以往，難以返，曰掛。掛形者，敵無備，出而勝之；敵若有備，出而不勝，難以返，不利。我出而不利，彼出而不利，曰支。支形者，敵雖利我，我無出也；引而去之，令敵半出而擊之利。隘形者，我先居之，必盈之以待敵；若敵先居之，盈而勿從，不盈而從之。險形者，我先居之，必居高陽以待敵；若敵先居之，引而去之，勿從也。遠形者，勢均，難以挑戰，戰而不利。凡此六者，地之道也，將之至任，不可不察也。

《孫子》的地形學，從小到大，分三個層次：一個層次是和行軍有關，最具體，即「四地」，涉及山、水、斥澤、平陸，以及地形的遠近、險易、廣狹、死生、高下、陰陽、順逆、向背；一個層次是和作戰有關，即本篇的「六地」，只講形勢，不講地貌；一個層次是國與國、國以內的深淺表裡，則是〈九地〉所論，是更大的空間概念，不是具體的地形、地貌和形勢，而是區域概念，「四地」和「六地」，「走」和「打」，所有問題，都可以裝在裡面。

先講定義。「六地」是六種「地形」，原書稱為形者，側重的是地理形勢。

「通」的意思是通暢，往返俱便，最通暢。

「掛」的意思是掛礙，易往難返，不太通暢。

「支」的意思是彼我相持，進退兩難，最不通暢。

「隘」的意思是出口狹窄，與「廣」相反。

「險」的意思是高下懸殊，與「易」相反。

「遠」的意思是距離遙遠，與「近」相反。

這六種，前三種和後三種，可以分成兩類。

前一類，主要是講往來的通道、進出的門戶，是不是通暢。這裡值得注意的是，「通形」的定義與〈九地〉的「交地」相同，都是「我可以往，彼可以來」，但其實不一樣。「交地」是國與國之間彼此相鄰、互相接壤的地區，往來都很方便。此處的「通形」只是一種往返俱便的作戰地形。「掛」和「支」，與「通」相反，其實是不通。

後一類，原書不下定義，也許作者覺得，誰不知道這幾個詞，含義相當明白，根本不必下。讀這一段時可參看〈計〉篇。〈計〉篇的「五事」，是比較敵我的五項，其中第三項是「地」。「地」指什麼？它講了四條，是「遠近、險易、廣狹、死生也」，簡本多出「高下」，加上這條，一共五條。可以拿這五條和此處的三條做比較。這裡的「隘」，其實就是「廣狹」的「狹」，反義詞是「廣」；「險」，則是「險易」的「險」，反義詞是「易」。「險」是山地，高下之差懸殊，九十度或接近九十度。「易」是平地，幾乎沒有高下之差，零度或接近零度；「遠」，也與「遠近」的「遠」相同，反義詞是「近」。這裡的三種，其實都是不利地形。相反的三種，原書不講。

戰場上有通道、有門戶，就像現在的公寓或辦公大樓，也有這兩樣東西。「通形」，是通道沒有門，完全是敞開的，或者當中有個太平門，推拉都行，進去容易，出去也容易。安全通道，只能是這種門，或不要門。否則，發生火災就麻煩了。「掛形」，是通道中有門，但只能朝前開，回過頭再推就打不開。「支形」，是死胡同，門是鎖住的。兩邊的人，誰都想把它打開，但朝前打不開，朝後也打不開。一種是全開，一種是半開，一種是不開。這是前三種。

至於後三種，我們可以用三維的概念來解釋。在前面講過，〈計〉篇講地形，就有三維的概念，「遠近」是長度，「廣狹」是寬度，「高下」是高度，「險易」是坡度。這裡沒講「高下」，但「險易」已包含「高下」。「死生」，這裡也沒講。〈九地〉會講。凡處戰地，背有依託，前有出口，是「生地」，反之，即「死地」。這裡的「隘」、「險」，若在面前，不在背後，就屬於「死地」，反之則是「生地」。

要把前後的概念串起來。「六地」的對策，很簡單：

「通形」，是先占領高地和陽面，保持糧道暢通，才有利。

「掛形」，只有趁敵不備，一舉殲滅守敵，才能順利返回。否則，敵人會利用地形拖住你，你就回不來了。

「支形」，是誰出頭、誰倒楣，千萬不要出擊，最好是假裝逃跑，引敵出動，等他出到一半，再打；讓他進退不得，像摟住對方的腰，卡住對方的脖子。

「隘形」，全看誰先占領隘口、封死隘口。自己先占領，一定要封死隘口；敵先占領，就看它是不是封死，封死就別打；沒封死就打，這也是摟腰卡脖子。

「險形」，是看誰先占領高地和陽面，自己先占領，一定要利用地形優勢，對付敵人；敵先占領，趕緊撤離，不可迎敵。

「遠形」，如果地形對雙方都一樣，不要主動挑戰。主動挑戰，非常不利。「勢均」是雙方的地利一樣，不是說雙方的兵力一樣。下面也有這個詞，要注意。

這六條，都是講作戰地形。作者說，這些地形上的道理，身為將軍不可不察。

【十·二】

故兵有走者，有弛者，有陷者，有崩者，有亂者，有北者。凡此六者，非天地之災，將之過也。夫勢均，以一擊十，曰走；卒強吏弱，曰弛；吏強卒弱，曰陷；大吏怒而不服，遇敵懟而自戰，將不知其能，曰崩；將弱不嚴，教道（導）不明，吏卒無常，陳兵縱橫，曰亂；將不能料敵，以少合眾，以弱擊強，兵無選鋒，曰北。凡此六者，敗之道也，將之至任，不可不察也。

「六地」之後是講「六敗」。「六敗」是投入戰鬥才出現的混亂情況，但原因卻大半在於平時的訓練和管理。

什麼叫「敗」？《左傳》上的說法是，「凡師，敵未陳曰敗某師，皆陳曰戰，大崩曰敗績，得儁曰克，覆而敗之曰取某師，京師敗曰王師敗績於某。」（《左傳》莊公十一年）它的意思是說，只有雙方擺好陣勢，才叫「戰」；「敗」是趁對方立足未穩，沒有擺好陣勢，才占了便宜，問題就出在陣形上，陣腳大亂，就完了。陣形亂，就是這裡的「亂」；潰不成軍，就是這裡的「崩」；潰不成軍，潰到一塌糊塗，才叫「敗績」。首都的軍隊被打敗，叫「王師敗績於某（某地）」。這些都屬於「敗」。「敗」裡還有更寒磣的，是自己的將帥都讓對方給俘虜了。這種情況，從勝方的角度，就叫「克」，即徹底打垮。若被對方設伏偷襲，導致我方失敗，從勝方的角度，就叫「取」，就是輕易取勝。

這一部分，是先列「六敗」之名，然後下定義，沒有對策。作者說，這六種惡果，不怨天，不怨地，都怪將軍。

「走」，是士兵逃跑。逃跑的原因，即雙方地利相等，但將軍指揮不當，竟然以一擊十、不自量力。

「弛」，是紀律鬆懈。鬆懈的原因，是士兵太強、軍官太弱，毫無管束。

「陷」，是陷敵包圍。陷敵的原因，是軍官太強、士兵太弱，管得太死，讓他們手足無措。

「崩」，是潰不成軍。崩潰的原因，是高級軍官不聽調遣，遇到宿敵，逞一時之忿，擅自出戰。身為將軍不了解其能力，用人不當。

「亂」，是陣形大亂。大亂的原因，是當將軍的太無威重，管束不嚴，教導不明。當官和當兵的都任意胡來，陣形混亂，毫無秩序。

「北」，是敗北，即調轉身子朝後跑。敗北的原因，是當將軍的不知敵情，竟然以少合眾、以弱擊強，又缺乏精兵銳卒做前鋒。

這六種情況，「走」、「北」是指揮不當，「弛」、「陷」是管理不當，「崩」、「亂」是陣形崩潰。它們都屬於廣義的「敗」。

一支軍隊，平時缺乏訓練、缺乏管理，將軍、軍官和士兵上下脫節、失其統禦、紀律鬆懈、人心渙散，一旦遇敵，當然毫無戰鬥力，若再加上指揮不當，必然是撒腿就跑、陣腳大亂、潰不成軍。

前述「六敗」崩為大。崩的本義是山崩（山體崩塌、滑坡），俗話叫「兵敗如山倒」。比如牧野之戰，就是典型的兵敗如山倒。

這六條，都講失敗。這些失敗的道理，當將軍的不可不察。

【十・三】

夫地形者，兵之助也。料敵制勝，計險阨遠近，上將之道也。知此而用戰者必勝，不知此而用戰者必敗。故戰道必勝，主曰無戰，必戰可也；戰道不勝，主曰必戰，無戰可也。故進不求名，退不避罪，唯民是保，而利於主，國之寶也。

這章，主要是強調地形的重要性，是對應於前述的第一章。第一章講「地」，它也講「地」。「夫地形者，兵之助也」，是說「地形」很有用，它可以幫助「兵」。在《孫子》一書中，地形的作用很廣，不僅可以幫助用兵，還可以幫助帶兵。比如〈九地〉就專講這種御兵之術。另外，「地形」既然是「兵之助」，可見「兵」是主，「地」是輔。《孫子》全書中的「地」，不脫離人，而是圍繞人，完全是人化的東西。

「料敵制勝」，是屬於知兵，這是上將的責任。

「計險阨遠近」，是屬於知地，也是上將的責任。「險」就是險形，「阨」就是隘形，「遠近」則和遠形有關，這裡泛指上面講的各種地形。

「上將」，本來是指三軍統帥中的上軍之帥，這裡則指地位最高的軍帥。作者指出，知兵和知地，都是上將的責任。兩樣皆知，才必勝；兩樣無所知，則必敗。

下面的話，等於是說，當將軍的人，如果既知兵也知地，有必勝的把握，即使國君不讓打，也一定要打；如果不知兵也不知地，難逃失敗，即使國君讓打，也一定不要打。這是負責任。

「進不求名，退不避罪」，這兩句話，個人特別喜歡。因為前面說過，人命關天，不是兒戲。在死人的問題上還圖什麼虛名、怕什麼罪責。「唯民是保，而利合於主」，是上對得起國君、下對得起百姓，即上對領導負責、下對群眾負責。

【十・四】

視卒如嬰兒，故可與之赴深谿；視卒如愛子，故可與之俱死。愛而不能令，厚而不能使，亂而不能治，譬如驕子，不可用也。

「卒」，是步兵。步兵，英語叫infantry，來源是拉丁語的infans，意思是嬰兒。俗話說，愛兵如子，怎麼帶孩子是很大的學問。

這一章，主要是強調訓練的重要性。是對應於上面的第二章。第二章講「兵」，它也講「兵」。〈計〉篇講軍法，其中有一條，叫「士卒孰練」。「士卒孰練」的「練」，就是訓練的結果。受過訓練的士兵，古人叫「教卒」、「練士」；沒受過訓練的士兵，古人叫「驅眾」、「白徒」（《管子・七法》）。孔子說過，「善人教民七年，亦可以即戎矣」、「以不教民戰，是謂棄之」（《論語・子路》）。普通老百姓，要訓練七年，才能投入戰場，如果用未受過訓練的老百姓打仗，等於讓他們白白送死。

古代作戰，主要是人與人直接對抗，行有營，戰有陣，雙方都靠營陣為防。一旦陣腳大亂，則潰不成軍，兵敗如山倒。故平時訓練，主要是隊形訓練及將軍、軍吏和士兵的協同。

訓練方式主要是打獵，全世界都如此，清朝，滿族入關後，害怕子弟被漢族腐化，每年秋天在木蘭圍場，要聚合滿八旗、蒙八旗，一塊兒打獵。打獵是保持尚武精神。漢族本來也是這樣。

《周禮・夏官・大司馬》講四時教戰之法，也是用打獵的方式。仲春，是教「振旅」。「振旅」本來是還師前的整編，隊形和實戰一樣。訓練課目，主要是「辨鼓鐸鐲鐃之用」，即各級軍官用各自的樂器，「教坐作進退、疾徐疏數之節」。「坐」是跪姿，「作」是跪姿變立姿。「進退」

是前進和後退。「疾徐」是快和慢。「疏數」是分散和密集。演習完，要圍獵，用獵物獻祭。這種圍獵叫「搜田」（即所謂「春蒐」）。

仲夏，是教「茇舍」。「茇舍」是先除草，再安營，隊形和「振旅」一樣。訓練課目，主要是「辨號名之用」，即各級軍官用各自的名冊和登記簿，清點人數和軍需物資，各部有各部的旗號和番號。演習完，也要圍獵，用獵物獻祭。這種圍獵叫「苗田」（即所謂「夏苗」）。

仲秋，是教「治兵」。「治兵」是出師前的整編，隊形也和「振旅」一樣。訓練課目，主要是「辨旗物之用」，即各級軍官用各自的旗幟，指揮他們坐作進退。演習完，也要圍獵和獻祭。這種圍獵叫「獮田」（即所謂「秋獮」）。

仲冬，是教「大閱」。「大閱」是車兵、徒兵的聯合演習。「大閱」之前，是各練各的，現在則是合在一起，教他們協同作戰。訓練課目，主要是佇列行進。演習開始前，要布置場地，每兩百五十步，豎四根標竿（表）：一百步樹三根，五十步樹一根。演習開始，要準時集合，遲到者斬。集合完畢，列陣聽誓，斬牲以徇。然後，以金鼓旌旗為號，每兩百五十步為一節，練習行進：頭一百步，從第一根標竿開始走，起立，前進，到第二根標竿止，跪坐，是第一段；次一百步，從第二根標竿開始走，起立，前進，到第三根標竿止，跪坐，是第二段；最後五十步，從第三根標竿到第四根標竿，是練進攻，車兵發起衝擊，徒兵進行刺殺，各三次。然後調過頭來，再練退卻。每次，都是三鼓、振鐸、豎旗，表示起立，再次擊鼓、鳴鐲表示前進，鳴鐃表示退卻。最後一樣圍獵，圍獵完了，也用動物獻祭。這種圍獵叫「狩田」（即所謂「冬狩」）。

古代治兵，最重法紀。如孫武就是以「申明軍約」（《史記·律書》）而出名。司馬遷講他的行事為人，主要是講他用宮女練兵。這個故事，銀雀山漢簡也有，整理者題名為《見吳王》。孫武練兵，是拿女人練。他「小試勒兵」，挑出一百八十名佳麗，讓吳王的寵姬當隊長。她們因有吳王撐腰，驕、嬌二氣最嚴重老是笑個不停，完全不照規矩辦。孫武說，「三令五申」還這樣，當場把兩個寵姬殺了。結果她們全都老實了（《史記·孫子吳起列傳》）。司馬遷講司馬穰苴斬莊賈，也是如此。莊賈是齊景公的寵臣，藐視軍法，「期而後至」，也是殺無赦。孫武和司馬穰苴，都是靠殺貴殺寵以立威。

中國古代兵書，主要是講用兵，但治兵也很重要。已故學者，許保林先生說，中國講訓練，主要在兵技巧家的書裡。[1]這話有一定的道理，因為技巧包括武器、武術和軍事體育，確實和訓練有一定關係。中國歷史上的訓練，不在騎馬射箭、舞槍弄棒耍大刀這類的單兵訓練，而是整個軍隊的陣法。這種東西，主要還是保存在軍法，特別是各個時期的操典裡。

近代訓練，是西方的訓練，佇列是隨火器的進步而改進。西方的操典，據說可以追到十六世紀末，代表人物是荷蘭知名軍事家莫里斯（Maurice of Nassau）。中國早期的東西保存太少，晚近的主要在《武經總要》和《武備志》。還有，就是抗倭名將戚繼光的《練兵實記》和《紀效新書》。

【十．五】

知吾卒之可以擊，而不知敵之不可擊，勝之半也；知敵之可擊，而不知吾卒之不可以擊，勝之半也；知敵之可擊，知吾卒之可以擊，而不知地形之不可以戰，勝之半也。故知兵者，動而不迷，舉而不窮。故曰：知彼知己，勝乃不殆；知天知地，勝乃可全。

最後一段是總結，內容是講「知勝」。

「知勝」是靠四知：知彼知己、知天知地。

「知吾卒之可以擊，而不知敵之不可擊」，是知己不知彼，光從知人這面講，勝率是百分之五十，但若講「四知」，則是百分之二十五。「知敵之可擊，而不知吾卒之不可以擊」，是知彼不知己，光從知人這面講，勝率是百分之五十，但若講「四知」，則是百分之二十五。「知敵之可擊，知吾卒之可以擊，而不知地形之不可以戰」，是知彼知己，光從知人這面講，勝率是百分之百，但如果講「四知」，則是百分之五十。「知彼知己，勝乃不殆；知天知地，勝乃可全」，前〈謀攻〉篇的結尾，作者已經講過「知彼知己，百戰不殆；不知彼而知己，一勝一負；不知彼，不知己，每戰必敗」，這裡的「知彼知己，勝乃不殆」，是重複〈謀攻〉篇的話。除了這條，它又加了一條，是「知天知地，勝乃可全」。四條具備，勝率才是百分之百。

宇宙之間，天、地、人最大，古人叫三才。三才都知道，也就是什麼都知道。「知彼知己」加「知天知地」，就是三才全知，嚴格講，只有這樣，才能叫「勝乃可全」。但此篇只講「地」，不講「天」，它要強調的主要還是「地」。

「知彼知己」，是知人之用。「知天知地」，是輔助人事。有此四知，方為全勝。

◎專欄

《戰爭論》與《孫子》比較：克勞塞維茲論行軍、宿營、給養和地形

克勞塞維茲講戰爭，是以戰鬥為中心。他說，戰鬥以外，還有行軍和宿營。它們和戰鬥的關係是刀刃和刀背的關係。[2]這就是間歇。

1 許保林《中國兵書通覽》，北京解放軍出版社，一九九〇，頁二三一—二三二。

2 克勞塞維茲《戰爭論》，第二冊，頁三八八。

（一）行軍

行軍，作者分三步講：第一，是講兩個戰術要求，一是要減少無謂的傷亡，二是要整體協同，全員到達，準確無誤。第二，是講速度和輜重的矛盾，戰爭規模愈大，裝備愈好，輜重愈多，速度就愈慢。當時，拿破崙最強調速度，但一味求快，不要輜重，是相當危險。第三，是講行軍中的減員損耗，如何補充兵員的問題。[3]《孫子》講速度和輜重的矛盾，是在〈軍爭〉篇，不在〈行軍〉篇。他也強調整體協同和快速推進，但不是不要輜重。

（二）宿營

宿營，作者分兩部分：第一是講野營，第二是講舍營。野營住在野外，臨時搭帳篷（幕營）或棚蓋（廠營），比較艱苦；舍營是住在營房裡，比較舒適。若連帳篷也不搭，就叫露營。露營是野營的一種。有帳篷是為了士兵的健康，沒帳篷是為了快速推進。拿破崙提倡露營，他靠這套戰術，占了不少便宜，但一八一二年在俄國，卻吃了虧。克勞塞維茲認為，兩者不能偏廢。克勞塞維茲對露營有所保留，他是先講野營，後講舍營，認為舍營還是不能廢。

《孫子》講宿營，是在〈行軍〉篇，主要是講宿營的地形、地貌及安全警戒問題。

（三）給養

和宿營有關，還有給養問題。克勞塞維茲講戰略要素、五大要素，統計要素是第五條。[4]統計要素，就是給養手段。給養手段分四種：一是靠村民供應，二是靠強迫徵收，三是靠正規徵收，四是靠倉庫儲備。[5]這四種補給方式，愈靠前，愈利於速決；愈靠後，愈利於持久。拿破崙喜歡前兩種，強調就地補充，作者則有所保留，認為時間長，還是不能沒有後兩種。此外，他還強調，不論國內或國外，必須有作戰基地和軍隊背後的交通線，這種交通線，既是補給線，也是退卻線。[6]

《孫子》的〈軍爭〉、〈九地〉，也強調就地補充，但不是不要輜重。

（四）地理

地形問題，克勞塞維茲也非常重視。他講戰略要素，一共五條，地理要素是第四條。[7]他講地理，包括地形（也包括地貌）和地區。有關論述，主要在第五、第六和第七篇，涉及山地、江河、沼澤、森林和耕地。克勞塞維茲說，它們對軍事行動的影響，主要是三點：一是是否妨礙通行，二是是否妨礙觀察，三是是否妨礙火力防護。[8]山地、江河、沼澤的特點是妨礙通行；森林的特點是妨礙觀察；耕地的情況比較複雜，有些較平坦，有些被房屋、道路、溝渠切割，不便通行。作戰地形，作者特別看重制高點。制高點有三大優點：一是便於阻截敵人，不讓他們通過；二是便於瞰制，山下的敵人，可以一覽無餘、盡收眼底（但山下如有森林，情況則相反）；三是從山下向上射擊，不如從山上往山下射擊射程遠，自上攻下易，自下攻上難。[9]地區，作者沒有詳述，但他特別強調所謂「國土鎖鑰」。「國土鎖鑰」是「不加以占領就不敢侵入敵國的地區」，也就是通常說的戰略要地。[10]

3 克勞塞維茲《戰爭論》，第二冊，頁四一二—四二八。
4 克勞塞維茲《戰爭論》，第一卷，頁一八五。
5 克勞塞維茲《戰爭論》，第二冊，頁四三六—四五三。
6 克勞塞維茲《戰爭論》，第二卷，頁四五四—四六三。
7 克勞塞維茲《戰爭論》，第一冊，頁一八五。
8 克勞塞維茲《戰爭論》，第二卷，頁四六四—四六八。
9 克勞塞維茲《戰爭論》，第二卷，頁四六九—四七三。
10 克勞塞維茲《戰爭論》，第二卷，頁六三五—六四〇。

《孫子》講地理，也是分開講，〈軍爭〉篇只是概括講，即「故不知諸侯之謀者，不能豫交；不知山林、險阻、沮澤之形者，不能行軍；不用鄉（向）導者，不能得地利」。具體講地形、地貌，主要在〈行軍〉篇。克勞塞維茲的五種地形，山地、江河、沼澤和耕地，大體相當於〈行軍〉篇的山、水、斥澤和平陸；森林，《孫子》沒有專門講，但〈行軍〉篇的「軍旁有險阻、潢井、蒹葭、（林木）〔小林〕、翳薈者，必謹覆索之，此伏奸之所〔處〕也」，和森林有點接近。《孫子》講「視生處高，戰（隆）〔降〕無登」，也是講制高點。地區，〈九地〉篇的九地，其中有「衢地」。「衢地」是「諸侯之地三屬，先至而得天下之眾者」，在這種地區作戰，一是要「合交」，二是要控制戰略要衝，「吾將（固其結）〔謹其守〕」，也類似「國土鎖鑰」。

軍隊沒有投入戰鬥前，克勞塞維茲說，關鍵是保存軍隊，包括健康和安全。有七條，必須考慮：

(1)便於取得給養；

(2)便於軍隊舍營；

(3)背後安全；

(4)前面有開闊地；

(5)可以配置在複雜的地形上；

(6)有戰略依託點；

(7)可以合理地分割配置。

「背後安全」，作者說，從前，「野營的背面緊靠天然屏障，被看作是唯一可取的安全措施」，現在的「背後安全」，卻是背後的「交通線」，也就是退路。側翼迂迴，抄後路，切斷對方的補給線和交通線，在現代戰爭應用極廣。

「前面有開闊地」，作者說，也是為了便於觀察、便於偵察。[11]

〈行軍〉篇說：「凡軍好高而惡下，貴陽而賤陰。養生處實，軍無百疾，是謂必勝。」也是類似考慮；「平陸處易，右背高，前死後生」、「丘陵隄防，必處其陽而右背之」，其實也就是「右背山陵，前左水澤」。「右背山陵」就是「背面緊靠天然屏障」，「前左水澤」，也是屬於「前面有開闊地」。

11 克勞塞維茲《戰爭論》，第二卷，頁三八八—三八九。

第十二講　九地第十一

《孫子》在宋代的典型版本，總字數，不計重文，大約在六千字左右，而〈九地〉篇，只有一千多字。

〈九地〉散、輕、爭、交、衢、重、圮、圍、死可以分為三大類：

(1)九地的主體和大多數，是散、輕、爭、交、衢、重，它們與主客的概念有關、與開進的概念有關。這六種都是地區，不是地形、地貌。主客是什麼？就是你在自己的國家打仗，還是到別人的國家打仗。在自己的國家打，自己是主，對方是客；到別人的國家打，自己是客，對方是主。這就像球賽，淘汰循環賽，要分主、客場。比賽，大家都喜歡主場，因為會有自己的球迷吶喊助興，但《孫子》正好相反，他更偏愛客場。古代兵陰陽，也講主客，如銀雀山漢簡《天地八風五行客主五音之居》，還有其他很多講兵陰陽的書，早的晚的，都分主客。任忠說：「兵家稱客主異勢，客貴速戰，主貴持重。」（《陳書．任忠傳》）戰爭是對等行動，但對等不等於均勢，攻守雙方，實力不同，形勢不同，大不一樣。凡到別國做客，都想速戰速決，打完就走。當主人的得拖著他，不能說走就走。這就是兵家的為客之道和待客之禮。散地，是自戰其地，我為主，敵為客。輕地和重地，是戰於他國，我為客，敵為主。入敵國淺，叫輕地；入敵國深，叫重地。無論深淺，都是上人家的國家做客，做客都是不請自來，不是空著手，而是抄著傢伙。散、輕二地和重地之間，還有三種你來我往、互相爭奪、帶過渡性質的地區，是爭地、交地和衢地。爭地，是兩國必爭的地區。交地，是兩國交界的地區。衢地，是多國交界的地區。這六種為一類，講區域概念，上升到國土層次和地緣政治的概念。〈九地〉的下半篇，也把輕、重二地合稱為絕地。絕地是所有客地的統稱。簡本還從死地分出窮地。

(2)從行軍的角度講，還有圮地。圮地是難走的地方。

(3)從作戰的角度講，還有圍地和死地。圍地和死地，相似，但不一樣。圍地，入口狹窄，歸路迂遠，地形本身就把人困在裡面，會讓對方圍著打。死地，是背負險阻，後面沒有退路，前面的出口又被敵人封死。一種是地形擋著出不去，一種是敵人擋著出不去。

這九種地，主要是講空間概念，國以內怎麼樣，國以外怎麼樣，國與國之間怎麼樣，不是點，而是面。作者的講法很全面，但重點是客地。他講客地，很有層次感。所謂「為客之道」，你來我往，都是不請自來，不但登堂，而且入室，把對方堵在被窩裡。主地，很籠統，但可按客地反推。這種概念，最寬最廣，以前講的地形，〈軍爭〉、〈行軍〉、〈地形〉的內容，全可裝進去。所有東西加一塊兒，是一種地形套餐。

我們讀〈九地〉篇，首先要明白，什麼叫主客。要知道，作者喜歡的是客場，而非主場。《孫子》也是這樣，它最不喜歡，就是在自己的國家打仗；最喜歡，就是上別的國家打仗，離家愈遠愈好。

在〈九地〉篇中，做客是一個過程。當將軍的，帶領自己的士兵，從自己的國家到別人的國家，經兩國交界或多國交界的地帶，進入敵國，從敵國的邊緣進入敵國的腹地，然後與敵決戰，這是基本過程。

許多《孫子》的讀者，都是「管理癖」，老是追著問一個問題，《孫子》的管理學是什麼？主要就在〈九地〉篇。〈九地〉篇講什麼？主要就是「愚兵投險」，御兵是靠愚兵，不是瞞，就是哄，就是騙。大家都大失所望。

〈九地〉篇難讀。難讀，難讀在哪？主要有兩個問題。

第一，〈九地〉本身，是由零章碎句拼成，結構鬆散，前後重複。如明趙本學《孫子校解引類．九地篇》和清鄧廷羅《兵鏡三種．凡例》，都有這種看法。

第二，〈九地〉和〈九變〉有關，不但詞句重複，內容也有關聯。前人注這兩篇，始終存有困惑，元朝的張賁，明朝的劉寅、趙本學，他們都認為，篇中有「錯簡」。

這裡只談第一個問題。第二個問題，下一講再談。

〈九地〉篇，前半篇和後半篇，彼此重複。將它分為十三章，前半篇七章，後半篇六章：

（一）前半篇

第一章，分前後兩半，分別講九地之名和九地之變。

（甲）前半章，講九地之名。

(1)按主客形勢分。

散地：戰於己國（我為主，敵為客）；

輕地：入敵國淺（我為客，敵為主）；

爭地：兩國必爭（互為主客）；

交地：兩國交界（互為主客）；

衢地：多國交界（互為主客）；

重地：入敵國深（我為客，敵為主）。

(2)與行軍有關。

氾地：難以行軍。

(3)與作戰有關。

圍地：出口狹窄，歸路迂遠；

死地：疾戰則存，不疾戰則亡。

（乙）後半章，講九地之變（九地的戰術要求），即「是故散地則無戰」九句。前五句用「無」，後四句用「則」，主要講負面的對策。

第二章，講待敵之法：奪愛則聽。

第三章，講為客之道：深入則專。

第四章，講人情之理（士兵心理）：甚陷則不懼，無所往則固，入深則拘，不得已則鬥。

第五章，講齊勇之政（使所有士兵一樣勇敢的辦法）：以地制人，以勢屈性。

第六章，講將軍之事（將軍御兵的訣竅）：愚兵投險。

第七章，是把前述內容歸納為三條：九地之變，即第一章所述；屈伸之利，即九地之變中的各種變通（參看〈九變〉）；人情之理，即第四章所述。

（二）後半篇

第八章，再申為客之道和九地之名。為客之道，是深則專，淺則散。九地之名，和上文有同有異，增一種，缺四種：

絕地：戰於敵國，增，包括輕、重二地；

衢地：四通八達，重；

重地：入敵國深，重；

輕地：入敵國淺，重；

圍地：背負險阻，前有隘口，重；

死地：無路可出，重；

散地：缺；

爭地：缺；

交地：缺；

氾地：缺。

第九章，再申九地之變，即「散地吾將一其志」等九句，每句都有「吾將」二字，與上相反，是正面對策。

第十章，再申人情之理：圍則禦，不得已則鬥，過則從。

第十一章，再申待敵之法：不爭天下之交，不養天下之權，信己之私，威加於敵。

第十二章，再申將軍之事：投之亡地然後存，陷之死地然後生。

第十三章，講與敵決戰，也是總結。

【十一・二】

孫子曰：

用兵之法：有散地，有輕地，有爭地，有交地，有衢地，有重地，有（圮）〔氾〕地，有圍地，有死地。諸侯自戰其地者，為散地。入人之地而不深者，為輕地。我得亦利，彼得亦利者，為爭地。我可以往，彼可以來者，為交地。諸侯之地三屬，先至而得天下之眾者，為衢地。入人之地深，背城邑多者，為重地。山林、險阻、沮澤，凡難行之道者，為（圮）〔氾〕地。所由入者隘，所從歸者迂，彼寡可以擊吾之眾者，為圍地。疾戰則存，不疾戰則亡者，為死地。是故散地則無戰，輕地則無止，爭地則無攻，交地則無絕，衢地則合交，重地則掠，（圮）〔氾〕地則行，圍地則謀，死地則戰。

這一章，可分成前後兩部分，前一半講九地之名，後一半講經過九地，應該怎麼辦。

先講前半部，解釋何謂九地之名（圖七九）[1]。

「散地」，是在自己的國家作戰，上面曾說作者最怕主場。他認為，遇到這種情況，人心最為渙散。「散」是渙散的意思，反義詞是「專」，「專」是有凝聚力，「散」是缺乏凝聚力。

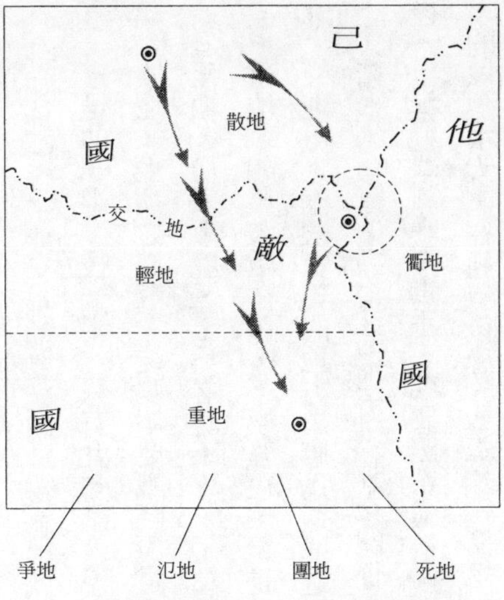

圖七九　九地示意

「輕地」，是客場，作者認為，輕地比散地好，但入人之地不深，好像游泳，還浮在水面上，顯得輕了點。

「爭地」，是兩國相爭的地方，誰得到，誰占便宜，兩邊要你爭我搶。

「交地」，是兩國交界的地方，你可以來，我可以往。

「衢地」，是多國（三國或四國）交界的地方，四方輻輳，人口密集，有如四通八達的通衢大道，誰先占領，誰先得到天下之眾。「爭地」、「衢地」、「交地」，都是交通方便、你來我往、互為主客的地方，也是戰爭災難最深重的地方。特別是衢地。戰國時期，這種戰略要地，也叫「四戰之地」。比如今河南省的洛陽市，號稱四方輻輳、天下之中，和平時期當然好，戰爭時期最倒楣。周邊國家，情況就不一樣。比如，秦把渭水流域的南、北兩面和西面掃平，可以長驅直入，挺進關中，沒有後顧之憂。齊國西進，楚國北上，匈奴南下，情況也類似。他們都是從外往內攻。歐洲，美、英、法、德、奧、意、俄，可比七雄，德國也是處於四戰之地，英、美扼其左，俄國阻其右，兩次大戰都很慘。美國在地球的另一面，就像僻處雍州的秦，最得地利。

文明國家，老是以中心自居，把蠻夷排擠到邊緣。但這也就陷自己於包圍之中。洛陽這個本意上的「中國」，占了周圍不少便宜，也吃了不少虧。和平時期，大家的東西都流到它那裡，戰爭時期再搶回來。人類的均貧富，主要是這一套。

1 圖中的爭、氾、圍、死，不能標出所在的區域和位置。

「重地」，和「輕地」相反，是入人之地深，好像游泳，沉在水底，分量顯得重，不拚命蹬水，就浮不上來。兵至重地，不利之處，是離家門遠，補給線長，不拚死一戰，就回不去了。但要注意的是，重地是敵國的腹地，背後經過的地方很多，會有很多城邑做依託，可以做為補給的來源，也有其有利的一面。銀雀山漢簡《地典》說，「倍（背）邑而戰，將取尉旅」（〇六四八）、「倍（背）邑而戰，得其旅主」（〇五四五）。看來，「背城邑多」也是好事。

「氾地」，「氾」，宋本作「圮」，圮是橋（如圮下老人的圮）。但舊注都是按圮字解釋，圮是毀。賈林、梅堯臣都是以水毀之地為說，但簡本作「泛地」。我們都知道，「泛」的另一種寫法是「氾」。所以，情況很可能是，此字本來是「氾」字，後才寫成「圮」或「圯」字。氾地，當是低溼難行之地。山林、險阻、沮澤，都是難走的地。山林、險阻，主要是高地，沮澤是低溼之地。這裡是以低溼之地概括一切難以行軍的地方。〈行軍〉說：「不知山林、險阻、沮澤之形者，不能行軍。」

「圍地」，主要是指入口狹窄，進去就出不來，如果要出來，必須兜很大圈子，從別的路繞出去的地形。

「死地」，主要是指前受敵阻，後無退路，不拚死一戰，就出不來的地形。

這是前一半。後一半，只有九句話。

散地，士兵之心散，乾脆不要戰鬥。這是「散地則無戰」。

輕地，初入敵境，士兵之心不專，千萬不要停留。這是「輕地則無止」。

爭地，如果被敵占領，不要強攻，還是繞開好。這是「爭地則無攻」。

交地，是兩國交界的地方，應迅速通過，各部要跟上，千萬別掉隊，造成前後脫節。這是「交地則無絕」。

衢地，是多國交界的地方，外交關係很重要。外交搞不好，會被第三國漁利。語云「螳螂捕蟬，黃雀在後」。螳螂要對蟬下毒手，就要跟黃雀搞好關係，不能請黃雀幫忙，也要請它保持中立，遠交才能近攻（但這種事的風險很大，往往有後患）。這是「衢地則合交」。

重地，是敵國的腹地，離家門太遠，最大問題是補給。怎麼補給？就是從背後依託的城邑、鄉村抄掠。這是「重地則掠」。

氾地，不宜舍營，要趕緊離開。這是「氾地則行」。圍地，是被地形困住，硬拚不行，得趕緊想主意。這是「圍地則謀」。死地，是被敵人擋住出路，狹路相逢勇者勝，只有拚死一戰，才能生還。這是「死地則戰」。

前述九地，如果排個隊，散地最近，重地最遠，輕、爭、交、衢，都是過渡。作者最喜歡重地，最不喜歡散地。氾、圍、死，是另外三類。重地，深入敵國腹地，若不能決戰取勝，就回不了家，其實也是一種圍地或死地。

【十一·二】

古之善用兵者，能使敵人前後不相及，眾寡不相恃，貴賤不相救，上下不相收，卒離而不集，兵合而不齊。合於利而動，不合於利而止。敢問敵眾（整而）〔而整〕將來，待之若何？曰：先奪其所愛則聽矣。兵之情主速，乘人之不及，由不虞之道，攻其所不戒也。

此章是講「待敵」。「待敵」是等待敵人。等待敵人幹什麼？是等他前來，與他決戰。敵人陣容整齊、人數眾多，怎麼才能將他打散，讓他分崩離析？作者說，關鍵的關鍵，是搶先抵達敵人想去的地方，占領有利地形，以逸待勞，即「先奪其所愛」。先敵到達靠什麼？一是迅速，非常突然，讓敵人措手不及；二是隱蔽，走敵人想不到的路線，打它想不到的地點，其實就是「以迂為直，以患為利」、「後人發，先人至」，即〈軍爭〉篇講的要領。

【十一・三】

凡為客之道：深入則專，主人不克；掠於饒野，三軍足食；謹養而勿勞，並氣積力；運兵計謀，為不可測。

此章是講「為客」。「為客」是到敵國作戰。作者認為，只有深入敵國，才有凝聚力，才能戰勝敵人。「專」是心志專一、死心塌地。「主人」，指敵軍。「掠於饒野，三軍足食」，是從敵國的鄉下搶糧食，補充給養。「謹養而勿勞，並氣積力」，是保持旺盛的體力、精神和士氣，〈軍爭〉篇叫「治氣」、「治心」、「治力」。「運兵計謀，為不可測」，指調兵遣將、運籌帷幄，讓敵人料想不到。

【十一・四】

投之無所往，死且不北。死焉不得，士人盡力。兵士甚陷則不懼，無所往則固，入深則拘，不得已則鬥。是故其兵不修而戒，不求而得，不約而親，不令而信，禁祥去疑，至死無所之。

此章是講士兵心理，下文叫「人情之理」。士兵心理，並不複雜，人心是肉做的，誰都怕苦怕死。怎樣才能做到一不怕苦、二不怕死，是個非常微妙的問題。作者認為，這些都非心甘情願，而是被逼無奈。「無所往」和「深陷」是圍地、死地，不得已；「入深」是重地，也不得已。這些「不得已」，反而能激發人的鬥志。

「是故其兵不修而戒，不求而得，不約而親，不令而信」，四個「不」字都是強調「無人管理」、「自動管理」，為什麼不管？因為有環境管著。作者認為，環境出勇敢。〈勢〉篇不是說「勇怯，勢也」嗎？就是這個意思。這是道家的思想，也是法家的思想。道家認為，萬事萬物，要順其自然、聽其自化，好像種莊稼，不能揠苗助長。表面上是無為，實際上是無不為。

「禁祥去疑」，「禁祥」是禁止各種妖言惑眾的東西，「去疑」是解除士兵心裡的各種疑慮困惑。古人的心理特質是迷信，像未馴服的馬，比今人更一驚一詐，四面楚歌，精神隨即崩潰。中國古代，軍隊裡沒有專職的心理大夫，但有術士和方士。《六韜．龍韜．王翼》說，將軍的身邊，應該配備「股肱羽翼」七十二人：腹心一人、謀士五人、天文三人、地利三人、兵法九人、通糧四人、奮威四人、伏旗鼓三人、股肱四人、通材三人、權士三人、耳目七人、爪牙五人、羽翼四人、遊士八人、術士兩人、方士兩人、法算兩人。他們各有分工，組成古代的司令部、指揮部，其中的術士和方士，就是這種人。原書說：「術士兩人，主為譎詐，依託鬼神，以惑眾心；方士兩人，主百藥，以治金瘡，以痊萬病。」術士管數術，假借鬼神，給士兵做思想工作，等於心理大夫；方士管方技，則是醫生，「治金瘡」是專治外傷的外科醫生。《墨子．迎敵祠》也說，古代軍中有巫、醫、卜，「舉巫、醫、卜有所長，具藥宮之，善為舍。巫必近公社，必敬神之。巫、卜以請（情）守，守獨智（知）巫、卜望氣之請（情）而已。」巫是巫師，醫是方士，卜是術士。但古人對巫、醫、卜的態度，是又喜又怕，既想用神祕之物糊弄士兵，又怕「其出入為流言，驚駭恐吏民」，把他們給嚇著。若有人用這套東西擾亂軍心，一定要「謹微察之，斷，罪不赦」。從《六韜》、《墨子》的話，我們可以看出，第一，兵家不是不講迷信，而是很講迷信，軍中一定要有迷信的專家；第二，迷信的專家，一定要嚴密監視，有任何情況，只向將軍彙報，不能到處亂講；第三，依託鬼神，糊弄各級官兵，很有必要，但不能過分。凡擾亂軍心者，一旦查出，殺無赦。

俗話說，天機不可洩露，天機是軍事祕密。

【十一．五】

吾士無餘財，非惡貨也；無餘命，非惡壽也。令發之日，士卒坐者涕沾襟，偃臥者涕交頤，投之無所往，諸、劌之勇也。故善用兵者，譬如率然。率然者，常山之蛇也。擊其首則尾至，擊其尾則首至，擊其中則首尾俱至。敢問〔兵〕可使如率然乎？曰：可。夫吳人與越人相惡也，當其同舟濟而遇風，其相救也如左右手。是故方馬埋輪，未足恃也；齊勇若一，政之道也；剛柔皆得，地之理也。故善用兵者，攜手若使一人，不得已也。

士兵也是人，貪財怕死，與一般人無異。上戰場，他們也知道前面是什麼在等著，但上了戰場，就要很勇敢，「投之無所往」。「無所往」，就是哪都去不了，走投無路。人的很多潛能，不逼出不來。「諸、劌之勇」，這句話很重要。「諸」是專諸，「劌」是曹劌。這兩人是古代的恐怖分子。

中國古代的恐怖分子，名氣最大，要屬司馬遷筆下的五大刺客：曹沫、專諸、豫讓、聶政、荊軻（《史記·刺客列傳》），加上要離，是六個人。這六人，年代較早的是曹沫和專諸。曹沫比孫武早，專諸則與孫武年代相近，但也早些，其他人都晚於孫武。

曹沫就是這裡的曹劌。曹劌是春秋中期的魯國人，以勇力事魯莊公。此人出身卑賤，很聰明，也很勇敢。他的事蹟，主要有兩件：一是長勺之戰，他以治氣之術，打敗齊國，見於《左傳》莊公十年；一是柯之盟，齊國和魯國在柯簽訂不平等條約，在莊嚴的外交儀式上，曹劌以匕首劫持齊桓公，迫使他退還魯國土地，見《史記·刺客列傳》。最近公布的上海博物館藏楚簡，裡面有一篇佚書，叫《曹沫之陳》[2]，正是此人的兵法。他的名字，原來是寫成「敼蔑」（圖八〇）。

專諸為春秋晚期人，是吳王闔閭即位前，幫他刺殺王僚的亡命徒。

圖八〇　上博楚簡《曹沫之陳》

這兩個人都玩命。他們輕生死、重然諾，司馬遷相當佩服。這裡，曹劌和專諸相提並論，專諸是刺客，沒有問題吧？曹劌跟他放在一起，以「勇」著稱，不是曹沫又是誰？

曹劌不只是一位軍事家，也是一位恐怖分子，《孫子》就是很好的證明。恐怖是戰爭的繼續，恐怖主義也是兵法，還舉吳起的例子，他說：「今使一死賊伏於曠野，千人追之，莫不梟視狼顧。何者？恐其暴起而害己也。是以一人投命，足懼千夫。」照他設想，假如有一支五萬人的軍隊，個個都像這種「死賊」，恐怕就天下無敵了（《吳子．勵士》）。吳起是最有名的兵家，連他都要學「死賊」，最後，死到臨頭，還玩兵法。

「故善用兵者，譬如率然。率然者，常山之蛇也。擊其首則尾至，擊其尾則首至，擊其中則首尾俱至。敢問〔兵〕可使如率然乎？曰：可。」這是當時常用的比喻。蛇很神祕，它和我們不一樣，我們沒有尾巴。蛇，首尾相顧，宛轉自如，人比不了。作者說，善用兵的人就像「率然」。「率然」本是形容動作自如的樣子，這裡則用作蛇的名稱。《孫子》說，「率然」是「常山之蛇也」。「常山」，簡本作「恒山」，恒山改常山，是避漢文帝諱。這個恒山，不是山西渾源的恒山。山西的恒山，是清代才定為北嶽。清代以前的恒山，在今河北曲陽縣。北嶽廟就在曲陽縣。《神異經．西荒經》把出率然之蛇的恒山當成今浙江常山縣的常山，就更不對了。

「夫吳人與越人相惡也，當其同舟濟而遇風，其相救也如左右手」，這段話提到吳越相仇。春秋晚期，吳國和越國是世仇。但有趣的是，如果同舟而濟，遇上風暴，他們也會互相救助。原因是環境使然。

「是故方馬埋輪，未足恃也；齊勇若一，政之道也；剛柔皆得，地之理也。故善用兵者，攜手若使一人，不得已也」，「方馬埋輪」，是把馬頭連在一起，車輪埋住，防止奔逸，作者說，這種辦法是靠不住的。要使所有的士兵互相救助，有如一人，主要靠兩樣：一是將得吏，吏得卒，上下協同；二是人得地，靠環境逼迫。

[2] 馬承源主編《上海博物館藏戰國楚竹書》（四），上海古籍出版社，二〇〇四，頁二三九—二八五。

【十一．六】

將軍之事，靜以幽，正以治。能愚士卒之耳目，使之無知；易其事，革其謀，使（人）〔民〕無識；易其居，迂其途，使（人）〔民〕不得慮。帥與之期，如登高而去其梯；帥與之深入諸侯之地，而發其機。若驅群羊，驅而往，驅而來，莫知所之。聚三軍之眾，投之於險，此將軍之事也。

「將軍之事」，是講將軍帶兵的訣竅。讀《孫子》，想學管理學的，主要得看這一段。

「靜以幽，正以治」，這兩句，很神祕。「靜以幽」，即「靜而幽」，「正以治」即「整而治」。「靜而幽」大概就是不聲不響什麼主意都藏在肚子裡，一切保密。「整而治」就是整個軍隊，一切都很有秩序。前者是管理的方式，後者是管理的效果。

「能愚士卒之耳目，使之無知」，作者的御兵之術，主要就是愚兵，讓他們無知。「不識不知，順帝之則」（《詩．大雅．皇矣》），是古代治術的最高理想。

「易其事，革其謀」，是不斷變更作戰行動和作戰計畫；「易其居，迂其途」，是不斷變更宿營地和行軍路線。目的都是為了蒙蔽士兵。

「帥與之期，如登高而去其梯；帥與之深入諸侯之地，而發其機」，是連哄帶矇，將士兵帶往敵國的腹地，然後才披露戰機，讓他們好像登高去梯，只好拚死一戰。這種損招，《三十六計》叫「上屋抽梯」（第二十八計）。

「若驅群羊，驅而往，驅而來，莫知所之」，這也是一種比方。古代統治者，都喜歡以牧羊人自居。《管子》有〈牧民〉篇。「聚三軍之眾，投之於險，此將軍之事也」，這句話是點明主題。

【十一．七】

九地之變，屈伸之利，人情之理，不可不察也。

這是上半篇的總結。

「九地之變」，就是第一章後一半的九句話。

「屈伸之利」，是說有的事可以做，有的事不可以做，不是什麼都可以做。〈九變〉篇（見下一講）有五個「有所不」，就是「屈伸之利」。

「人情之理」，就是第四章的「投之無所往，死且不北。死焉不得，士人盡力。兵士甚陷則不懼，無所往則固，入深則拘，不得已則鬥」。

【十一·八】

凡為客之道，深則專，淺則散。去國越境而師者，絕地也。四通者，衢地也。入深者，重地也。入淺者，輕地也。背固前隘者，圍地也。無所往者，死地也。

這是下半篇的開頭。其中除「凡為客之道，深則專，淺則散」，是對應於上半篇的第三章，其他都是與上半篇的開頭相對應。

「凡為客之道，深則專，淺則散」，就是上文的「凡為客之道：深入則專」。

「絕地」，上文沒有。「絕」是隔絕之義。「去國越境而師者」，是離開祖國，與後方隔絕之地，其實也就是敵境。「絕地」是客地的統稱。

「衢地」，上文作「諸侯之地三屬，先至而得天下之眾者」。「衢」的本意是四通八達的路，這種地也是四通八達。比如北京的居庸關，為北門鎖鑰，它所在的山叫八達嶺，那個地方就是南來北往的戰略要衝。

「重地」，上文作「入人之地深，背城邑多者」，定義差不多。

「輕地」，上文作「入人之地而不深者」，定義差不多。

「圍地」，上文作「所由入者隘，所從歸者迂，彼寡可以擊吾之眾者」，「背固」是背有險阻，山路盤曲，後面的退路比較繞遠；「前隘」是前面的入口狹窄，好像葫蘆口。

「死地」，上文作「疾戰則存，不疾戰則亡者」，死地是走投無路，沒有路，怎麼辦？只有下定決心，拚死一戰。

最後這一條，簡本不一樣，是作「倍（背）固前敵者，死地也。毋（無）所往者，窮地也」，它的意思是說，死地和圍地不一樣，前面不是隘口，而是攔路的敵軍。「無所往者」反而是放在下一句，多出一個「窮地」。

【十一．九】

是故散地吾將一其志，輕地吾將使之屬，爭地吾將趨其後，交地吾將（謹其守）〔固其結〕；衢地，吾將（固其結）〔謹其守〕，重地吾將繼其食，（圮）〔氾〕地吾將進其途，圍地吾將塞其闕，死地吾將示之以不活。

這九句話，和第一章的九句話可以對比。

散地，士兵戰於本國，人心渙散，應使之心志專一。「散」的反義詞是「專」。上文作「無戰」，是從負面講；這裡作「一其志」，是從正面講。

輕地，士兵初入敵境，其心也未專，容易掉隊，應使之連屬。上文作「無止」，是說不要停下來；這裡作「使之屬」，是怕有間斷，意思也是一反一正。

爭地，是兩國必爭之地，若敵人已經占領，應疾趨其後。上文作「無攻」，是不要從正面攻；這裡作「趨其後」，是繞到後面打。簡本則作「爭地吾將使不留」。

交地，是兩國交界的地方，是前後方的連接點，一定要用重兵把守。上文作「無絕」，是強調道路通暢，這裡作「固其結」，則是強調固守要津。

衢地，是多國交界的地方，也是戰略樞紐，要用重兵把守。上文作「合交」，是強調外交的重要性，這裡作「謹其守」，和交地相似，也是強調其把守。這兩句，簡本和今本相反，「守」作「恃」，這裡的順序是從簡本。

重地，是深入敵境，麻煩最大是補給線太長，應就地補充給養。上文作「掠」，是講搶糧食；這裡作「繼其食」，則是講補充糧食的不足。

汜地，是難以行軍的地方，關鍵是要迅速擺脫，進入陽關大道。上文作「行」，是強調趕緊離開，不要逗留；這裡作「進其途」，是強調轉入好走的大道。

圍地，是出口狹窄，但作者說，為了激勵士氣，反而要把它堵起來。上文作「謀」，是強調動腦筋；這裡作「塞其闕」，是強調拚死一戰。

死地，是前有敵兵，後有險阻，不戰則坐以待斃。上文作「戰」，是強調拚死一戰；這裡作「示之以不活」，是示敵以必死。

《孫子》主張，一定要把士兵逼到絕境，他們才會拚死一戰。按照這個原則衡量，絕地比散地好，重地比輕地好；圍地和死地，是絕境中的絕境，當然更好。如果換位元思考，情況相反，敵人深陷重圍，一定要留缺口；敵人走投無路，不要苦苦相逼。〈軍爭〉說，「圍師必闕，窮寇勿迫」，就是這個道理。古代士兵到別國作戰，言語不通，舉目無親，你把他逼急了，做困獸之鬥，即使取勝，傷亡太大，還是留下生路好。這是合理的考慮。但我們必須注意，迫和追不同。克勞塞維茲指出，戰爭的目的是徹底打垮敵人，追擊比戰勝更重要，放走退卻的敵人，即使取得勝利，也是很大的隱患。[3]

[3] 克勞塞維茲《戰爭論》，第一卷，頁三〇五—三一九。

【十一・十】

故兵之情，圍則禦，不得已則鬥，過則從。

「兵之情」就是上面講的「人情之理」。

「圍則禦，不得已則鬥，過則從」，就是上面講的「兵士甚陷則不懼，無所往則固，入深則拘，不得已則鬥」

「過」是過分，比如「甚陷」就是「過」。

【十一・十二】

是故不知諸侯之謀者，不能預交；不知山林、險阻、沮澤之形者，不能行軍；不用鄉（向）導者，不能得地利。四五者，一不知，非（霸王）〔王霸〕之兵也。夫（霸王）〔王霸〕之兵，伐大國，則其眾不得聚；威加於敵，則其交不得合。是故不爭天下之交，不養天下之權，信己之私，威加於敵，故其城可拔，其國可隳。

「是故不知諸侯之謀者，不能預交；不知山林、險阻、沮澤之形者，不能行軍；不用鄉導者，不能得地利」，這段話，〈軍爭〉篇也有，除了「預」作「豫」，完全一樣。

「四五者，一不知，非王霸之兵也」，曹注說，「四五者」，也可能指九地（四加五等於九），也可能指上面這幾句話。我看，這裡不一定是準確的數字。「王霸」，值得注意，今本作「霸王」，簡本作「王霸」。古代統一天下才叫「王」，不能統一天下只叫「霸」。「霸」就「伯」（兩個字，是通假關係）。霸而稱王，王而稱帝，王和霸的概念，才有所混淆。「王霸」，古書也作「王霸」（如《左傳》閔西元年、《禮記・經解》、《孟子・公孫醜上》），但這種「霸王」仍是並列關係（霸和王），和漢代的概念還不一樣。司馬遷說越王勾踐號稱「霸王」（《史記・越王勾踐世家》）、項羽號稱「西楚霸王」（《史記・項羽本紀》），這種霸王才專主於霸，和今語所說的「霸王」已經接近，其實是霸主。這裡，簡本的叫法比較原始，不容易和後世的「霸王」相混淆，我們作「王霸」。

「夫（霸王）〔王霸〕之兵，伐大國，則其眾不得聚；威加於敵，則其交不得合」，這是講戰略威懾。前者是伐兵，後者是伐交。戰略威懾，都是兩手並用，現在叫砲艦政策、實力外交。外交的後面是武力。

最後，「是故不爭天下之交，不養天下之權，信己之私，威加於敵，故其城可拔，其國可隳」，這也是講戰略威懾。「交」是外交，「權」是強權。你不爭取天下的外交支持，也不悲躬屈膝天下的強權，靠的是實力。春秋戰國時期，國都叫「國」，其他城邑叫「城」。「隳」是墮壞城郭、摧毀城牆，「國」而曰「隳」，可見這裡的「國」不是整個國家，而是首都。

【十一·十二】

施無法之賞，懸無政之令。犯三軍之眾，若使一人。犯之以事，勿告以言；犯之以利，勿告以害。投之亡地然後存，陷之死地然後生。夫眾陷於害，然後能為勝敗。

管理的最高境界是無人管理，用「看不見的手」管理。現代的無人管理，主要靠資訊化、自動化和市場法則。古人懂得以勢屈人。九地本身就是勢。「施無法之賞，懸無政之令」，是說賞罰和規定都是看不見的東西，自有環境管著，環境本身就是賞罰和命令。「犯」即「範」，是約束的意思。作者說，當將軍的要把三軍之眾管得像一個人一樣，主要靠兩點：一是靠你做什麼，而不是說什麼；二是只跟士兵講好處，不跟他們講壞處。這其實就是騙。「投之亡地然後存，陷之死地然後生」，當將軍的明明要把士兵投入最危險的境地，將他們拖到害裡面，卻不告訴他們這就是害，這不是哄騙是什麼？

【十一・十三】

故為兵之事，在於順詳敵之意，並敵一向，千里殺將，是謂巧能成事。是故政舉之日，夷關折符，無通其使，厲（勵）於廊廟之上，以誅其事。敵人開闔，必亟入之。先其所愛，微與之期，踐墨隨敵，以決戰事。是故始如處女，敵人開戶；後如脫兔，敵不及拒。

最後這段話，是講決戰。四個事字和意、使、之、期等字是押之部韻，向、將是押陽部韻，戶、據是押魚部韻。[4]它既是全文的總結，也是第三組的總結。整個第三組，很多篇幅，都花在「走」上，這篇也是。講到這兒，才畫上了完滿的句號。

作者講決戰，主要講兩點：一是隱蔽性，二是突然性。

這一章，分成五段。

第一段，是泛言決戰的這兩個特點。「順詳敵之意，並敵一向」，是摸清敵人的意圖，悄悄地尾隨敵人，這是隱蔽性；「千里殺將」，是從千里之外，突然出現在敵人面前，殺掉對方的將軍，這是突然性；「是謂巧能成事」，巧就巧在，它既有隱蔽性，又有突然性。

第二段，是講決策的隱蔽性。「政舉」，是指出兵越境；「夷關折符，無通其使」，是關閉所有關口、註銷往來的通行證、斷絕兩國使者的往來。現在兩國打仗，也是先撤使館和疏散僑民。「廊廟」，是朝廷。

第三段，是講開進的隱蔽性。「敵人開闔」，「開闔」就是「開戶」，敵人一開門，就蹭地鑽進去。

第四段，是講到達的隱蔽性。「先其所愛」，是先敵到達敵人想到的地方，即上文的「先奪其所愛」；「微與之期」，是暗地等待敵人前來；「踐墨隨敵」，是順著敵人的路線，好像木匠按照墨斗畫出的線來鋸木頭；「以決戰事」，是最後與敵決戰。

第五段，是打比方，以處女和脫兔比喻決戰的隱蔽性和突然性。「始如處女」，是說一開始很安靜含羞帶怯；「後如脫兔」，是說後來動起來，卻像兔子，撒腿就跑。一是喻其靜，一是喻其動。靜是隱蔽性，動是突然性。〈勢篇〉說，「勢如彍弩，節如發機」、「其勢險，其節短」，瞄準和放箭，也是這種關係。

4 《孫子》全書，還有不少地方是夾用韻文，這只是一個例子。

第十三講　九變第八

〈九變〉篇的位置本來是在〈軍爭〉篇的後面，為了便於講述，放到〈九地〉篇的後面來講。原因，主要是這兩篇，內容相關，〈九變〉篇的內容，不過是〈九地〉篇的一部分。不講〈九地〉，〈九變〉沒法講。

〈九變〉篇，文章不長，但很奇怪。

第一，它的位置是在〈軍爭〉篇之後，但內容卻與它後面的〈九地〉有關。〈九變〉是第八篇，〈九地〉是第十一篇，〈九地〉沒講的東西，它先講。

第二，這篇文章，一共有四小段，每段話都相對獨立。「九變」是哪九變？「五利」是哪五利？上下文是什麼關係，從題目到內容，一直說不清。

第三，在《孫子》全書中，它最短，但和它有關的〈九地〉篇，又最長。

《孫子》的特點，是言簡意賅，文章很有條理。宋梅堯臣就說過，「其文略而意深」、「其言甚有次序」（歐陽修《孫子後序》引）。但先秦古書，一般是用自成片段的短章拼湊而成，不是啟承轉合、一氣呵成。《孫子》全書，總體很有條理，但並非全都如此，特別是〈九地〉、〈九變〉兩篇。〈九地〉篇太長，內容凌亂，前後重複；〈九變〉篇太短，好像是從前者分出，虎頭蛇尾。我們不妨把它當〈九地〉篇的附錄來讀。

第一，〈九地〉最長，〈九變〉最短，兩篇的內容相關，有些句子也重複。

第二，我認為，〈九地〉是全書的後段，最後沒有整理好。〈九變〉是從〈九地〉割裂，用該篇草稿中的剩餘資料去拼湊而成。

第三，〈九變〉編輯太差，本身無法通讀，只有聯繫〈九地〉篇，才能理解。

第四，古書的整理，不管多麼粗糙、多麼不合理，也不能按今天的道理讀，最好保持原樣。

把〈九變〉分為四章：

第一章，是由「凡用兵之法」三句，加「〔圮〕〔氾〕地無舍」五句，加「途有所不由」五句而構成。其中沒有「九變」、「五利」等字眼。

第二章，是論將必知「九變」。它提到「九變」、「五利」，但什麼是「九變」、什麼是「五利」，原文沒有解釋，它與前文的關係並不清楚。

第三章，是論智者之慮，利害相權。利害相權，乃知變通，和上文好像也有關係，但並不明顯。

第四章，是論將有五危。五危皆因不知變通，和上文好像也有關係，但並不明顯。

這四章，每章都是獨立的片段，彼此並無有聯繫。

【八・一】

孫子曰：

凡用兵之法，將受命於君，合軍聚眾。（圮）〔氾〕地無舍，衢地合交，絕地無留，圍地則謀，死地則戰。途有所不由，軍有所不擊，城有所不攻，地有所不爭，君命有所不受。

這一章是由三部分組成：

(1)「凡用兵之法，將受命於君，合軍聚眾」，這三句和〈軍爭〉篇的開頭一樣，但文氣不足，和下面的十句話完全接不上。〈軍爭〉篇的開頭，三句後，還有「交和而舍，莫難於軍爭」，是說，整個戰爭，從「受命於君，合軍聚眾」到「交合而舍」，所有事沒有比軍爭更難，若沒有後兩句，前面的話就顯得突兀。可見這段文字早已殘缺，沒頭沒尾。

(2)「（圮）〔氾〕地無舍，衢地合交，絕地無留，圍地則謀，死地則戰」，這五句和〈九地〉篇講「九地之變」的話非常相似。下面是對照：

九變	九地
〔圮〕〔氾〕地勿舍	〔圮〕〔氾〕地則行
衢地合交	衢地則合交
絕地無留	去國境而師者，絕地也。
爭地則無留（簡本）	
圍地則謀	圍地則謀
死地則戰	死地則戰

左欄「勿舍」就是「則行」。「絕地」不在九地之數，但卻是〈九地〉篇中的詞。〈九地〉沒有「絕地無留」，但有「去國境而師者，絕地也」，「無留」也出現於該篇簡本（雖然是放在「爭地」下）。無論如何，還是和〈九地〉有關。其他三句，基本一樣。這段話，九地之目不全，沒提散、輕、爭、交、重五地，次序也不同，九地只選四地，再加絕地，一共是五地。〈九地〉篇的九句話，原來是作「是故散地則無戰，輕地則無止，爭地則無攻，交地則無絕，衢地則合交，重地則掠，〔圮〕〔氾〕地則行，圍地則謀，死地則戰」，該篇稱為「九地之變」，這裡只是摘錄。

(3)「途有所不由，軍有所不擊，城有所不攻，地有所不爭，君命有所不受」，一連用了五個「有所不」。「有所不」，和「必」（非什麼不可）相反，是古人表示變通的話。

前面三部分，後兩部分，前五後五，一共是十句話。這十句話，從曹注起，就有不同解釋。他在〈九變〉一開頭的篇題下說，「變其正，得其所用九也」，這是「九變」；然後，又於「不能得人之用矣」下說，「謂下五事也，九變，一雲五變」，這是「五變」。他的「九變」是哪九變，不清楚；「五變」則是指上文的「途有所不由」

五句，而不是下文的「是故智者之慮」等句（詳張預注）。

後來的十家注或十一家注，正好是兩大派：

(1)「九變」說（李筌、賈林、何延錫）。是把前述十句中的前九句當「九變」，而把「君命有所不受」摘出，當這九句的結語。

(2)「五變五利」說（梅堯臣、張預、鄭友賢）。是以「（圮）（氾）地無舍」五句為「五變」，「途有所不由」五句為「五利」，說「五變」是「九變」的省略和顛倒次序，「九變」就是〈九地〉篇的「九地之變」，即「是故散地則無戰，輕地則無止，爭地則無攻，交地則無絕，衢地則合交，重地則掠，（圮）（氾）地則行，圍地則謀，死地則戰」。

還有一種說法，是宋以後的新解，可以稱為「錯簡」說。提出者是元代的張賁、明代的劉寅和趙本學。元明時期，因受宋代理學影響，學者都很看重文理的分析，反對「有一句解一句」，這有一定道理。但他們偏愛理校，流於極端，是亂改古書，這個風氣並不好。他們讀古書，凡是讀不通之處，動不動就說「錯簡」。必須刪改移易。重出，應該刪；位置「不合理」，應該搬（搬到他們認為「合理」的位置）；該合併的地方，也要合併。

張賁、劉寅、趙本學的校改，就是屬於這一類。他們的看法是：

(1)〈九變〉開頭的「將受命於君，合軍聚眾」，與〈軍爭〉重出，是該篇錯簡，應該刪去。

(2)「（圮）（氾）地無舍，衢地合交，絕地無留，圍地則謀，死地則戰」五句，其中只有「絕地無留」一句不見於〈九地〉，其他四句與〈九地〉重出，也肯定是「錯簡」，應該刪去。

(3)刪去上面的句子，「九變」就成了空白。他們說，〈軍爭〉、〈九變〉相鄰，容易竄亂，〈軍爭〉篇末，不是有「高陵勿向，背丘勿逆，佯北勿從，銳卒勿攻，餌兵勿食，歸師勿遏，圍師必闕，窮寇勿迫」八句嗎？這八句話，句式與「絕地無留」相同，肯定是〈九變〉篇的錯簡，錯放在上一篇。只要把這八句搬過來，放在「凡用兵之法」後面、「絕地無留」前面，與「絕地無留」合起來，就恢復了「九變」。

唐宋注家講「九變」，主要是盯著〈九變〉和〈九地〉的關係。這三位可不一樣。他們認為，前述二說都有毛病，都該反對。「九變」說的毛病，主要是顧了「九變」，就顧不了「五利」。原文下節既然是「九變」、「五利」並說，可見是兩碼事。如果說，前述十句話，前九句是「九變」，那「五利」往哪擺？這是一個矛盾。「五變五利」說，則正好相反，顧了「五利」，又顧不了「九變」。此說強調，「九變」就是抄《九地》，前述十句話，前面五句是「九地之變」的「缺而失次」，但值得注意的是，「絕地無留」卻並不見於〈九地〉。更何況，〈九變〉在前，〈九地〉在後，哪有前面抄後面的道理。

《直解》和《校解》，都是影響很大的書，不僅在中國影響大，在日本也影響很大。很多注本都採用這種改動。張賁、劉寅、趙本學的改動，我不贊同，但他們對舊說的矛盾，看得很清楚，對我很有啟發。

過去的討論，哪些是正確的，哪些是錯誤的，我的總結是：

上面三種說法，「九變」說，明明十句，前五後五，非得說是九，比較彆扭，「五利」往哪兒擺，也是問題。「五變五利」說，「五變」既然是節抄「九地之變」，那還有什麼獨立意義，順序也成問題，抄下來的東西怎麼反而在被抄的東西前面。「錯簡」說，也有問題，「絕地無留」，雖然不是原封不動抄〈九地〉，但這個詞還是〈九地〉篇所固有。它和〈九地〉有關，還是無法否認。更何況，他們說，〈軍爭〉的尾巴就是〈九變〉的開頭，這也毫無根據。

現在，銀雀山漢簡已經出土，對檢驗舊說很重要。

(1)簡本〈軍爭〉篇，篇末最後一簡是「倍（背）丘勿迎，詳（佯）勿從北，圍師遺闕，歸師勿遏，此用眾之法也。四百六十五」，可見這些話並非〈九變〉篇的錯簡，因而張賁、劉寅、趙本學的改動是不能成立的。

(2)簡本相當〈九變〉的一篇，篇題未見，字句殘缺較甚，篇題木牘也沒留下它的題目，但留下的東西，和今本出入不大。我們估計，簡本已經就是現在這個樣子。

(3)在銀雀山漢簡中，還有一個佚篇，叫〈四變〉。整理者認為，這是《吳孫子》的佚篇。題名〈四變〉，是整理者根據內容加上去的。這篇東西，主要是解釋「途有所不由，軍有所不擊，城有所不攻，地有所不爭，君命有所不受」，每條各是一段。它的第五句，原文解釋是「軍令有反此四變者，則弗行也」。這種說法，有點像李筌等人的「九變」說，也是把「軍令有所不受」看成前面四句的結語。但它只涉及後五句，講了半天，還是只有「四變」，沒有「九變」。我是把它看作〈九變〉篇的注釋。這個注釋最早，比曹操還早，但未必比〈九變〉的原文早。〈九變〉的原文本身，混亂擺在那兒，其實更古老。

說到「錯簡」，這個詞，其實很有問題。很多從事古文獻研究的把看上去位置不對的辭句叫「錯簡」。這樣用並不妥當。因為很多人都以為，古書中的問題，是年深月久，竹簡的編繩斷了，原來的書，簡編散亂，已非原來的順序。個人認為，這是誤解。

古人寫文章，章句和章句，連接不太緊密，結構比較鬆散，邏輯性也不一定很強。但我們不能說它文理不通、非按我們的標準改順不可。

【八．二】

故將通於九變之利者，知用兵矣；將不通九變之利，雖知地形，不能得地之利矣；治兵不知九變之術，雖知五利，不能得人之用矣。

這裡提到「九變」、提到「五利」，都很突兀，根本沒有解釋。

「九變」是什麼？「五變五利」說已經指出，這裡既然說「故將通於九變之利者，知用兵矣；將不通九變之利，雖知地形，不能得地之利矣」，可見「九變」和地形有關；前述十句話的前五句，明顯是摘〈九地〉篇開頭的「九地之變」，即「是故散地則無戰，輕地則無止，爭地則無攻，交地則無絕，衢地則合交，重地則掠，(圮)

〔氾〕地則行，圍地則謀，死地則戰」。可見「九變」就是「九地之變」。我贊同這種分析。

「五利」是什麼？「五變五利」說也已指出，就是前述十句話的後五句，即「途有所不由，軍有所不擊，城有所不攻，地有所不爭，君命有所不受」。這五個「有所不」，都是講變通之利。個人一直認為，這段話也和〈九地〉有關。〈九地〉篇有段話，叫「九地之變，屈伸之利，人情之理，不可不察也」。「九地之變」是上面那九句，「人情之理」是「兵士甚陷則不懼，無所往則固，入深則拘，不得已則鬥」，「屈伸之利」，就是這裡的五個「有所不」。

【八・三】

是故智者之慮，必雜於利害。雜於利而務可信也，雜於害而患可解也。是故屈諸侯者以害，役諸侯者以業，趨諸侯者以利。故用兵之法，無恃其不來，恃吾有以待之；無恃其不攻，恃吾有所不可攻也。

這一章，是講兼顧利害。

「是故智者之慮，必雜於利害」，是說智者的考慮，一定要兼顧利害。

「雜於利而務可信也，雜於害而患可解也」，「務可信」，與「患可解」相對，「務」是名詞性主語，指想做的事；「信」是謂語動詞，這裡讀為伸。它的意思是說，智者之慮，考慮害要兼顧利，考慮利要兼顧害。兼顧利，想做的事才做得成；兼顧害，麻煩的事才能解決。

「是故屈諸侯者以害，役諸侯者以業，趨諸侯者以利」，「諸侯」指敵國。這段話的意思是說，用害屈服敵人，用事調動敵人，用利調動自己，合於利才出動，上敵國去打仗。

「故用兵之法，無恃其不來，恃吾有以待之；無恃其不攻，恃吾有所不可攻也」，是強調我方素有準備。〈形〉篇說：「昔之善戰者，先為不可勝，以待敵之可勝。」就是這個意思。

【八·四】

故將有五危：必死可殺，必生可虜，忿速可侮，廉潔可辱，愛民可煩。凡此五者，將之過也，用兵之災也。覆軍殺將，必以五危，不可不察也。

這裡的「將有五危」，主要是性格偏執、鑽牛角尖。孔子說，人有四大毛病，要徹底斷絕。一是臆測，二是偏執，三是頑固，四是主觀，即所謂「毋意，毋必，毋固，毋我」（《論語·子罕》）。「必」就是非什麼不可。

戰爭不是兒戲。戰爭是個充滿不確定性的領域，它最忌諱的就是死心眼。郭店楚簡《語叢三》有兩句話，叫「有所不行，益。必行，損」（簡九一一六）。「有所不行」，好處大；非什麼不行，只有吃虧。

上面的五個「有所不」，是懂得變通，「必死」、「必生」和其他怪癖，是不知變通。不知變通，結果是「覆軍殺將」，不僅損兵，而且折將。

第十四講　火攻第十二

本書最後一組，是〈火攻〉、〈用間〉。它和前面三組不太一樣。這兩篇，每篇各講一個專題，每個專題都是獨立的，無法歸入前面的任何一組，只能算是「另外」或「其他」，借用先秦子書的說法，就是相當於雜篇。

先講〈火攻〉。

「火攻」，簡單講，就是用火做為進攻手段，或用火來幫助進攻。本篇下文說，「故以火佐攻者明」，「佐」就是幫助的意思。

古人對火攻很重視。《武經總要前集》有專門一卷，即卷十一，講水攻和火攻，火攻是與水攻並列。但《孫子》只講火攻，不講水攻。它認為，火攻比水攻更重要。的確，在戰爭中，火的使用更經常、更普遍，技術也比水高。

火是最古老的武器，也是最先進的武器。

火攻之用，有賴天時，特別是與候風有關，這類研究，現在屬於軍事氣象學，古代叫風角。風角是數術的一種，用於軍事，屬於兵陰陽。做為攻擊手段，則與兵技巧有關。

兵陰陽，特點是「順時而發，推刑德，隨鬥擊，因五勝，假鬼神而為助者也」（《漢志．兵書略》）；兵技巧，特點是「習手足，便器械，積機關，以立攻守之勝者也」（同上）。前者以天文、曆法、占星、候氣、式法、選擇和地理等術為主，後者以武器、武術和攻城、守城等術為主，兩者都沾邊。

把〈火攻〉分為四章：

第一章，講五火之名。

第二章，講五火之用。

第三章，講火攻比水攻更有效。

第四章，勸人慎戰，「合於利而動，不合於利而止」。

【十二・一】

孫子曰：

凡火攻有五，一曰火人，二曰火積，三曰火輜，四曰火庫，五曰火隊。

文章開頭，首先是講五火之名，介紹火攻主要有哪五種，即上所列舉的「火人」、「火積」、「火輜」、「火庫」、「火隊」。

「火人」，是燒對方的人，首先，當然是對方的戰鬥人員，但老百姓往往跑不了。西方傳統，打仗是騎士的事，與老百姓無關。日本也是，武士打仗，老百姓觀戰。十九世紀以前，歐洲沒有民兵。法國革命，因為革命，才全民皆兵。拿破崙靠民兵打仗，把民兵制傳播開來，在當時是一場革命。但中國不一樣，春秋戰國以來，就有這場革命。

「火積」，是燒對方的糧草，「積」是委積，委積是儲存起來的糧食和草料，其實也就是燒對方的糧倉和草料場。古代的糧倉分兩種，方的叫倉，圓的叫囷。糧倉的陶器模型（明器），出土發現，數量很多，特別是秦墓，隨葬這類器物，一直是傳統。漢以來，全國各地繼承了這種習俗。但秦漢器物，多數是圓囷，方倉較少。估計當時一般的糧倉、私人的糧倉，可能主要是圓的。最近，考古工作者在河南靈寶和陝西寶雞發掘了西漢時期的大型糧倉，都是方倉（圖八一）。這才是官倉的本來面目。

「火輜」，是燒對方的隨軍輜重。「輜」的本來含義，是運送軍用物資的車，即輜車。輜車也叫重車，用牛拉。軍隊開拔，隨軍攜帶的武器裝備和衣被糧草，都叫輜重。

「火庫」，是燒對方的武器庫。「庫」是武庫，不是一般的倉庫或糧庫。古代，一般倉庫，習慣叫法是府。糧庫，就是上面說的倉囷。「庫」字象屋下有車，古人的解釋，是放兵車的地方（《說文解字・广部》，很多注疏皆如是說）。古代出征前，有授甲授兵的儀式，兵車和武器是臨時發授。西元前七一二年，鄭莊公伐許，授兵於

（一）

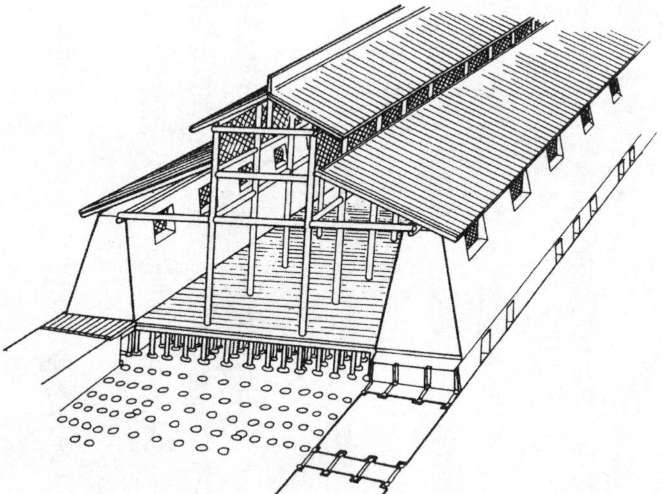

（二）

圖八一　西漢汧河碼頭倉儲遺址

（一）發掘現場
（二）復原圖

大宮，公孫閼與潁考叔爭車，就是在鄭國的宗廟發授武器。車從哪裡來？就是從庫裡拉出來的。古代的庫是武庫。武庫是放武器的，既藏戰車，也藏一般的兵器。戰國兵器的題銘，除記負責監造的官員和工匠，也記放置兵器的武庫，如「左庫」、「右庫」，就是武庫的名字。一九六一至一九六二年，中國科學院考古研究所在陝西西安市發掘過漢代的武庫（圖八二），位置在未央宮和長樂宮之間。

「火隊」，歷來有爭議。舊注有三說，一說「隊」是隊伍之隊，「火隊」是燒敵人的軍隊，這就和「火人」重複了；一說「隊」是隊仗之隊，隊仗是武器，也和「火輜」、「火庫」重複；一說「隊」讀隧，解釋為糧道，也和「火積」重複。這些解釋都有其不足。《墨子．備城門》，其中也有「隊」。這種「隊」，似分兩種，一種是攻方用以突破的衝鋒隊；一種讀為隧，不是糧道，而是地道。前一說法，與「火人」也有點重複。讀《墨子．備穴》，我們可以知道，煙、火是對付穴城的主要辦法。個人覺得，地道說也許更好。[1]

總之，此處的火攻物件，首先是敵人的有生力量，燒人是第一位。其次，是燒敵人的糧草。接著是燒敵人的隨軍物資。《孫子．軍爭》說「軍無輜重則亡」，打擊也很直接。再下來，才是敵人的武器庫。最後是敵人攻城的地道。這個順序，有輕重緩急。

【十二．二】

行火必有因，烟火必素具，發火有時，起火有日。時者，天之燥也；日者，月在箕、壁、翼、軫也。凡此四宿者，風起之日也。凡火攻，必因五火之變而應之。火發於內，則早應之於外。火發而其兵靜者，待而勿攻。極其火力，可從而從之，不可從則止。火可發於外，無待於內，以時發之。火發上風，無攻下風。晝風久，夜風止。凡軍必知五火之變，以數守之。

[1]《孫子古本研究》，頁三一九—三二〇。

（一）

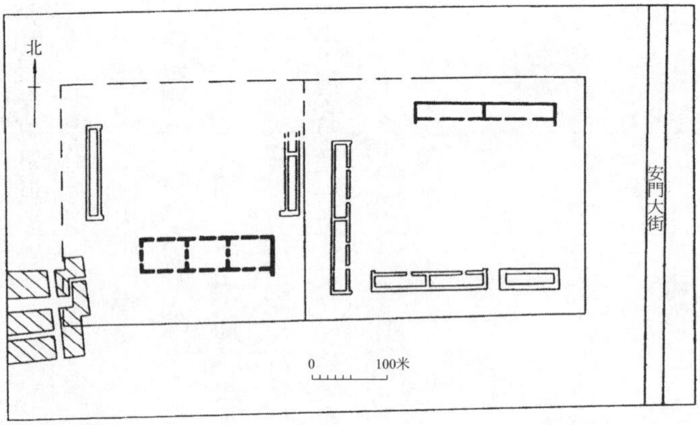

（二）

圖八二　陝西西安發現的漢代武庫遺址

（一）發掘現場
（二）平面圖

此章是講如何發動火攻、實施火攻。分兩部分：

「行火必有因」至「風起之日也」，是講發動火攻之前的準備工作。

「行火必有因，烟火必素具，發火有時，起火有日」，是說發動火攻之前，要有準備工作。第一是準備點火器材，第二是選擇點火時間。這種準備，都是火攻的必要條件，原文叫做「因」。「烟火」，是點火的器材，簡本作「因」，但古本多作「烟火」，也許原作「因」，後來讀為「烟」（「煙」的異體），乾脆用「烟火」來解釋前面的「因」。暫時，我們還是按傳本解釋。

「發火有時，起火有日」，「時」是四時之時，不是十二時之時。四時是大時，一年四分的大時。十二時是小時，一日十二分的小時。時和日不一樣，時是季節，日是日子。選擇時日屬於兵陰陽。

「時者，天之燥也」，是乾旱的季節。中國北方，冬春時節，天氣最乾燥，風最大。

「日者，月在箕、壁、翼、軫」，「月在」是講月躔，即月亮行天的位置。什麼位置？即二十八宿的四個星宿：箕、壁、翼、軫（圖八三）。

二十八宿，按日月右行的順序，分為四宮：

東宮：角、亢、氐、房、心、尾、箕。

北宮：斗、牛、女、虛、危、室、壁。

西宮：奎、婁、胃、昴、畢、觜、參。

南宮：井、鬼、柳、星、張、翼、軫。

箕是東宮的最後一宿，位於東北，相當於孟春；壁是北宮的最後一宿，位於西北角，相當於孟冬；翼、軫是南宮的最後兩宿，位於東南角，相當於孟夏。其中不包括西宮。

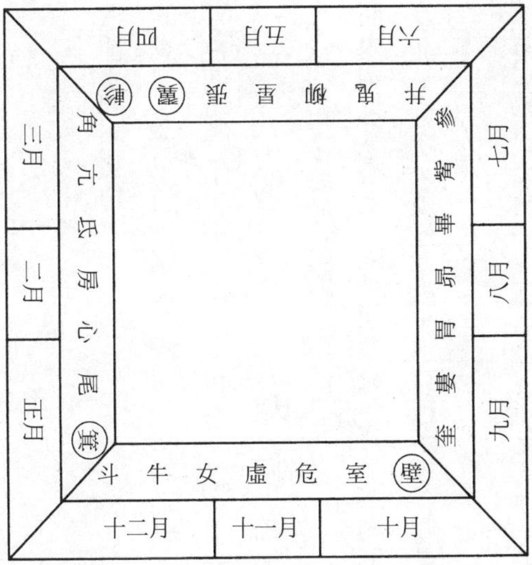

圖八三　二十八宿

這兩條是用來訂「風起之日也」，即颱風的日子。日比時，更為具體。

古代研究風，什麼時候颱風？風從哪個方向來？多大多小？這種學問叫風角。

風角是候風的學問，監視風向和風力大小的學問。這兩個字的意思，簡單講，就是「候四方四隅之風，以占吉凶也」（《後漢書．郎顗傳》李賢注）。「四方」也叫「四正」。「四方」是正東、正南、正西、正北，「四隅」是東北、東南、西南、西北。「四方」加「四隅」，就是八方，四面八方的八方，一共八個方向，統稱是「角」。用八方風占吉凶，就是風角。風角是古代數術的一個門類，用於軍事，屬於兵陰陽。

風角，起源很古老。中國大地，是一塊傾斜的大地，西北高而東南低，水，一般是朝東流，共工怒觸不周山，中國的神話描述過這種特點。它的氣候也很有特點，一年四季，非常分明，風是季風，春夏秋冬，各有各的風，東南西北，颳轉圈圈風。

候風，基礎是候氣。氣分陰陽，陰陽消長，可以做不同的劃分。粗分是兩大類：東南為陽，西北為陰，主要是東南風和西北風打架。林黛玉說：「但凡家庭之事，不是東風壓了西風，就是西風壓了東風。」（《紅樓夢》第八十二回）。東風和西風打架，主要是東南風和西北風打架。

八風之前，早期有四方風，如《山海經．大荒經》有一套，《爾雅．釋天》有一套。甲骨卜辭就已提到四方風，和《山海經》的四方風，名字差不多。

八方風，是從四方風發展而來，四方加四隅，增加了四個角上的風。它也有三套：一套是《呂氏春秋．有始》、《淮南子．地形》的八風，一套是《淮南子．天文》、《史記．律書》的八風，一套是《太公兵書》（《靈樞經．九宮八風》引）的八風。

另外，《周禮．春官．保章氏》講候風，還有十二風，則是在八風之上又加了四風，和鐘表按十二時劃分表盤一樣。

古代戰爭，風很重要。誰占上風，誰占下風，一直是表示勝敗優劣的傳統說法。

古代數術，時間和空間有對應關係，東南西北對春夏秋冬。天官，日月二十八宿，就是按蒼龍、朱雀、白虎、玄武四宮，對應東南西北，對應春夏秋冬。風角和二十八宿占，彼此有對應關係。「日者，月在箕、壁、翼、軫也。凡此四宿者，風起之日也」，就是屬於以月躔候風的二十八宿占。

這種二十八宿占，似乎很古老，比如《詩經》、《尚書》，就已提到過這類說法：

(1)《詩·小雅·漸漸之石》：「月離於畢，俾滂沱矣。」

(2)《書·洪範》：「庶民惟星，星有好風，星有好雨。日月之行，則有冬有夏。月之從星，則以風雨。」

上面兩條，前一條是說月亮行經畢星，會下大雨，畢星主雨。後一條是說月亮行經某些星宿，就會有風雨，有些星主風，有些星主雨。哪些星主風？哪些星主雨？原文沒有說，《洪範》傳的解釋是「箕星好風，畢星好雨」。

漢唐天文書，記載這類數術，一般叫「月犯列宿」。如：

（一）箕星

「箕星好風，東北之星也。東北地事，天位也。故《易》曰『東北喪朋』。」（《漢書·天文志》）

「箕：月入箕，……有暴風，失行於箕者，大風。……」（《乙巳占·月干犯列宿占》）

「月犯箕七：……《含文嘉》曰：『月至箕，則風揚。』《春秋緯·考異郵》曰：『月失行，離於箕者，風。』……（《開元占經·月犯東方七宿·月犯箕七》）

（二）壁星

「東壁……月宿壁，不雨則風。……」（《乙巳占．月干犯列宿占》）

「郗萌曰：月宿東壁，不雨則風。……」（《開元占經．月犯東方七宿．月犯箕七》）

（三）畢星

「雨，少陰之位也。月去中道，移而西入畢，則多雨。故《詩》云『月離於畢，俾滂沱矣』，言多雨也。《星傳》曰：『月入華則將相有以家犯罪者。』言陰盛也。《書》曰：『星有好風，月之從星，則以風雨。』言失中道而東西也。故《星傳》曰：『月南入牽牛南戒，民間疾疫；月北入太微，出坐北，若犯坐，則下人謀上。』」（《漢書．天文志》）

「畢……月失行，離畢則雨。……」（《乙巳占．月干犯列宿占》）

「《詩》曰：『月離於畢，俾滂沱矣。』謂大雨也。《春秋緯．考異郵》曰：『月失行，離於畢，則雨。』蔡氏《月令章句》曰：『月離者，所歷也。』班固《天文志》曰：『月入畢，則多雨。』……」（《開元占經．月犯東方七宿．月犯畢五》）

（四）翼星、軫星

「及巽在東南，為風；風，陽中之陰，大臣之象也，其星，軫也。月去中道，移而東北入箕，若東南入軫，則多風。」（《漢書．天文志》）

「軫：月宿軫，則多風；……」（《乙巳占・月干犯列宿占》）

「《郗萌占》曰：『月宿軫，風；……』」（《開元占經・月犯東方七宿・月犯軫七》）

術家認為，一年四季，孟冬（冬十月）、孟春（春正月）、孟夏（夏四月），是多風的日子；孟秋（秋七月）是多雨的日子。多風之星，箕為最。軫當後天卦序的巽位，巽是風的符號，居其次。壁又其次。翼與軫相鄰，只是連類而及，上面的引文並不怎麼談翼。

中國的季風有方向，一般說，春天颳東北風和東風，夏天颳東南風和南風，秋天颳西南風和西風，冬天颳西北風和北風。風的方向對火攻很重要。

風角，按今天的概念，是軍事氣象學。羅貫中筆下的諸葛亮，上知天文，下知地理，就是這方面的專家。

諸葛亮借東風，是《三國演義》中的故事（圖八四）。但《三國志》講赤壁火攻，主要歸功於周瑜，蘇東坡《念奴嬌》（赤壁懷古）也說，「遙想公瑾當年」。他們都沒提諸葛亮。曹操說，赤壁之戰，他的失敗，是因為發生疫病，自己主動撤退，撤退時把船燒了，「橫使周瑜虛獲此名」（《三國志・吳書・周瑜傳》）。為《三國志》作注的裴松之也說：「至於赤壁之戰，蓋有運數，實由疾疫大興，以損淩厲之鋒，凱風自南，用成焚如之勢，天實為之，豈人事哉。」（《三國志・魏書・賈詡傳》裴注）風倒是颳過，颳的是南風。

圖八四 七星壇諸葛祭風

但借東風，並非《三國演義》的虛構，唐杜牧有〈赤壁〉詩已有這種說法：

折戟沉沙鐵未銷，自將磨洗認前朝。
東風不與周郎便，銅雀春深鎖二喬。

《三國演義》講赤壁之戰，曹操橫槊賦詩，在建安十三年十一月十五日。周瑜派龐統獻連環計成功，本來很得意，忽然想到風向不對，馬上口吐鮮血（四十八回），為什麼？因為當時正是隆冬時節，江上颳的是西北風，而他要的是東南風。諸葛亮看周瑜，說你的心病我知道，只有一方可治，就是借東風。諸葛亮自稱得異人之授，能呼風喚雨。他在南屏山上擺七星壇，在壇上祭風。所謂七星壇是什麼樣？就是把上面說的二十八宿，按東南西北各七星畫在旗子上，蒼龍七宿用青旗，玄武七宿用黑旗，白虎七宿用白旗，朱雀七宿用紅旗，各依方色排列。諸葛亮在臺上作法，借三日三夜東南大風，即從十一月二十日甲子開始颳，到十一月二十二日丙寅止。一開始沒有動靜，周瑜沉不住氣，說：「孔明之言謬矣。隆冬之時，怎得東南風乎？」魯肅說：「吾料孔明必不謬談。」結果，「將近三更時分，忽聽風聲響，旗旛轉動。瑜出帳看時，旗腳竟飄西北——霎時間東南風大起」（四十九回）。整個故事，就是講風角之術。

關於《孫子》中的這類技術，過去有不同評價。郭化若將軍認為，這些說法，毫無科學依據。[2]但著名的天文學史和數學史專家錢寶琮先說，箕星好風，畢星好雨，還是有科學根據。[3]

接著討論「凡火攻」至「以數守之」這一段。這一段，主要是講實施火攻。

「凡火攻，必因五火之變而應之」，這裡的「五火之變」，和前面的「九地之變」說法類似。「變」，指情況變化。「應之」是拿出對策。這裡一共有六種情況、六種對策：

(1)「火發於內，則早應之於外」，是講從裡面點火，剛剛點火的情況，若派人潛入敵軍，在裡面縱火，外面一定要派人圍堵，事先就部署在外面。這是第一步。

(2)「火發而其兵靜者，待而勿攻」，則是講火點起來後的情況。火點起來了，一般情況下，敵人會驚呼亂跑，如果沒有動靜，恐怕就有問題，可能對方不在，或有埋伏，最好等待觀望一下，不可急於進攻。這是第二步。

(3)「極其火力，可從而從之，不可從則止」，是講火燒得差不多了，該出鍋就得出鍋了。這時，局勢較明朗，該動手就動手，不行就打住。這是第三步。「火力」，簡本作「火央」，「央」是「千秋萬歲樂未央」（漢代吉語）的「央」。「樂未央」是沒樂夠，「央」是盡的意思。

(4)「火可發於外，無待於內，以時發之」，和上面的情況相反，是從外面點火，敵人在裡面，我們在外面，我們不能鑽進火圈，在裡面策應。總之，不管火從裡面點，或是從外面點，都是人守在外面。「以時發之」，上面講的發火有兩種：一種發於內，一種發於外。發於內，有早中晚三段；發於外，也有這三段。這裡省略不談。

(5)「火發上風，無攻下風」，俗話說，風助火勢，火助風威，風向的辨別很重要。放火的只能在上風頭，不能在下風頭。這是常識。

(6)「晝風久，夜風止」，這是講風勢的起落，即白天颳久了，晚上就停止。《老子》有句話，「飄風不終朝」，即轉圈圈風都颳不長，一個上午也就差不多了。這也是常識。最後兩條是講風。

最後，作者說：「凡軍必知五火之變，以數守之。」「數」就是上面所說的內外關係、早中晚關係、上下風關係、晝夜風勢大小的差異等等。總之，是各種度的把握。

2 郭化若《今譯新編孫子兵法》，北京中華書局，一九六二，頁九六。

3 錢寶琮《論二十八宿的來歷》，收入《錢寶琮科學史論文選集》，科學出版社，一九八三，頁三二七—三五一，原載《思想與時代》，四十三期（一九四七年），頁一〇—二〇頁。

【十二·三】

故以火佐攻者明，以水佐攻者強。水可以絕，不可以奪。

火攻、水攻都是攻，但攻擊的效果不一樣。作者認為，兩者都重要，都是有效的攻擊手段，但火攻比水攻，更積極和有效。《孫子》沒有〈水攻〉，只有〈火攻〉，原因可能在此。

「故以火佐攻者明，以水佐攻者強」，「明」，舊注以為是明白的意思，即非常明顯，北京話說「明擺著的」，就是這個意思。楊炳安先生指出，這種說法不妥，清代學者王念孫講過，《左傳》哀公十六年和《國語·周語》有「爭明」一詞，都是「爭強」的意思，這裡的「明」和「強」是「異文同義」，「爭明」的「明」是顯赫之義，確實與「強」有類似之處。兩個字都是好意思，基本對等。火攻和水攻都厲害。這是第一層意思。

第二層意思，不太一樣，孰輕孰重，就分出來了。「水可以絕，不可以奪」，「絕」是斷絕的意思，如杜牧注說：「絕敵糧道，絕敵救援，絕敵奔逸，絕敵衝擊。」四個「絕」字都是斷絕之意。這個解釋沒問題。但「奪」不一樣。「奪」在古書中有兩個意思：一個意思是奪取，一個意思是去除。舊注以「奪敵積蓄」為說，不太好。火只能把敵人的積蓄燒掉，怎麼能奪取它？我們認為，這兩句和上兩句不太一樣。「絕」是斷絕，只能阻隔，比較消極。「奪」是去除，把進攻的敵人趕走，比較積極。水利於隔絕，火利於驅除，作用不一樣。作者這麼講，有一定道理，但邏輯不夠嚴密，因為水攻也不見得都是起斷絕的作用，比如以水灌城，水淹七軍，殺傷力也很大。我的看法是，這只表明，作者對火攻更偏愛。

《武經總要前集》，攻城法在第十卷，守城在第十二卷，中間的第十一卷，是講水攻和火攻。作者說，水攻的作用主要有五條：

(1)絕地糧道；

(2)沉敵之城；

(3)漂敵之廬舍；

(4)壞敵之積聚；

(5)百萬之眾，可使為魚害之輕者，猶使緣木而居，縣（懸）釜而炊。

這裡，只有第一條是講「絕」，其他四條都是用水淹。書中內容只限三方面：一是測水平，二是水戰，三是渡河。嚴格講，水戰是用樓船和水師的問題，不屬於用水來進攻。測水平和渡河，也不屬於水攻。除了用水淹敵人的城池、房子、軍隊和糧草，也真沒什麼好講。比起火攻，差得太遠。

【十二・四】

夫戰勝攻取而不修其功者凶，命曰「費留」。故曰：明主慮之，良將修之，非利不動，非得不用，非危不戰。主不可以怒而興師，將不可以慍而致戰，合於利而動，不合於利而止。怒可以復喜，慍可以復說（悅），亡國不可以復存，死者不可以復生。故明主慎之，良將警之，此安國全軍之道也。

這是最後的總結，主要是警告國君和軍將。

它沒有直接提到火，但承接上文，又好像與火有點關係。主要是戰爭很像火，要慎之又慎。人離不開水火，但又害怕水火。古人說：「夫兵猶火也，弗戢，將自焚也。」（《左傳》隱公四年）意思是說，戰爭就像火，非常危險，要懂得控制它，「玩火者，必自焚」。

「夫戰勝攻取而不修其功者凶，命曰『費留』」，國君和軍將，不能只求戰必勝、攻必取，不計後果、否則只能叫做「費留」。「弗戢，將自焚也」。

作者在〈計〉篇中說，「兵者，死生之地，存亡之道」，戰爭是關係到軍民死生、國家存亡的大事，絕不是兒戲。打仗，一切看的是利害，絕不可逞一時之忿，輕舉妄動，「主不可以怒而興師，將不可以慍而致戰，合於利而動，不合於利而止。怒可以復喜，慍可以復說（悅），亡國不可以復存，死者不可以復生」。「合於利而動，不合於利而止」，也見於〈九地〉。「（兵）以利動」（〈軍爭〉）是全書的基本觀點。

戰爭是血氣之爭，但「怒」和「慍」卻經常壞事。發脾氣，最沒用。作者在〈謀攻〉篇批評過「將不勝其忿」，在〈地形〉篇批評過「忿速可侮」。現在講火攻，是再一次警告。

◎專欄一

火攻的遺產

本篇講火攻。火在軍事上有什麼重要性，這個問題，很有必要補說幾句。想用最概括的語言，講一下武器發明史，看看火的重要性在哪裡。

（一）早期的武器有四種，火最重要

人類的武器，有四樣最古老，木、石、水、火。

木，古人斬木為兵，製作棍棒，棍棒是最原始的武器。金屬兵器，戈、矛、戟、殳都有長柄，用來殺傷的端部或鋒刃，雖可變換花樣，但都是棍棒的延伸。宋以來的武術，特別重重棍術，認為長兵訓練，棍術是基礎。《水滸傳》，江湖好漢，「全仗一條杆棒，只憑兩個拳頭」（四十四回），杆棒是很管用的兵器。還有，古人弦木為弧，剡木為矢，最初的弓矢，也是利用樹枝。弓矢是最早的彈射武器，「成吉思汗，只識彎弓射大鵰」，所有草原帝國，無數控弦之士，都是受惠於此一影響深遠的發明。弩是它的進一步改造。

石，人類在石器時代生活最長，長達幾百萬年。石塊也是最原始的武器。它可以直接握在手中，砍砸或投擲，也可製作各種鋒刃類的武器。青銅時代的戈、矛和斧鉞，不僅材質是石器的延伸，器形也可在石器中找到原型。特別是細石器的發明，用石葉、石片做箭頭，威力更大。現在的巴勒斯坦人，還用石頭打坦克，這有強烈的象徵意義。

水，對人的重要性很明顯。水是生命之源，斷水則人不能活。水太大，人或為魚鱉，也不行。圍城斷水，以水灌城，屬於水攻。但自然狀態的水，比較難於控制，不像火，可以做成各種武器，直接殺傷。

火，對人最重要。人的智力進化，離不開肉食。肉食對大腦發育很重要。動物不會使用火。只有人，掌握了火的應用，玩火玩得出神入化，取暖、炊食、狩獵、戰爭，無所不用其極。大家一講戰爭，總是說，戰火紛飛，戰火連天。火和軍事，緣分最大。

這些都是舊石器時代的發明，人類最古老的發明。

（二）金屬兵器的發明，也離不開火

新石器時代、青銅時代和鐵器時代，和軍事有關，最大的發明，主要有四樣：快馬（馴化馬）、輕車（戰車）、利刃（金屬兵器）和築城術。高帆、多槳和多層的樓船，也是此一時期的發明。海軍和陸軍，步兵、車兵和騎兵，相繼出現。

金屬的兵器，是後來發展起來的。它的出現是大革命。步兵的武器和甲冑，很多都是金屬製造（但甲也用革）。車兵和騎兵，戰車和馬具（銜勒、鞍轡和馬鐙）也離不開金屬。金屬是石器和陶器的延伸（礦石加陶範），但礦石變金屬，同樣離不開火。

五行舊說，石可代土。前述四種，加上金，就是兵器史的五行。五大要素，火最重要。

（三）火是最原始的武器，也是最先進的武器

火在軍事上應用極廣。野戰用，攻城也用。攻方用，守方也用。冷兵器時代，已有弩和拋石器。這兩樣東西，射程最遠，殺傷力最大。弩是槍的前身，投石器是砲的前身。它們和火藥結合，變成火器，是一次更大的革命。

中國古代的火攻，例子很多，如三國時代的赤壁之戰，就是用火攻。蘇東坡的前後〈赤壁賦〉，使它大出其名。還有羅貫中的《三國演義》，「欲破曹公，宜用火攻；萬事俱備，只欠東風」（第四十九回）。諸葛亮借東風，更是深入人心。但早期火攻，光燒不炸。爆炸要靠火藥。

火藥是咱們中國人的發明。魯迅說，中國人發明火藥，光知道「做爆竹敬神」。[4]這是故意潑冷水。其實不然。歷史上，高科技，總是軍事優先。我國發明火藥，主要用途，也是殺人。

火藥發明前，古人不知爆炸為何物，但爆炸的想像，還是有一點。例如，古代穴城，慣用手法，是先挖坑道，再支坑木，然後灌油，然後放火，柱倒，城亦崩塌，這就是當時的「土爆破」。《墨子．備穴》已談到。火藥的發明，可追溯到隋唐煉丹家的各種伏火法。但「火藥」一詞，一〇二三年才見於史書記載（《宋會要輯稿》職官三十之七）。

宋代的火攻，已經使用火藥。《武經總要前集》講火攻，手段很多。除戰國時期的老辦法，如火禽（圖八五）、火獸（圖八六）、火炬（圖八七），還有很多新發明，如火箭（圖八八）、火球（圖八九）、火砲（圖五二）、砲樓（圖五三）、猛火油櫃（圖九〇）。火砲，是採用拋石器的樣子，只不過，它拋出的是火球，而不是石彈。砲

圖八五　火禽
（《武經總要前集》卷十一：十八頁正）

樓，前面講十二攻的穴城（第五講）已經提到，很像管狀火器。猛火油櫃，是從阿拉伯傳入的噴火器。猛火即希臘火（石油基縱火物），這是早期的火焰噴射器。另外，研究宋代的火藥，還有四個火藥配方：煙球方、毒藥煙球方（圖九一）、火砲火藥方（圖九二）、蒺藜火球方（圖九三）。講中國火器史的專家對這些都很重視，但砲樓是什麼，他們沒涉及。我很懷疑，它是早期的管狀火器。

火的殺傷力，主要是靠火燒、煙熏和毒氣，爆炸增加了它的威力。

圖八六　火獸
（《武經總要前集》卷十一：二十頁正）

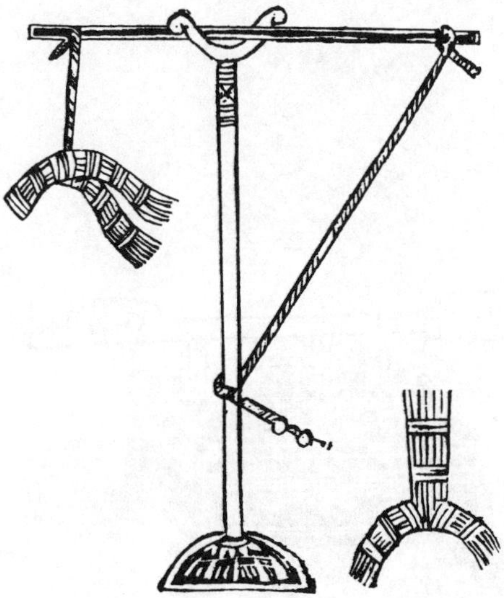

圖八七　火炬
（《武經總要前集》卷十二：五二頁正）

4 魯迅《電的利弊》，收入《偽自由書》，《魯迅全集》第五卷，北京人民文學出版社，一九五七，頁一二—一三。

圖八九　火球
（《武經總要前集》卷十二：五六頁正）

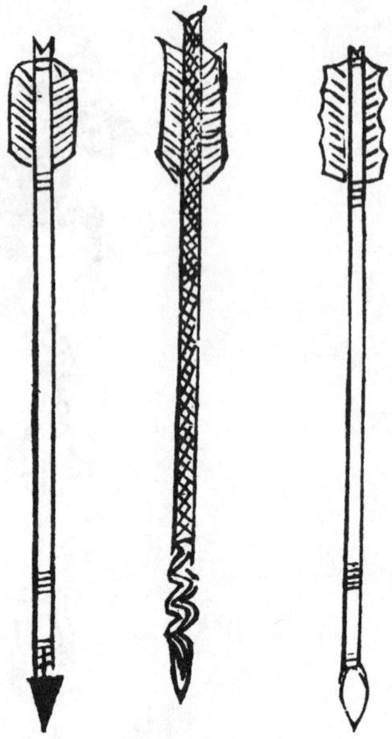

圖八八　火箭
（《武經總要前集》卷十三：三頁正）

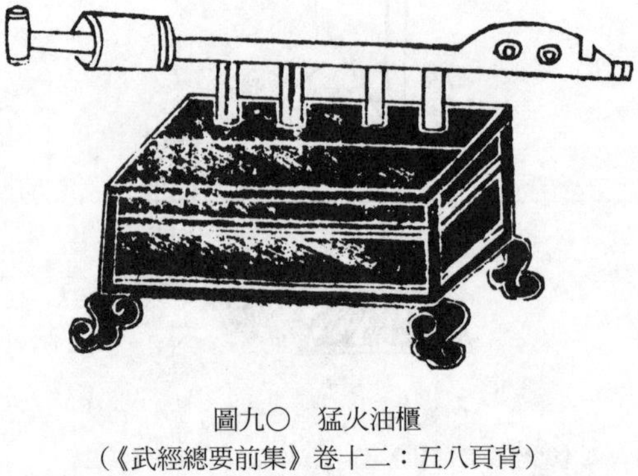

圖九〇　猛火油櫃
（《武經總要前集》卷十二：五八頁背）

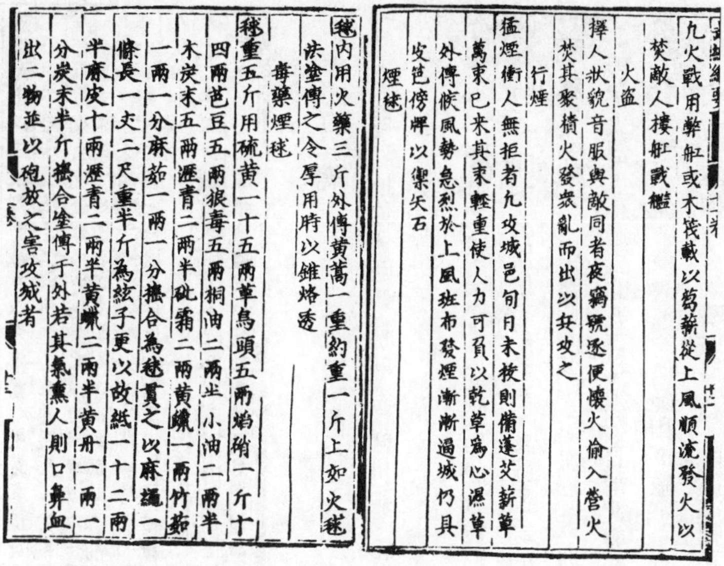
九火戰用弊舡或木筏載以芻薪從上風順流發火以
焚敵人樓舡戰艦
火盜
擇人狀貌音服與敵同者夜竊號逐便懷火偷入營火
焚其聚積火發衆亂而出以兵攻之
行煙
猛煙衝人無拒者凡攻城邑旬日未拔則備蓬艾薪草
萬束已來其束輕重使人力可負以乾草為心濕草
外傅候風勢急烈於上風班布發煙漸漸過城仍具
皮笆傍牌以禦矢石
煙毬
毬內用火藥三斤外傅黃蒿一重約重一斤上如火毬
法塗傅之令厚用時以錐烙透
毒藥煙毬
毬重五斤用硫黃一十五兩草烏頭五兩焰硝一斤十
四兩芭豆五兩狼毒五兩桐油二兩半小油二兩半
木炭末五兩瀝青二兩半砒霜二兩黃蠟一兩竹茹
一兩一分麻茹一兩一分擣合為毬貫之以麻繩一
條長一丈二尺重半斤為弦子更以故紙一十二兩
半麻皮十兩瀝青二兩半黃蠟二兩半黃丹一兩一
分炭末半斤擣合塗傅于外若其氣熏人則口鼻血
出二物並以砲放之害攻城者

圖九一煙球方和毒藥煙球方
（《武經總要前集》卷十一：三十二頁背、三十三頁正）

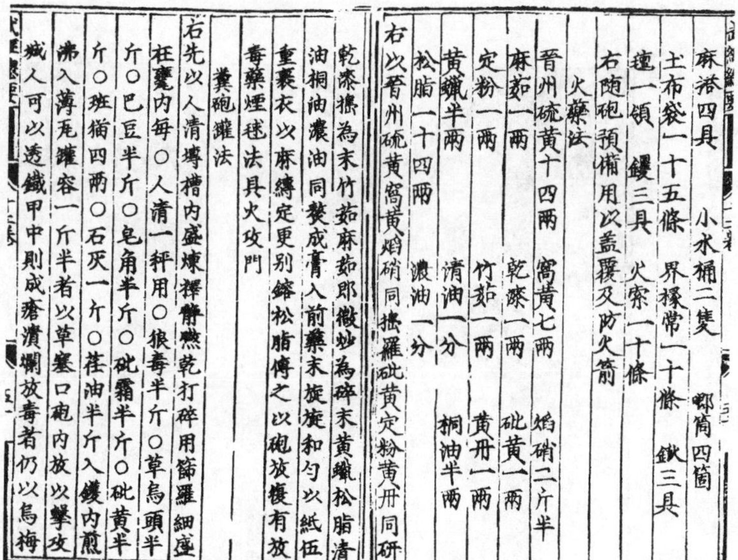
麻搭四具　小水桶二隻　唧筒四箇
土布袋一十五條　界樑常一十條　鍬三具
蓮一領　钁三具　火索一十條
右隨砲預備用以蓋覆及防火箭
火藥法
晉州硫黃十四兩　窩黃七兩　焰硝二斤半
麻茹一兩　乾漆一兩　砒黃一兩
定粉一兩　竹茹一兩　黃丹一兩
黃蠟半兩　清油一分　桐油半兩
松脂一十四兩　濃油一分
右以晉州硫黃窩黃焰硝同擣羅砒黃定粉黃丹同研
乾漆擣為末竹茹麻茹即微炒為碎末黃蠟松脂清
油桐油濃油同熬成膏入前藥末旋旋和勻以紙伍
重裹衣以麻縛定更別鎔松脂傅之以砲放復有放
毒藥煙毬法具火攻門
糞砲罐法
右先以人清糞槽內盛煉擇簡燕乾打碎用篩羅細塵
在甕內每○人清一秤用○狼毒半斤○草烏頭半
斤○巴豆半斤○皂角半斤○砒霜半斤○砒黃半
斤○班猫四兩○石灰一斤○荏油半斤入鑊內煎
沸入薄瓦罐容一斤半者以草塞口砲內放以擊攻
城人可以透鐵甲中則成瘡潰爛放毒者仍以烏梅

圖九二　火砲火藥方
（《武經總要前集》卷十二：五十頁背、五一頁正）

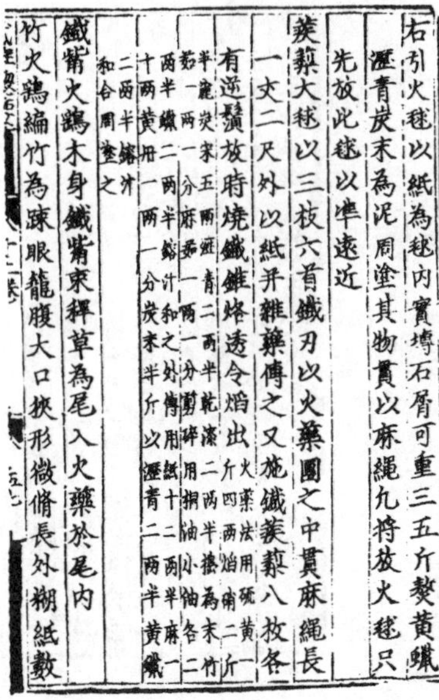
右引火毬以紙為毬內實塼石屑可重三五斤熬黃蠟瀝青炭末為泥周塗其物貫以麻繩凡將放火毬只先放此毬以準遠近

蒺藜火毬以三枝六首鐵刃以火藥團之中貫麻繩長一丈二尺外以紙并雜藥傅之又施鐵蒺藜八枚各有逆鬚放時燒鐵錐烙透令焰出 火藥法用硫黃一斤四兩焰硝二斤半麄炭末五兩瀝青二兩半乾漆二兩半搗為末竹茹一兩一分麻茹一兩一分剪碎用桐油小油各二兩半蠟二兩半鎔汁和之外傅用紙十二兩半麻一十兩黃丹一兩一分炭末半斤以瀝青二兩半黃蠟二兩半鎔汁和合周塗之

鐵嘴火鷂木身鐵嘴束稈草為尾入火藥於尾內

竹火鷂編竹為疎眼籠腹大口狹形微脩長外糊紙數

圖九三　蒺藜火球方
（《武經總要前集》卷十二：五七頁正）

中國的火藥和火器，是靠蒙古西征，西傳中亞，西傳印度，西傳阿拉伯，西傳歐洲。十四世紀，火砲傳入歐洲，對封建堡壘構成巨大威脅。「火藥革命」後，歐洲堡壘，不得不降低城牆高度，把城圈做成五角形或六角形（圖九四），即所謂棱堡（bastion）。我們說的「船堅砲利」，就是歐洲人利用我們的發明，青出於藍而勝於藍。

現代火器，在過去的五百年裡，有飛速發展。兩次大戰的所有發明，從各種改進的槍砲和軍艦，一直到坦克、飛機、火箭、導彈、火焰噴射器、凝固汽油彈和各種核武器，能量釋放的終極效果，都是爆炸和燃燒。這就是火攻的遺產。

圖九四　棱堡

◎專欄二

《六韜》論五音、火攻和候風

武王問太公曰：「律音之聲，可以知三軍之消息、勝負之決乎？」

太公曰：「深哉！王之問也。夫律管十二，其要有五音：宮、商、角、徵、羽。此其正聲也，萬代不易。五行之神，道之常也，可以知敵。金、木、水、火、土，各以其勝攻之。古者三皇之世，虛無之情，以制剛彊，無有文字，皆由五行。五行之道，天地自然。六甲之分，微妙之神。其法：以天清淨，無陰雲風雨，夜半，遣輕騎往至敵人之壘，去九百步外，偏持律管，當耳大呼，驚之。有聲應管，其來甚微。角聲應管，當以白虎；徵聲應管，當以玄武；商聲應管，當以朱雀；羽聲應管，當以勾陳；五管聲盡，不應者，宮也，當以青龍。此五行之符，佐勝之征，成敗之機。」

武王曰：「善哉！」

太公曰：「微妙之音，皆有外候。」

武王曰：「何以知之？」

太公曰：「敵人驚動則聽之，聞枹鼓之音者，角也；見火光者，徵也；聞金鐵矛戟之音者，商也；聞人嘯呼之音者，羽也；寂寞無聞者，宮也。此五者，聲色之符也。」

（《六韜．龍韜．五音》）

武王問太公曰：「引兵深入諸侯之地，遇深草蓊穢，周吾軍前後左右，三軍行數百里，人馬疲倦，休止。敵人因天燥疾風之利，燔吾上風，車騎銳士，堅伏吾後，吾三軍恐怖，散亂而走，為之奈何？」

太公曰：「若此者，則以雲梯、飛樓，遠望左右，謹察前後。見火起，即（既）燔吾前，而廣延之，又燔吾後。敵人若至，則引軍而卻，按黑地而堅處。敵人之來，猶在吾後，見火起，必遠走。吾按黑地而處，強弩材士，衛吾左右，又燔吾前後。若此，則敵不能害我。」

武王曰：「敵人燔吾左右，又燔吾前後，煙覆吾軍，其大兵按黑地而起，為之奈何？」

太公曰：「若此者，為四武沖陳，強弩翼吾左右。其法無勝亦無負。」

（《六韜．虎韜．火戰》）

又曰：「從孤擊虛，高人無餘，一女子當百夫。風鳴氣者，賊存，左十里；鳴條，百里；搖枝，四百里。雨沾衣裳者，謂潤兵；不沾者，謂泣兵。金氣自鳴及焦氣者，軍疲也。」

（《太平御覽》卷三百二十八引《六韜》佚文）

《六韜．虎韜．火戰》的「按黑地而堅處」，是以火止火之法，即藉雲梯、飛樓登高望遠，發現敵人縱火，一定要提前燒出一條隔離帶，在這塊「黑地」上堅守。

◎專欄三

《太白陰經》論風角

巽為風，申明號令，陰陽之使也。發示休咎，動彰神教。《春官》保章氏，以十二風，察天地之妖祥，故《金縢》未啟，表拔木之征；玉帛方交，起偃禾之異；宋襄失德，六鷁退飛；仰武將焚，異鳥先唱。此皆一時之事。且興師十萬，相持數年，日費千金，而爭一旦之勝負。鄉導之說、間諜之詞，取之於人，尚猶不信，豈一風動葉、獨鳥鳴空，而舉六軍，投不測之國？欲幸全勝，未或可知。謀既在人，風鳥參驗，亦存而不棄。

夫占風角，取雞羽八兩，懸於五丈竿上，置營中，以候八風之雲。凡風起初遲後疾，則遠來；風初疾後遲，則近來。風動葉十里，搖枝百里，鳴枝兩百里，墜葉三百里，折小枝四百里，折大枝五百里，飛石千里，拔木五千里。三日三夜，遍天下；兩日兩夜，半天下；一日一夜，及千里；半日半夜，五百里。

（《太白陰經．風角》）

宮風，聲如牛吼空中。徵風，聲如奔馬。商風，聲如離群之鳥。羽風，聲如擊溼鼓之音。角風，聲如千人之語。

子、午為宮，醜、未、寅、申為徵，卯、酉為羽，辰、戌為商，巳、亥為角。

宮風髮屋折木，未年兵作。

徵風髮屋折木，四方告急。

商風髮屋折木，有急兵。

羽風髮屋折木，米價貴。

角風髮屋折木，有急盜賊，戰鬥。

歲月日時，陰德陽德自處，陰德在十二干，陽德在天。

歲月日時，子刑卯，卯刑子，醜刑戌，戌刑未，未刑醜，寅刑巳，巳刑申，申刑寅，辰、午、酉、亥各自相刑。

子、醜、寅、巳、申為刑上，卯、戌、未為刑下。

風從刑下來，禍淺；風從刑上來，禍深。三刑為刑上、刑下、自刑。

凡災風之來，多挾殺氣，剋日，濁塵飛埃。
凡祥風之來，多與德氣並，日色晴朗，天氣溫涼，風氣索索，不動塵，平行而過。
凡申子為貪狼，主欺紿不信，亡財遇盜，主攻劫人。
巳、酉為寬大，主福祿，主貴人君子。
亥、卯為陰賊，主戰鬥殺傷，謀反大逆。
寅、午為廉貞，主賓客、禮儀、嫁娶。
丑、戌為公正，主報仇怨，主兵。
辰、未為奸邪，主驚恐。
貪狼之日，風從寬大上來，所主之言，仍以貪狼，參說吉凶，他仿此。
有旋風入幕，折干戈，壞帳幕，必有盜賊入營，將軍必死。
旋風從三刑上來，其兵不可當。有風從王氣上來，官軍勝。大寒大勝，小寒小勝。
凡風蓬勃四方起，或有觸地，皆為逆風，有暴兵作。寅時作，主人逆；辰時作，主兵逆；午時發，左右逆；戌時發，外賊逆。
宮日，大風從角上來，有急兵來圍，至日中，折木者，城陷。
羽日，大風暝日無光，有圍城，客軍勝。
陰賊日，風從陰賊上來，大寒，有自相殺者。
商日，大風從四季上來，有賊攻城，關梁不通。

（《太白陰經．五音占風》）

第十五講　用間第十三

這是《孫子》的最後一篇，內容是講如何使用間諜、分工協作、刺探情報，執行各種特殊任務，如暗殺、破壞等等。

今本把〈用間〉放在最後，很巧妙。它喜歡講「知勝」，開頭講，中間講，結尾講，處處講。比如〈計〉篇，它一上來就講「知勝」。作者說，「知勝」沒什麼訣竅，關鍵是「多算勝少算」，即敵我雙方，誰得算更多。既談比較，當然有敵有我。中間各篇，這個話題也反覆出現、反覆展開。比如〈謀攻〉說，只有「知彼知己」，才能「百戰不殆」。這是強調「知勝」中的「知人」；〈地形〉說，除「知彼知己」，還要「知地知天」，則又加上地和天。天時地利，也不能少。最後，輪到〈用間〉，作者強調，「成功必出於先知」，「先知」是靠間諜刺探敵人的情報，重點是落在「知彼」。「知彼知己」靠情報，「知地知天」靠兵陰陽，兩者都是技術性很強的工作。這裡，值得注意的是，《孫子》講「知勝」，一共有四個要素，它們都重要，但原書順序，「知彼知己」是在「知天知地」前，「知彼知己」中，「知彼」又在「知己」前。前人都說，《孫子》始於〈計〉篇，終於〈用間〉，是個巧妙的安排。

「知彼」和「知己」，「知彼」靠什麼？主要靠間諜，這點很清楚。「知己」不一樣，一般認為，主要靠正常管道，如機要往來、上命下達、下情上報、內部互相通氣等等。但即使和平時期，祕密監控也少不了。內部的情報工作，其實也是間諜工作。特務組織，自己控制自己的特務組織，古代就很發達，現代忌諱多，但也少不了。所以，「知彼」和「知己」並不完全是兩回事。

「間」，原作「閒」。中國古書中的「間」和「諜」，意義互訓，連言無別，分開講，還不完全一樣。

「間」，本義是間隙，做動詞講，有離間、乘間（抓住機會）等含義，做名詞，則引申為「伺候間隙」之人。「伺候間隙」，是刺探情報或刺探機密的意思。刺探情報或刺探機密的人，叫「間」。這種用法的「間」，和「諜」含義相近，《爾雅・釋言》以音訓的方法解釋這個字，說「間」是「俔也」（俔音ㄐㄧㄢˋ）。郭璞注說，「俔」就是《左傳》中的「諜」，西晉時候，也叫「細作」。「細作」，也就是後人說的「探子」或「密探」。

「諜」，做為動詞，也有刺探之義；做為名詞，則指傳遞情報的人。《說文解字．門部》的解釋是「軍中反間也」。上引郭璞注說，諜是「詐為敵國之人，入其軍中，伺候間隙，以反報其主」。但這種「反間」不是下文的「反間」，而是送還情報的「返間」，本篇叫做「生間」。

《左傳》的間諜，只叫「諜」，不叫「間」，《周禮》的間諜也叫「諜」，「邦諜」是與「邦賊」、「邦盜」並列（《周禮．秋官．士師》），和叛徒、內奸等壞蛋是一類人。它們提到的都是「諜」。但《大戴禮．千乘》：「以中情出，小曰間，大曰講。」（「講」，或讀媾，以為媾和之義，我有點懷疑，或是「諜」字之誤），已提到「間」。《孫子》以「間」稱間諜，是年代較早的古書。

「間諜」，做為合在一起的詞，則見於《六韜．龍韜．王翼》。太公說，將軍的指揮部有七十二人，其中有「遊士八人，主伺奸候變，開闔人情，觀敵之意，以為間諜」，間諜和游士有很大關係。

英語的間諜，一般叫 spy 或 agent。前者，做為動詞，是監視、察看的意思。後者，有代理人之義，也叫情報人員（intelligence agent 或 intelligencer），或祕密工作者（secret agent）。他們組成情報機關、諜報網，則近於上文的「諜」。

現代漢語，還有「特務」一詞，最近則喜歡說「特工」。「特務」是日語外來語（tokumu）。它是翻自英語的 special service，也是間諜的意思。中國軍隊，還有一種叫「特務連」的編制，是負責偵察和保衛。這個外來語，比我國古書中的「間諜」一詞更流行，含義更廣泛，也包括祕密員警，即類似明朝錦衣衛的組織。

如前蘇聯，一九一七到一九二二年有肅反委員會，即著名的契卡（Cheka）；一九二二到一九三四年，有安全局（ＧＰＵ）；一九三四到一九四一年，有內務部（ＮＫＶＤ）。這些都是祕密員警。一九四一年，內務部（後來叫ＭＶＤ）分化出安全部（ＮＫＧＢ，後來叫ＭＧＢ）。二次大戰期間，它管外國的諜報和內部的勞改營，非常重要。一九五四年，蘇聯成立國家安全委員會，就是著名的克格勃（ＫＧＢ）。

美國也一樣，對內有聯邦調查局（ＦＢＩ），到處安竊聽器，對外有中央情報局（ＣＩＡ），全世界的政變，差不多都和它有瓜葛。中國，一九四九年以前，國民黨有中統局和軍統局，共產黨也有特科、中央保衛局和社會部。

正如《孫子》所說：「微哉微哉，無所不用間也。」銀雀山漢簡的《孫臏兵法·篡（選）卒》也說：「不用間，不勝。」

這裡將〈用間〉分為三章：

第一章，講「間事之重」。

第二章，講「五間之用」。

第三章，講伊摯、呂牙當間諜的故事，強調「非聖賢不能用間，非仁義不能使間」。

【十三·一】

孫子曰：

凡興師十萬，出征千里，百姓之費，公家之奉，日費千金，內外騷動，怠於道路，不得操事者，七十萬家，相守數年，以爭一日之勝，而愛爵祿百金，不知敵之情者，不仁之至也，非（人）〔民〕之將也，非主之佐也，非勝之主也。故明君賢將所以動而勝人，成功出於眾者，先知也。

這一章，主要講「用間」對戰爭的重要性。和〈作戰〉相似，但有兩點很重要。

第一，這裡提到，若出動十萬人的大軍，則「內外騷動，怠於道路，不得操事者，七十萬家」，這是很重要的社會史資料。因為這裡又牽涉到中國古代的井田制。過去中國史學界討論古史分期，喜歡爭井田制。其中很多都是無謂之爭。我在前面講過，井田制沒什麼神祕，井就是里，一井九頃，如井字劃分，四方連續，計里畫方。它是按里來編戶齊民、授田納糧的制度。這種制度，並非惟一的制度，它只是古書中講的野制，即首都以外邊鄙縣邑的制度，採地實行的制度。最初，井田並不出軍。後來出軍，也分兩種：一種是我叫野制甲種的制度，一種是我叫野制乙種的制度。前者是每十家出一人，後者是每七．六八家出一人（參看第五講）。這裡所說，是第二種制度。「七十萬家」是個約數，實際上是七六．八萬家。這裡要注意，過去講井田制，除《周禮》、《司馬法》佚文的說法，還有一種說法，是孟子編造的井田制。孟子的井田制，和《詩經》的描寫不一樣。《詩經》的公田是私田以外的大田，私田和公田是分開的（《詩．小雅．大田》）。孟子的公田不一樣，他是把作為大田的公田給分了，「包產到井」，公田都是一小塊一小塊，包在私田當中。本來的井田是九戶之田，他只安排八戶，把中間一戶的地空出來，當公田用，八家共耕（《孟子．滕文公上》）。曹注說：「古者八家為鄰，一家從軍，七家奉之，言十萬之師舉，不事耕稼者七十萬家。」是用孟子編造的井田制講這裡的出軍制度，肯定不對。因為古書講的井都是九家為鄰，沒有「八家為鄰」這一說。如果真是「八家為鄰」，那也是八家出一人，而不是七家出一人，原文就該是「內外騷動，怠於道路，不得操事者，八十萬家」。孟子的井田制，完全是他幻想的井田制。

第二，這裡提到，「相守數年，以爭一日之勝」，好像當時的戰爭，一打就是好幾年，時間很長。這點相當值得注意。春秋時期，戰爭一般比較短；戰國時期，才比較長。但也有例外，比如說，春秋時期，特別是春秋晚期，就有一拖幾年的大仗，史料有限，我們不敢說，絕對就不會有，但大概是不會有。特別是做為一般情況（這裡是放在「凡」字的後面講），恐怕是不會有。戰國時期，也只是戰國晚期，恐怕才有這樣的大仗和惡仗。比如，同樣的話，韓非子也說過，時間相當晚。《老子》第四十六章說：「天下無道，戎馬生於郊。」韓非子解釋說：「天下無道，攻擊不休，相守數年不已，甲冑生蟣虱，燕雀生帷幄，而兵不歸。」（《韓非子．喻老》）就是以他當時的情況來講《老子》。《尉繚子．武議》也有類似的話，作「起兵，直使甲冑生蟣者」。你想，軍隊派出去，幾年不回家，盔甲（戰國流行皮甲）長出蝨子來了、麻雀在營帳內做了窩，這是什麼景象，真是慘透了。《孫子》的這兩句，也許是後人的手筆。

作者說，戰爭規模很大、時間很長，結果是勞民而傷財。勞民，十萬軍隊，要七十萬家轉輸，疲於道路，田裡的莊稼都荒了。傷財，「日費千金」，一年下來，就是三十六萬，三年下來就是一百多萬。而收買間諜能花多少？只不過是「爵祿百金」，「百金」只是每天十分之一的開支。他算這筆帳，主要是想說，在收買間諜這件事上，千萬別吝嗇。花錢買情報，其實是省錢，多少都值。

凡事，當未雨綢繆，毋臨渴掘井。戰爭，更是如此。動手之前，一定要「先知」。「先知」從哪裡來？作者說：「不可取於鬼神，不可象於事，不可驗於度，必取於人，知敵之情者也。」

這幾句話是說，敵情不能光憑超驗的手段去獲得。超驗的手段有三種。「取於鬼神」，曹注說「不可以禱祀而求」是對的。古人急了，能想到的第一種辦法，就是向鬼神禱告，燒香磕頭，請鬼神保祐。還有兩種，是「象於事」和「驗於度」，則屬於數術。中國古代有所謂象數之學。數術分兩大類：一類是取於象，一類是取於數。前者是用肉眼觀察，如相宅墓、看風水、相人、相馬、相刀劍。後者是用數理推算，如式法、選擇、龜卜、筮占。古人認為，吉凶休咎，有象有數，象靠觀察，數靠推算。一般說，相術屬於前一類，占卜屬於後一類。但很多數術，是既有象，也有數。比如天文，夜觀天星、望雲候氣是取於象；推躔度、排干支是取於數；卜筮，龜以象為主，筮以數為主，但《周易》，就是有象有數。曹注講這兩種辦法，說「不可以事類而求」、「不可以事數度也」，似乎前者是用類推、後者是用計算。這類辦法都靠不住。

中國古代，禱告、相術和占卜，應用極廣。比如兵陰陽，很多內容就是屬於這一類。我們讀《左傳》，也可以找到很多例子。在《左傳》中，國之大事，祭祀和戰爭，是經常占卜的對象。特別是戰爭，更是占了絕大多數。戰爭最難預測，古人卜問最多，即使現代人，也免不了胡猜亂矇，但它是死生存亡的大事，開不得半點玩笑，限制占卜，也以兵家最突出。

過去，大家說，孫子是個唯物主義者，主要就是指這段話。其實，這並不等於說孫子不信鬼神。同樣，《尉繚子·天官》說「天官、時日不若人事」，或「天官」就是「人事」，這也只是告誡大家，用兵要根據實際，不能拘牽數術。

成功和勝利是出於先知，先知是靠情報，情報不是從鬼神那裡得來的、不是從占卜類的活動得來的，而是從人、從掌握情報的人，即間諜那裡得來的。古人所謂先知，本來很神祕：生而知之是先知，學而知之是後知。先知，都是聖人才有的本事，一般人都是「事後諸葛亮」。他們和一般人不一樣，不一樣在他們能預卜尚未發生的事。我們現在也有這個概念，叫預測學。古代占卜，經常都是數法並用，這種不靈，就換另一種。比如《左傳》，最重卜筮，就是卜筮並用。卜是用烏龜殼卜，答案比較直接，卜不靈（不符合心願），就用筮。筮有三易：周易、連山、歸藏，這種不行，用那種。最後都不行，還曲為解釋，自圓其說。這都是猜測學。克勞塞維茲說戰爭最像賭博，但取得敵情，能靠這樣的方法嗎？不行。作者說，咱們還是老老實實，掏腰包，買間諜吧！

【十三·二】

故用間有五：有因間，有內間，有反間，有死間，有生間。五間俱起，莫知其道，是謂神紀，人君之寶也。因間者，因其鄉人而用之。內間者，因其官人而用之。反間者，因其敵間而用之。死間者，為誑事於外，令吾間知之而傳於敵間也。生間者，反報也。故三軍之事，莫親於間，賞莫厚於間，事莫密於間，非聖智不能用間，非仁義不能使間，非微妙不能得間之實。微哉微哉！無所不用間也。間事未發而先聞者，間與所告者皆死。凡軍之所欲擊，城之所欲攻，人之所欲殺，必先知其守將、左右、謁者、門者、舍人之姓名，令吾間必索知之。（必索）敵間之來間我者，因而利之，導而舍之，故反間可得而用也；因是而知之，故鄉間、內間可得而使也；因是而知之，故死間為誑事，可使告敵；因是而知之，故生間可使如期。五間之事，主必知之，知之必在於反間，故反間不可不厚也。

此章講五種間諜：因間、內間、反間、死間、生間，五種間諜各有分工，配合使用。這是個諜報網，主要環節都已具備，已經是相當成熟的諜報網。

他們的分工是：

（一）從敵方收買的間諜

(1)「因間」，原文的解釋是「因其鄉人而用之」。「鄉人」這個詞，古書多見，用法有三種：一種是指鄉大夫，即負責管理鄉的官員；一種是指鄉里的居民，即一般民眾；一種是指自己的同鄉，即出門在外碰見的老鄉。古人說的「鄉」，不是「鄉下」的「鄉」，而是「六鄉」的「鄉」、「州鄉」的「鄉」，他們是住在首都的人或首都郊區的人。這裡的「鄉人」，與下文的「官人」相反，它是指住在敵國州鄉的普通居民，或移民該國的老鄉，肯定不是鄉大夫。下文，這種間諜也叫「鄉間」，賈林、張預說，這裡的「因間」當作「鄉間」，但曹注以來的舊本和古書引文，都已是這樣，銀雀山漢簡本，恰好殘去這個字，無從判斷。這種間諜，是平民百姓，可以蒐集敵方下層的情報。

(2)「內間」，是用敵國的官員為間諜。這種間諜可以蒐集敵方上層的情報。

(3)「反間」，是收買敵國的間諜，反過來為我所用。這種「反間」，既非許慎用來解釋「諜」字的「軍中反間」，也不是《三國演義》所說「反間計」的「反間」。「反間計」是挑撥離間，利用矛盾，製造矛盾，讓敵人上下猜疑，自己殺自己，自己整自己。《三十六計》的第三十三計就是這個計。

（二）從我方派出的間諜

(4)「死間」，是我方派出，傳假情報給敵國的間諜。傳假情報，風險很大，事情一旦敗露，往往要丟腦袋，所以叫「死間」。

(5)「生間」，是我方派出，傳真情報回國的間諜。人在情報在，一定要把情報安全送回來，當然得活著，所以叫「生間」。

這五種間諜，反間隱藏最深、知情最多，為第一環節；因間、內間，配合反間使用，為第二環節；死間傳假情報於敵，生間傳真情報於己，為第三環節。第一環節是取得情報，第二環節是傳遞情報，第三環節是傳假情報給敵人，送真情報給自己。

反間是第一步，最關鍵，不可不厚，花錢最多，保密層次最高。

這是古代的諜報網。

現代的諜報機關，分工更細。間諜，內外的劃分很重要，敵人與我們相比，我們是外，他們是內。他們自己，因間是外，內間是內，反間更是內中之內、核心中的核心。所以反間最重要，不可不厚。其工作，更多是匯攏情報、傳送情報。第一手的工作，還是利用當地人。因各地風俗不一樣，一聽口音就不對，很難開展工作。換了敵國的人，就沒有這類問題。作者講五種間諜，前三種都是敵國之人，道理就在這裡。

敵我雙方，互派間諜，本以隱蔽為特點，藏得愈深愈好。因間是老百姓，暴露在外，不顯眼。內間是官員，藏在裡面，反而危險性大。隱蔽最深，要屬反間，更危險。但隱蔽有隱蔽的好處，暴露有暴露的好處。彼此藏得深，誰都搆不著誰，也是麻煩。雙方最怕就是中間有個模糊地帶，彼此都看不清。碰到這類死角，有時還故意賣個破綻，打草驚蛇。因為只有暴露了，對方才會來。來了，明知是敵間，有時還不能抓，欲擒故縱，放長線釣大魚。

對於戰爭來說，各種各樣的事都需要刺探。國家機密要刺探，一般敵情也要蒐集。所以間諜的使用，範圍甚廣。作者說：「微哉微哉！無所不用間也。」

「間事未發而先聞者，間與所告者皆死。」這點也很重要。情報工作是保密工作，上面說「事莫密於間」。情報機關都是單線聯繫，如果走漏消息，間諜和間諜知會的人，都不能留活口，必須殺人滅口，手段很殘忍。

「凡軍之所欲擊，城之所欲攻，人之所欲殺，必先知守將、左右、謁者，門者、舍人之姓名」，「軍之所欲擊」是野戰，「城之所欲攻」是攻城，這是正規的軍事手段。「人之所欲殺」是刺殺。刺殺是古代的恐怖主義。合法的暴力是暴力，不合法的暴力也是暴力。正規的軍事行動是軍事行動，不正規的軍事行動也是軍事行動。

恐怖主義也是古今常用的軍事手段。「守將」等五詞，《墨子》城守各篇常用，我做過一點考證。[1]「守將」是守城的總指揮，也簡稱為「守」或「將」。守城，是男女老少齊動員，城中有個指揮中心，守將在那兒。軍隊也一樣，有自己的指揮部。郡縣制的郡守和縣令，他們有一個很重要職責，就是把守城池。野戰攻城，首先要刺探守將是誰；其次，是他的「左右」，即他的貼身保鏢和伺候他的人。「謁者」，是管通報的人或把門的警衛。「門者」，是看守城門的人。「舍人」，是看守官舍的人。

五種間諜怎麼用？第一步，是從身邊做起，一定要查清敵人打入我方內部的間諜，把他挖出來，收買利用，然後放回去，為我們做事，這是反間；第二步，是起用鄉間和內間，讓他們配合反間，蒐集情報；第三步，是玩真真假假，即派死間把假情報傳給敵人，派生間把真情報傳回國內。這些情報，主要來源是反間，反間最重要。

《孫子》有〈用間〉，特別重視情報工作，《戰爭論》沒有這樣的章節。克勞塞維茲講戰爭的不確定性，因素很多，其中一條就是情報的不可靠。他說：「任何一個統帥所能了解的只是自己一方的情況，對敵人的情況只能根據不確切的情報來了解。因此，他在判斷上可能產生錯誤，從而可能把自己應該行動的時機誤認為是敵人應該行動的時機。」[2]如何鑑別情報的真假，確實很複雜。

【十三・三】

昔殷之興也，伊摯在夏；周之興也，呂牙在殷。故明君賢將，能以上智為間者，必成大功。此兵之要，三軍所恃而動也。

中國古代的間諜是陰謀家。什麼是陰謀家？

《漢書・藝文志》的《諸子略》有道家類，一上來的五本書，排在《老子》之前的五本書，《伊尹》、《太公》、《辛甲》、《鬻子》、《管子》，都是古代講治國用兵的書。伊尹是幫助商湯滅夏的功臣，太公、辛甲、鬻子是幫助周文王、周武王滅商的功臣，管仲是幫助齊桓公取威定霸的功臣。這五大功臣的前兩位，就是有名的陰謀家。

伊摯，就是古書經常提到的「伊尹」。「伊」是地名，即戰國的伊氏邑，在今山西安澤縣西。「尹」是當時的官名。古書中的人物，有時是傳說，但伊尹是實有其人。商代的甲骨卜辭，裡面就有這個人。東周銅器，宋代出土的叔夷鐘（其實應叫叔弓鎛），銘文提到「伊小臣」，也是這個人。他的名字叫摯。

呂牙，就是古書經常提到的太公。《封神榜》裡的姜老爺、姜太公、姜尚、姜子牙，就是這個人。太公姓姜，但姜太公、姜尚、薑子牙一類說法，古代沒有。古代，只有女人才稱姓；男人不稱姓。這個人，你叫他太公可以，叫他呂尚或呂牙可以，但不能叫姜太公、姜尚和姜子牙。同樣，周公也不能叫姬旦，秦始皇也不能叫嬴政。姜太公的這個俗稱，恐怕是改不過來了。「呂牙」的「呂」是以地名為氏。姬周和姜姓世代通婚，關係很密切，姜姓是周的舅氏，即我們現在說的姥姥家、舅舅家。考古學家研究商代以前的先周文化，他們把陶鬲都分了姓，這種是「姬姓陶鬲」，那種是「姜姓陶罐」，吵得不亦樂乎。歷史上的姜姓，有四大分支：齊、呂、申、許。齊是最有名的姜姓國家，但它是出自於呂。呂和申都在今河南南陽，許國數遷，也在今河南境內。太公的名字，古書有三種叫法：一種是呂尚，一種是呂牙，一種是呂望。呂尚，《詩·大雅·大明》稱「師尚父」，「師」是西周軍官的統稱，不一定是後世三公那樣的師；「尚父」，古代男子的字多綴以父字，女子的字多綴以母字，我們從周秦名字的慣例看，這是他的字。後人稱勳臣元老為「尚父」，是誤解了「尚父」的含義。呂牙，僅見於此，則可能是他的名。司馬貞《史記索隱》說尚是他的名、牙是他的字，是弄反了。呂望，也叫太公望，這個名字比較怪，但戰國古書，《孟子》、《韓非子》也這麼叫。司馬遷說，西伯昌遇呂尚，大喜過望，有「吾太公望子久矣」（《史記·齊太公世家》）的感嘆，如果翻成白話，就是「我爸爸就盼望先生，已經盼望很久了」。可見

1　李零《孫子古本研究》，頁三二〇。
2　克勞塞維茲《戰爭論》，第一卷，頁三九。

所謂「太公望」者，只不過是他的一種尊號，意思是「爸爸盼」。「太公」是文王的爸爸，而不是呂牙本人。省掉「望」，光叫「太公」，等於管他叫爸爸。後人稱他為「太公望」也好，「太公」、「呂望」也行，都不是他的本名，而只是一種外號。

呂尚垂釣磻溪，文王訪之，拜而為師，很有名。這個故事，見於《六韜・文韜》的〈文師〉篇，還有其他一些古書。故事說，文王在渭水北岸打獵，史編占卜，說他會得到一位老師。文王到河邊去看，碰見太公在釣魚。文王問，你是喜歡釣魚嗎？他說，我喜歡的不是釣魚，而是釣魚的象徵意義。它像什麼呢？就像人君以祿位吸引人，讓他們為自己賣命。這是道家治國的理念。他的名言是，「天下非一人之天下，乃天下之天下也」，只有得人心者才能得天下，「道之所在，天下歸之」。《六韜》的所有對話，就是接著這個故事而展開，好像小說前面的楔子。

這個故事後來演變成一句歇後語，就是「姜太公釣魚──願者上鉤」，他釣上來的大魚是周文王。

《太公》是陰謀書的典型，就是依託呂尚。它是藉文武圖商的故事講陰謀詭計，和後世的《三國演義》差不多。司馬遷說，「周西伯昌之脫羑里，與呂尚陰謀修德以傾商政」（《史記・齊太公世家》），所謂「陰謀修德」，就是夾起尾巴做人、韜光養晦裝孫子。當時學西周陰謀的，都奉此書為「本謀」，就像後世老農民，是拿《三國演義》當教材。此書在漢代是大書。它分三種：《太公謀》、《太公言》、《太公兵》，隋唐以來，則叫《太公陰謀》、《太公金匱》、《太公兵法》。《六韜》是其中一部分。它的書名，本身就有趣，讓人覺得，作者肯定是個老頭子。年輕人，血氣方剛，辦事不牢。陰謀詭計，最好是由老頭子講。兩漢盛行神仙家說，神仙都是老頭。比如《黃石公三略》，張良的老師叫黃石公，就是個神仙。據說，張良遊山玩水，走到一橋上，橋上有個老頭，以老賣老，故意把鞋扔到橋底下，叫張良下去撿。開始，張良也被惹火，真想抽他。但打老頭，不像話，他忍住了。居然把鞋撿上來，單膝下跪，給他穿在腳上。老頭滿意，說「孺子可教」，但真的約好見面，又兩次拿他尋開心，每次去了，都說他遲到，直到最後一次，張良在門外，等了大半夜，才讓老人滿意，終於把《太公兵法》

傳給他（《史記·留侯世家》）。中國傳統始終相信，老頭的經驗最豐富。漢代把呂尚叫太公，是沿襲戰國的叫法。孟子說，太公是「天下之大老」（《孟子·離婁上》）。古人說，太公遇文王七十多歲，牧野之戰九十多歲，康王六年他還在，已一百四十多歲，顧頡剛先生說，這怎麼可能呢？牧野之戰，他大概就三十多歲，其實是個小伙子。[3]顧先生的結論，我同意，但具體年齡，不好估。他說太公稱太公，是因為他是齊國的開國元勳，太是表示地位之尊，不一定對。前面，我說了，「太公望」只是外號，本來是指文王他爸爸盼望見到的人。外號叫得久了，大家還以為他本人也是老頭。

伊摯、呂牙當間諜，過去，大家都不知道是怎麼回事。舊注對此事沒有考證。我估計，這類故事，原來是保存在《伊尹》、《太公》兩書中。現在，這兩本書的古本都已失傳，但還有四條史料保存下來，一條見於《孟子·告子下》，一條見於《呂氏春秋·慎大》，一條見於古本《竹書紀年》，一條見於《鬼谷子·午合》。

伊摯當間諜，曾五次投湯、五次投桀。據說，湯派伊尹入夏，為了裝得像，曾故意追射伊尹，這是苦肉計（《三十六計》的第三十四計）。夏桀好色，喜新厭舊，自從愛上岷山氏的兩女，就不再搭理他的元配妹喜氏。岷山氏的兩女，叫琬和琰。琬也叫女苕，琰也叫女華（上博楚簡《容成氏》也提到琬和琰），肯定比較年輕。他是喜新厭舊。三個女人吃醋，正好被伊尹利用。伊尹用反間計（《三十六計》的第三十三計），從妹喜得到很多情報。最後，時機成熟，一舉推翻商朝。

另外，《管子·輕重甲》引管子語，說夏桀喜歡兩個人：一個是內寵，叫女華，就是上文提到的琰；一個是外寵，叫曲逆（似為隱語，是曲意逢迎之義），則是男性的嬖臣。「湯之陰謀」就是以這兩個人為內應，才得以實現。看來，伊尹的工作物件，是三個女的加一個男的。

呂牙當間諜，和這個故事類似，也是三次投文王、三次投商紂，但細節已不得而詳。《論衡》有個神祕說

[3] 顧頡剛《太公望年壽》，收入《史林雜識》，北京中華書局，一九六三，頁二〇九—二一一。

法，他說「太公陰謀」本來是教給一個小孩。他讓小孩，從小服丹沙，渾身為赤色，等這個紅孩兒長大了，再告給他如何滅亡商朝（《語增》、《恢國》）。

過去讀這段話，很多人都不相信。他們說，伊摯、呂牙是商周聖人，怎麼可能三番五次叛變投敵當間諜？這是褻瀆聖人。漢將李陵降匈奴，本來是被逼無奈，身不由己。武帝死後，政府請他回國，為他平反，他謝漢使之召，有一句話，叫「丈夫不能再辱」。一次叛變已經是辱，兩次叛變怎麼可以。王國維給清朝做事，民國這個主子，他不認。他跳昆明湖前，留下個紙條，也說「經此事變，義無再辱」。過去的道德，這叫講氣節。伊摯、呂牙倒好，一個叛變五次，一個叛變三次，前人說，這也太不象話。宋代學者假正經，居然為此辯論，懷疑者說，伊摯本來是夏的臣民，呂牙本來是商的臣民，他們怎麼會給叛變國家的人當間諜？孫子這麼講，豈不是把間諜這樣的下流工作抬得太高了嗎？所以，宋人鄭友賢出來辯護，他說，聖人幹大事，當然要守正，但正的東西玩不轉，「未嘗不假權以濟道」；兵家所謂用間，如果是為權而權，流於詭詐，不能回到正，當然不像話，但聖人不一樣，只要處之有道，就是用權，最後也會回到正（見宋本《十一家注孫子》附《十家注孫子遺說並序》）。

太公陰謀，在古代兵書中是自成一派。他的傳人，名氣最大，是蘇秦和張良。蘇秦之術在《鬼谷子》，張良之術在《黃石公三略》。前者是縱橫家，後者是畫策臣。兩漢三國，這一派影響很大。比如三國時期，「英雄」一詞很時髦，曹操跟劉備說：「今天下英雄，唯使君與操耳。」嚇得劉備把筷子都掉了（《三國志．蜀志．先主傳》）。《三國演義》第二十一回講劉備種菜，曹操「青梅煮酒論英雄」、「說破英雄驚殺人」，就是發揮這個故事。辛棄疾的詞也說，「天下英雄誰敵手？曹、劉。生子當如孫仲謀」（南鄉子〈登京口北固亭有懷〉）。「英雄」這個詞就是來自《六韜》、《三略》用得最多。

最後，我要補充說一下，〈用間〉的最後一章，今本是講兩大間諜，銀雀山漢簡本，和它不太一樣，是講四大間諜，多出兩個人。這兩個人，大概都是東周的間諜，一個是□率師比，一個是蘇秦。

簡文說，「〔□之興也，□〕率師比在陘」，「□率師比」這個人，至今還搞不清；「陘」作國名，也沒有聽說，或者是個地名嗎？問題還要做進一步研究。

蘇秦，大家很熟悉，他是傳太公陰謀的大外交家。我們說過，現代的間諜，很多是外交家。其實，古代也是如此。戰國時期，國際關係很複雜。當時的外交家，不光是一般的外交使節（行人、賓客、使者），很多還擅長遊說，古人叫縱橫家。比如蘇秦，掛六國相印，就是有名的國際大間諜。

當然，這裡增加的兩大間諜，孫武是不可能見到的，這種情況，在古書體例的研究上是叫「增益」，同樣的例子，其實很多。我們既不要以偏蓋全，僅憑個別詞句，就說《孫子》是偽書，也不要誤判增益之文為古已有之。它們肯定是後人加上去的。但什麼時候加上去，要具體問題具體研究。比如這一條，我們可以肯定的是，它比孫武晚，但絕不會晚於漢武帝時期，也不會早過蘇秦活動的戰國晚期。

《文子．下德》有一段話：

> 夫怒者，道德也；兵者，凶器也；爭者，人之所亂也。陰謀逆德，好用凶器，治人之亂，逆之至也。

《淮南子．道應》有類似說法。

我們從陰謀書的源流也可看出，間諜是什麼工作。目的是高尚的，手段是卑鄙的，這兩樣東西能擱在一塊兒嗎？很多人都想不通。這是不懂政治，也不懂兵法。政治和朋友是兩碼事，不能亂摻乎。政治，難免與狼共舞；朋友，才能肝膽相照。

大道理並不是小道理加小道理，代表它們的集合。好人加好人也不等於好國家。

儒家的君子國，從來沒有。法家愛講大實話，大家不愛聽。

以德治德，可以。以國治國，也可以。以國治德，六親不認，弄得一個朋友都沒有，活著還有什麼勁，但誤德未必誤國。最糟是以德治國。以德治國，德必偽，國必亡，兩樣都誤。

《三略．中略》說：「非陰謀，無以成功。」這是大實話。

國家圖書館出版品預行編目資料

兵以詐立：北大名師教你真正看懂《孫子》的智慧／李零作. -- 初版. -- 臺北市：麥田, 城邦文化出版：家庭傳媒城邦分公司發行, 民101.08
面；　公分. --（麥田叢書）
ISBN 978-986-173-798-0（平裝）

1. 孫子兵法　2. 研究考訂

592.092　　101013192

麥田叢書 68

兵以詐立：北大名師教你真正看懂《孫子》的智慧

作　　者／李零
責任編輯／林怡君
校　　對／林俶萍

副總編輯／林秀梅
編輯總監／劉麗真
總 經 理／陳逸瑛
發 行 人／凃玉雲
出　　版／麥田出版
城邦文化事業股份有限公司
台北市104中山區民生東路二段141號5樓
電話：(02)2500-7696　傳真：(02)2500-1966
部落格：http://blog.pixnet.net/ryefield
發　　行／英屬蓋曼群島商家庭傳媒股份有限公司城邦分公司
台北市民生東路二段141號11樓
書虫客服服務專線：02-25007718・02-25007719
24小時傳真服務：02-25001990・02-25001991
服務時間：週一至週五09:30-12:00・13:30-17:00
郵撥帳號：19863813　戶名：書虫股份有限公司
讀者服務信箱E-mail：service@readingclub.com.tw
歡迎光臨城邦讀書花園 網址：www.cite.com.tw
香港發行所／城邦（香港）出版集團有限公司
香港灣仔駱克道193號東超商業中心1樓
電話：(852) 25086231　傳真：(852) 25789337
E-mail：hkcite@biznetvigator.com
馬新發行所／城邦（馬新）出版集團【Cite(M)Sdn. Bhd.(458372U)】
11, Jalan 30D/146, Desa Tasik,
Sungai Besi, 57000 Kuala Lumpur, Malaysia.
電話：(603) 90563833　傳真：(603) 90562833

封面設計／江孟達
印　　刷／前進彩藝有限公司

■2012年（民101）8月1日　初版一刷　Printed in Taiwan.
本書中文繁體字版由中華書局授權出版
繁體版與簡體版內容略有不同，刪除第十三講附錄及寫在後面的話

定價／399元

ISBN 978-986-173-798-0